机械制造装备设计

主编　齐继阳　唐文献
参编　苏世杰　刘金锋

U0340870

北京理工大学出版社
BEIJING INSTITUTE OF TECHNOLOGY PRESS

内容简介

为了适应卓越工程师计划对工程应用型人才培养的要求，本书在编写过程中紧密结合机械设计制造及其自动化专业教学指导委员会推荐的指导性教学大纲和教学计划，充分吸收国内外最新成果，融基础理论、工程实例、经验总结于一体，力求做到实用性、系统性和先进性。本书主要介绍机械制造装备概论、金属切削机床概论、金属切削机床设计、机床夹具设计、物流系统设计和机械加工生产线设计等内容。同时，将免费为采用本书作为教材的教师提供配套的电子课件。

本书内容新颖、体系完整，可作为普通高等院校机械设计制造及其自动化、机械电子工程专业及相关专业主干技术基础课程——机械制造装备设计的教科书，也可供从事机械制造装备设计和研究的工程技术人员和研究生参考。

图书在版编目（CIP）数据

机械制造装备设计/齐继阳，唐文献主编 .—北京：北京理工大学出版社，2018.1
ISBN 978 - 7 - 5682 - 5299 - 7

Ⅰ.①机…　Ⅱ.①齐…②唐…　Ⅲ.①机械制造 - 工艺装备 - 设计 - 高等学校 - 教材
Ⅳ.①TH16

中国版本图书馆 CIP 数据核字（2018）第 023243 号

出版发行/北京理工大学出版社有限责任公司

社　　址/北京市海淀区中关村南大街 5 号
邮　　编/100081
电　　话/（010）68914775（总编室）
　　　　　（010）82562903（教材售后服务热线）
　　　　　（010）68948351（其他图书服务热线）
网　　址/http://www.bitpress.com.cn
经　　销/全国各地新华书店
印　　刷/北京国马印刷厂
开　　本/787 毫米×1092 毫米　1/16
印　　张/19
字　　数/450 千字
版　　次/2018 年 1 月第 1 版　2018 年 1 月第 1 次印刷
定　　价/68.00 元

责任编辑/杜春英
文案编辑/党选丽
责任校对/周瑞红
责任印制/施胜娟

前　言

Qianyan

制造业是国民经济的重要支柱产业，机械制造业是制造业的核心，机械制造装备是机械制造业的重要基础，是一个国家综合制造能力的集中体现。尤其是高端、重大机械制造装备的研制能力，更是衡量一个国家现代化水平和综合实力的重要标志。机械制造装备设计技术的创新和发展对于不断提升现代制造业的技术进步和促进经济持续增长均具有十分重要而深远的意义。

机械制造装备课程是机械类专业的核心专业课之一。该课程的实践性和综合性都很强，它以机械制造过程中所需要的加工装备、工艺装备、仓储传送装备和辅助装备为对象，研究其工作原理和机械结构。通过该课程的学习，学生将掌握机械制造装备方面的基本专业知识，以及机械制造装备的设计方法，提升学生综合运用所学专业知识分析和解决实际问题的能力。为此，本书在编写过程中紧密结合机械设计制造及其自动化专业教学指导委员会推荐的指导性教学大纲和教学计划，充分吸收国内外最新成果，融基础理论、工程实例、经验总结于一体，力求做到实用性、系统性和先进性。本书主要介绍机械制造装备概论、金属切削机床概论、金属切削机床设计、机床夹具设计、物流系统设计和机械加工生产线设计等内容。

本书可作为普通高等院校机械设计制造及其自动化、机械电子工程专业及相关专业主干技术基础课程——机械制造装备设计的教科书，也可供从事机械制造装备设计和研究的工程技术人员和研究生参考。

本书编写过程中参阅了有关院校、企业、科研院所的一些教材、资料和文献，并得到了许多同行和专家的支持和帮助，在此表示衷心感谢。

由于编者水平有限，书中疏漏和错误之处在所难免，敬请批评指正。

编　者

目 录

目 录

Contents

Contents

目　录

目　录　*Contents*

第 1 章　概　　论

1.1　机械制造业在国民经济中的地位

机械制造业是国民经济各部门赖以发展的基础，是国民经济的重要支柱，是生产力的重要组成部分。机械制造业不仅为工业、农业、交通运输业以及科研和国防等部门提供各种生产设备、仪器仪表和工具，而且为制造业包括机械制造业本身提供机械制造装备。机械制造业的生产能力和制造水平，标志着一个国家或地区的科学技术水平和经济实力。

机械制造业的生产能力和制造水平主要取决于机械制造装备的先进程度。机械制造装备的核心是金属切削机床。精密零件的加工主要依赖切削加工来达到所需要的精度。金属切削机床所担负的工作量约占机器制造总工作量的 40%～60%，它的技术水平直接影响机械制造业的产品质量和劳动生产率。换言之，一个国家的机床工业水平在很大程度上代表着这个国家的工业生产能力和科学技术水平。显然，金属切削机床在国民经济现代化建设中起着不可替代的作用。

1.2　机械制造装备的状况及发展前景

不同的"经济模式"对制造装备的要求不同，制造装备决定了"经济模式"。工业发达国家为了将先进技术、先进生产模式、先进工艺应用于制造业，增强其经济实力，非常重视机械制造业的发展，尤其是机械制造装备工业的发展，在 20 世纪中，对机械制造装备进行了多次更新换代。

20 世纪 50 年代，产品品种单一，为了提高生产效率，满足市场需要，广泛采用自动机床、组合机床和专用生产线。在大批大量生产条件下，这种生产方式可实现刚性自动化，大幅度降低成本，极大地提高了劳动生产率。

20 世纪 70 年代以后，社会需求日益多样化，市场竞争日益激烈，为了在竞争中求得生存与发展，生产企业不仅要提高产品质量，而且必须频繁地改型，缩短生产周期，以满足市场不断变化的需要。数控机床（NC）就是在这样的背景下诞生与发展起来的，它极其有效地为单件、小批量生产的精密复杂零件提供了自动化加工手段。1952 年美国麻省理工学院研制成功了第一台数控机床，仅用 20 年时间便完成了数控系统从电子管、晶体管、小规模集成电路到大规模集成电路的 4 次根本性变革。20 世纪 70 年代初研制出计算机数控机床（CNC），使数控机床得到了迅猛发展和普遍应用。

20 世纪 70 年代末 80 年代初，市场上出现了更多系统化、规模更大的柔性制造系统（FMS），它是采用一组数控机床和其他自动化的工艺装备，是计算机信息控制系统和物料自动储运系统有机结合的整体。柔性制造系统既是自动化的，又是柔性的，比单台数控机床的经济效益有大幅提高，特别适用于多品种、中小批量生产。将多个柔性制造系统用高级计算机及传输装置连接起来，加上自动化立体仓库，利用工业机器人进行装配，就组成了规模更大的柔性制造系统。

20 世纪 80 年代，随着世界经济的发展，市场环境发生了巨大的变化，制造商的竞争逐渐在全球化。为了赢得竞争的胜利，制造业必须依靠制造技术的改进和管理方法的创新，从而不断开发出符合用户不同要求的新产品。为此，先进制造技术迅速发展，如计算机辅助设计（CAD）、计算机辅助制造（CAM）、计算机辅助工艺规程设计（CAPP）、成组技术（GT）、计算机辅助生产管理（CAPM）、制造资源规划（MRP – II）、并行工程（CE）和全面质量管理（TQC）等工具和手段，在机械制造业中的应用逐渐成熟，并取得了可喜的成效。

随着计算机辅助技术向智能化、网络化和集成化方向发展，为了充分利用企业的软硬件资源，发挥企业的整体效益，国外在 20 世纪 80 年代出现了一种新的生产模式——现代集成制造系统（CIMS）。CIMS 的核心在于集成，它将企业中的人、生产经营系统和工程技术系统有机地集成起来，构成适合于多品种、中小批量生产的高效益、高质量和高柔性的智能生产系统。CIMS 技术的出现，使机械制造自动化水平开始由系统自动化向综合自动化方向发展。

20 世纪 90 年代，随着信息科学技术的发展，世界经济打破了传统的地域经济发展模式，全球经济一体化的进程加快，快速响应市场成为制造业发展的一个重要方向。为了加速响应市场，相继提出了精益生产（LP）、敏捷制造（AM）等许多新的生产模式和哲理。这些新的生产模式和哲理是 21 世纪机械制造业发展的导向性模式。

改革开放以来，我国机械制造装备工业迅猛发展。目前，我国已能生产从小型仪表机床到重型机床的各种机床，也能够生产出各种精密的、高度自动化的以及高效率的机床和自动生产线；还生产出 200 多种铣床，并研制出六轴五联动的数控系统，其分辨率可达 $1\mu m$，适用于复杂形体的加工。我国生产的几种数控机床已成功应用于日本富士通公司的无人工厂。

虽然我国机械制造装备工业取得了很大成就，但与世界先进水平相比还有很大差距。主要表现为：大部分高精度和超精密机床还不能满足现实需求，精度保持性较差。高效自动化和数控自动化装备的精度、质量、性能、可靠性指标等方面与国外先进水平相比落后 5 ~ 10 年，在高精技术、尖端技术方面差距则达 10 ~ 15 年。国外数控系统平均无故障工作时间为 10 000 h，我国自主开发的数控系统仅 3 000 ~ 5 000 h；整机平均无故障工作时间，国外数控机床为 800 h 以上，国内数控机床仅 300 h。2004 年，我国数控机床的产量仅为全部机床产量的 13.3%，远低于同期日本的 75.5%、德国和美国的 60%；我国数控机床的产值数控化率为 32.7%，而同期日本机床产值数控化率为 88%，德国和美国的为 75% 左右；并且国产数控机床中，数控车床和电加工机床占数控机床总产量的一半以上，70% 数控车床为单片机控制的两轴经济型数控车床，经济型数控电加工机床则占电加工机床的 80%。2005 年我国进口数控机床均价为 12.04 万美元/台，而同期我国国产数控机床均价为 3.66 万美元/

台，国外进口数控机床在我国市场的占有率为 70%。我国五轴联动数控机床、数控大重型机床、加工中心的年产量不足千台，而德国、日本等机床制造业发达国家加工中心的年产量均在万台以上，是我国的 20 倍以上。一些国家已能生产 19 轴联动的数控系统，分辨率达 0.10～0.01μm。

由于我国已加入世界贸易组织，经济全球化时代已经到来，机械制造工业面临着严峻的挑战；所以必须奋发图强和努力工作，不断扩大技术队伍，提高人员技术素质，学习和引进国外的先进科学技术，大力开展科学研究，尽快达到世界先进水平。

《国家中长期科技发展规划纲要（2006—2020）》中提出：提高装备设计、制造和集成能力。以促进企业技术创新为突破口，通过技术攻关，基本实现高档数控机床、工作母机、重大成套技术装备、关键材料与关键零部件的自主设计制造。

1.3　机械制造装备的组成

机械制造装备包括加工设备、工艺装备、仓储输送装备和辅助装备，它与制造方法、制造工艺紧密地联系在一起，是机械制造技术的重要载体。

1. 加工设备

加工设备主要指金属切削机床、特种加工机床（如电加工机床、超声波加工机床、激光加工机床等）以及金属成形机床（如锻压机床、冲压机、挤压机等）。

2. 工艺装备

工艺装备是机械加工中所使用的刀具、夹具、模具、量具、工具的总称，它们在制造过程中用来保证制造质量、提高生产效率。

（1）刀具

切削加工时，能从工件切除多余材料或切断材料的带刃工具，称为刀具。

（2）夹具

机床上用来装夹工件以及引导刀具的装置，称为夹具。它对贯彻工艺规程、保证加工质量和提高生产率有决定性的作用。

（3）模具

在工业生产中，用各种压力机和压力机上的专用工具，通过压力把金属或非金属制出所需的形状或制品，这种专用工具统称为模具。

（4）量具

以固定形式复现量值的计量器具称为量具。

3. 仓储输送装备

（1）仓储

仓储是用来存储材料、外购件、半成品及工具等。

（2）工件输送装备

工件输送装备主要指坯料、半成品或成品在车间内工作地点间的转移输送装置，以及机床的上下料装置。工件输送装置主要应用在流水线和自动生产线上。输送装置的主要类型有：由一系列装在固定框架（型钢组成）上的托辊形成，靠人为或工件重力输送工件的辊道输送装置；由刚性推杆推动工件做同步输送的步进式输送装置；带有抓取机构，既能为机床上下料，又能在两工位间输送工件的机械手；由连续运动的链条带动工件或随行夹具做非同步运行的链条输送装置。

4. 辅助装备

辅助装备包括清洗机、排屑装置及各种计量装置等。下面主要介绍清洗机和排屑装置。

（1）清洗机

清洗机是用来清洗工件表面油污和尘屑的机械设备。所有零件在装配前均需经过清洗，以保证其装配质量和延长使用寿命。

（2）排屑装置

排屑装置用在自动线或自动机床上，从加工区域将切屑清除，然后输送到机床外或自动加工生产线外的小车内。其中，清除切屑常用压缩空气、切削液冲刷等方法。输送切屑装置常用平带输送器、螺旋输送器和刮板输送器。

1.4　机械制造装备设计的类型

机械制造装备设计可分为创新设计、变型设计和模块化设计等三大类型。

1. 创新设计

进行创新设计离不开创造性思维。创造性思维具有两种类型：直觉思维和逻辑思维。直觉思维是一种在下意识状态下，对事物内在复杂关系产生突发性的领悟过程。直觉思维具有创造灵感忽然降临的色彩。例如，牛顿坐在大树下，看见苹果从树上掉下，引发了他关于地球引力的思考。

但在市场竞争十分激烈的情况下，企业要求得生存，必须根据市场上出现的需求，快速地开发出创新产品去占领市场，那种依靠直觉思维和灵感的创新方式显然不能及时地推出具有竞争力的创新产品；必须采用逻辑思维方法，用主动的、按部就班的工作方式向创新目标逼近，开发出新一代、具有高技术附加值的新产品，改善产品的功能、技术性能、质量，降低生产成本和能源消耗，采用先进生产工艺，缩短与国内外同类先进产品之间的差距，提高产品的竞争能力。

创新设计通常应从市场调研和预测开始，明确产品的创新设计任务，经过产品规划、方案设计、技术设计和工艺设计四个阶段；还应通过产品试制和产品试验来验证新产品的技术可行性；通过小批试生产来验证新产品的制造工艺和工艺装备的可行性。一般需要较长的设计开发周期，投入较大的研制开发工作量。

2. 变型设计

用单一产品往往满足不了市场多样化和瞬息万变的需求，如每种产品都采用创新设计方法，则需要较长的开发周期和投入较大的开发工作量。为了快速满足市场需求的变化，常常采用适应型和变参数型设计方法。两种设计方法都是在原有产品的基础上，保持其基本工作原理和总体结构不变，适应型设计是通过改变或更换部分部件或结构，变参数型设计是通过改变部分尺寸与性能参数形成所谓的变型产品，以扩大使用范围，满足更广泛的用户需求。为了避免变型产品品种繁多带来生产混乱和成本增高，变型设计不应无序地进行，而应在原有产品的基础上，按照一定的规律演变出各种不同的规格参数、布局和附件的产品，扩大原有产品的性能和功能，形成一个产品系列。

开展变型设计的依据是原有产品，它应属于技术成熟的产品。变型产品的基本工作原理和主要功能结构与原有产品相同，在设计和制造工艺方面是已经过了关的，这就是变型设计之所以可以在较短的时间内，高质量地设计出符合市场需要的产品的原因。

作为变型设计依据的原有产品，通常是采用创新设计方法完成的。为可能在其基础上进行变型设计，在创新设计时应考虑变型设计的可能性，遵循系列化设计的原理，将创新设计和变型设计两者进行统筹规划，即原有产品的设计不再是孤立地进行，而是作为系列化产品中的所谓的"基型产品"来精心设计，变型产品也不再是无序地进行设计，而是在系列型谱的范围内有依据的进行设计。

3. 模块化设计

模块化设计是按合同要求，选择适当的功能模块，直接拼装成所谓的"组合产品"。进行组合产品的设计，是在对一定范围内不同性能、不同规格的产品进行功能分析的基础上，划分并设计出一系列功能模块，通过这些模块的组合，构成不同类型或相同类型不同性能的产品，满足市场的多方面需求。组合产品是系列产品的进一步细化，组合产品中的模块也应按系列化设计的原理进行。模块化设计通常是 MRPII（制造资源规划）驱动的，可由销售部门承担，或在销售部门中成立一个专门从事模块化设计的设计组承担，有关设计资料可直接交付生产计划部门，对组成产品的各个模块安排投产，并将这些模块拼装成所需的产品。

据不完全统计，机械制造装备产品中有一大半属于变型产品和组合产品，创新产品只占一小部分。尽管如此，创新设计的重要意义仍不容低估。这是因为：采用创新设计方法不断推出崭新的产品，是企业在市场竞争中取胜的必要条件；变型设计和模块化设计是在基型和模块系统的基础上进行的，而基型和模块系统采用创新设计方法完成的。

1.5 机械制造装备设计的内容与步骤

机械制造装备开发设计的内容与步骤的基本程序包括决策、设计、试制和定型投产 4 个阶段。

1. 决策阶段

决策阶段是对市场需求、技术和产品发展动态、企业生产能力及经济效益等进行可行性调查研究，分析决策开发项目和目标。决策阶段的主要工作包括以下几方面：

1）市场调研和预测是根据用户需求，收集市场和用户信息，预测产品发展动态并进行水平比较，提出新产品的市场预测报告。

2）技术调查是分析国内外同类产品的结构特征、性能指标、质量水平与发展趋势，对新产品的设想（包括使用条件、环境条件、性能指标、可靠性、外观、安装布局及应执行的标准或法规等）和新采用的原理、结构、材料、技术及工艺进行分析，确定需要的攻关项目和先行试验等，提出技术调查报告。

3）可行性分析是对新产品设计和生产的可行性进行分析，提出可行性分析报告，包括产品的总体方案、主要技术参数、技术水平、经济寿命周期。并进行企业生产能力、生产成本与利润预测等。

4）开发决策是对上述报告组织评审，提出评审报告及开发项目建议书，供企业领导决策，批准立项。

2. 设计阶段

设计阶段要进行设计构思计算和必要的试验，完成全部产品图祥和设计文件。设计阶段又分为初步设计、技术设计和工作图设计 3 个阶段。

（1）初步设计

初步设计是完成产品总体方案的设计，包括编制技术任务书（通用产品）或技术建议书（专用产品），确定产品的基本参数及主要技术性能指标，确定总体布局及主要部件结构，进行产品主要工作原理及各工作系统配置，制定标准化综合要求等。必要时进行试验研究，提出试验研究报告，对初步设计进行评审，通过后可作为技术设计的基础。

（2）技术设计

技术设计是设计、计算产品及其组成部分的结构、参数，并绘制产品总图及其主要零部件图样的工作。在试验研究、设计计算及技术经济分析的基础上修改总体设计方案，编制技术设计说明书，并对技术任务书中确定的设计方案、性能参数、结构原理等变更情况、原因与依据等予以说明。

（3）工作图设计

工作图设计是绘制产品全部工作图样和编制必需的设计文件的工作，以供加工、装配、供销、生产管理及随机出厂使用。设计时，要严格贯彻执行各级各类标准，要进行标准化审查和产品结构工艺性审查。工作图设计又称为详细设计或施工设计。

3. 试制阶段

试制阶段通过样机试制和小批试制，验证产品图样、设计文件和工艺文件、工装图样等的正确性，以及产品的适用性和可靠性。

4. 定型投产阶段

定型投产阶段是完成正式投产的准备工作，对工艺文件、工艺装备进行定型，对设备、检测仪器进行配置、调试和标定等。要求达到正式投产条件，具备稳定的批量生产能力。

第 2 章　金属切削机床概论

金属切削机床是一种用切削、特种加工方法将金属毛坯加工成机器零件的机器，是制造机器的机器，因此又称为工作母机或者工具机，习惯上简称为机床。

2.1　机床的基本知识

2.1.1　机床在国民经济中的地位

在现代机械制造业中，加工机器零件的方法有很多种，如铸造、锻造、焊接、冲压、切削加工和各种特种加工等。凡是对机械零件的形状精度、尺寸精度和表面粗糙度要求较高时，一般都靠切削加工的方法来达到，特别是形状复杂、精度要求高和表面粗糙度要求很小的零件，往往需要在机床上经过几道甚至几十道切削加工工序才能完成。因此，金属切削机床是加工机器零件的主要设备，它所负担的工作量，约占机器总制造工作量的 40% ~ 60%，机床的技术水平直接影响机械制造工业产品的最终质量和劳动生产率。

机床的母机属性决定了它在国民经济中的重要地位。它为各种类型的机械制造厂提供先进的制造技术与优质高效的机床设备，促进机械制造工业的生产能力和工艺水平的提高。机械制造工业肩负着为国民经济各部门提供现代化技术装备的任务，即为工业、农业、交通运输业和高技术产业等部门提供各种机械、仪器和工具。如果没有金属切削机床的发展，如果不具备品种繁多、结构完善和性能精良的各种金属切削机床，现代社会根本无法达到目前的高度物质文明。因此，金属切削机床是机械制造设备中的主要设备，机床工业的技术水平在很大程度上标志着一个国家的工业生产能力和科学技术水平。

2.1.2　机床型号的分类

金属切削机床种类繁多，按照机床的加工性质和所用刀具进行分类，根据国家标准《金属切削机床　型号编制方法》（GB/T 15375—2008），我国把机床分成 11 大类：车床、钻床、镗床、磨床、铣床、拉床、刨插床、锯床、齿轮加工机床、螺纹加工机床及其他机床。

在基本分类方法的基础上，还可以根据机床的其他特征进行进一步的区分。

1. 通用性程度

根据通用性程度（工艺范围）不同，机床可分为通用机床、专用机床和专门化机床。

（1）通用机床

通用机床又称普通机床或万能机床，这种机床可加工多种工件，完成多种工序，使用范围较广，如万能卧式车床、卧式镗床及万能升降台铣床等。这类机床的通用程度较高，结构较复杂，主要用于单件、小批量生产。

（2）专用机床

专用机床是用于加工特定工件的特定工序的机床，如主轴箱的专用镗床等。由于这类机床是根据特定工艺要求专门设计、制造和使用的，因此生产效率很高，结构简单，适合大批量生产。组合机床也属于专用机床，它是以通用部件为基础，配以少量专用部件组合而成的一种特殊专用机床。

（3）专门化机床

专门化机床的工艺范围窄，只能用于加工某一类（或少数几类）零件的某一道（或少数几道）特定工序，如曲轴车床、凸轮车床、螺旋桨铣床等。

2. 质量和尺寸

根据质量和尺寸不同，机床可分为仪表机床、中型机床（一般机床）、大型机床（质量达 10 t）、重型机床（质量大于 30 t）和超重型机床（质量大于 100 t）。

3. 工作精度

根据工作精度不同，机床可分为普通精度级机床、精密级机床和高精度级机床。

4. 自动化程度

根据自动化程度不同，机床可分为手动、机动、半自动和自动机床。调整好后无须工人参与便能自动完成工作循环的机床称为自动机床。若装卸工件仍由人工进行，能完成半自动工作循环的机床称为半自动机床。

5. 主要工作部件的数目

根据主要工作部件的数目不同，机床可分为单轴的、多轴的或单刀的、多刀的机床等。

通常，机床根据加工性质进行分类，再根据其某些特点进一步描述，如多刀半自动车床、高精度外圆磨床等。随着机床的发展，其分类方法也将不断发展。现代机床正朝着数控化方向发展，数控机床的功能日趋多样化，工序更加集中。现在一台数控机床集中了越来越多的传统机床的功能。例如，数控车床在卧式车床功能的基础上，集中了转塔车床、仿形车床、自动车床等多种车床的功能；车削中心出现以后，在数控车床功能的基础上，又加入了钻、铣、镗等类型机床的功能。可见，机床数控化引起了机床传统分类方法的变化，这种变化主要表现在机床品种不是越来越细，而是趋同。

2.1.3　机床型号的编制方法

机床型号是机床产品的代号，用于简明地表示机床的类型、通用性、结构性、主要技术参数等。我国的机床型号编制方法，自 1957 年第一次颁布以来，随着机床工业的发展，曾做过多次修订和补充，现行的编制方法是按 2008 年颁布的《金属切削机床　型号编制方法》（GB/T 15375—2008）执行的，适用于各类通用及专用金属切削机床、自动线，但不包括组合机床、特种加工机床。

1. 通用机床型号的表示方法

通用机床型号由基本部分和辅助部分组成，中间用"/"隔开，读作"之"。前者需统一管理，后者纳入型号与否由企业自定。通用机床型号用下列方式表示：

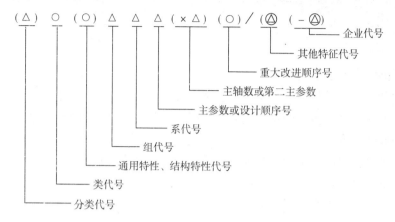

注：1. 有"（ ）"的符号或数字，当无内容时，则不表示；若有内容时，则不带括号。

  2. 有"○"符号的，为大写的汉语拼音字母。

  3. 有"△"符号的，为阿拉伯数字。

  4. 有"⬡"符号的，为大写的汉语拼音字母或阿拉伯数字，或两者兼有之。

（1）机床的分类及类代号

机床的类代号用大写的汉语拼音字母表示，按其相对应的汉字读音。例如，"车床"的汉字读音是 Chechuang，所以用"C"表示，读作"车"；铣床的类代号是"X"，读作"铣"等。当需要时，每类又可分为若干分类，分类代号用阿拉伯数字表示，在类代号之前，它居于型号的首位，但第一分类代号前的"1"不予表示，例如，磨床分为 M、2M、3M 三类。机床的分类和代号见表 2-1。

表 2-1　机床的分类和代号

类别	车床	钻床	镗床	磨床			齿轮加工机床	螺纹加工机床	铣床	刨插床	拉床	锯床	其他机床
代号	C	Z	T	M	2M	3M	Y	S	X	B	L	G	Q
读音	车	钻	镗	磨	二磨	三磨	牙	丝	铣	刨	拉	割	其

（2）机床的通用特性代号

通用特征代号有统一的规定含义，它在各类机床的型号中，表示的意义相同。当某类型机床，除有普通性外，还有某种通用特性，则在类代号之后加通用特性代号予以区别。如果某类型机床仅有某种通用特性，而无普通特性，则通用特性不予表示。当在一个型号中需要同时使用两至三个通用特性代号时，一般按重要程度排列顺序。

机床具有的某种通用特性代号见表 2-2。

表 2-2　机床通用特性代号

通用特性	高精度	精密	自动	半自动	数控	加工中心（自动换刀）	仿形	轻型	加重型	简式	柔性加工单元	数显	高速
代号	G	M	Z	B	K	H	F	Q	C	J	R	X	S
读音	高	密	自	半	控	换	仿	轻	重	简	柔	显	速

（3）机床的结构特性代号

对主参数值相同而结构、性能不同的机床，在型号中加结构特性代号予以区分。根据各类机床的具体情况，对某些结构特性代号，可以赋予一定含义。但结构特性代号与通用特性代号不同，它在型号中没有统一的含义，只在同类机床中起区分机床结构、性能的作用，当型号中有通用特性代号时，结构特性代号更应该排在通用特性代号之后。结构特性代号，用汉语拼音字母（通用特性代号已用的字母和 I、O 两个字母不能用，以免混淆）表示。当单个字母不够用时，可将两个字母组合使用。例如，CA6140 型卧式车床型号中的 A，可以理解为这种型号车床在结构上区别于 C6140 型车床。

（4）机床的组代号和系代号

每类机床按其结构特性或使用范围划分为 10 个组，用一位阿拉伯数字（0~9）表示，位于类代号或通用特性代号、结构特性代号之后，在同一类机床中，主要布局或使用范围基本相同的机床，即为同一组。每组又划分为 10 个系，同样用一位阿拉伯数字（0~9）表示，位于组代号之后。在同一组机床中，其主参数相同，主要结构及布局型式相同的机床，即为同一系。金属切削机床类、组的划分详见表 2-3。

表 2-3　金属切削机床类、组的划分

类别		组别									
		0	1	2	3	4	5	6	7	8	9
车床 C		仪表小型车床	单轴自动车床	多轴自动、半自动车床	回转、转塔车床	曲轴及凸轮车床	立式车床	落地及卧式车床	仿形及多刀车床	轮、轴、辊、锭及铲齿车床	其他车床
钻床 Z			坐标镗钻床	深孔钻床	摇臂钻床	台式钻床	立式钻床	卧式钻床	铣钻床	中心孔钻床	其他钻床
镗床 T				深孔镗床		坐标镗床	立式镗床	卧式铣镗床	精镗床	汽车拖拉机修理用镗床	其他镗床
磨床	M	仪表磨床	外圆磨床	内圆磨床	砂轮机	坐标磨床	导轨磨床	刀具刃磨床	平面及端面磨床	曲轴、凸轮、轮轴、花键轴及轧辊磨床	工具磨床
	2M		超精机	内圆珩磨机	外圆及其他珩磨机	抛光机	沙袋抛光及磨削机床	刀具刃磨床及研磨机床	可转位刀片磨削机床	研磨机	其他磨床

类别		组别									
		0	1	2	3	4	5	6	7	8	9
磨床	3M		球轴承套圈沟磨床	滚子轴承套圈滚道磨床	轴承套圈超精机		叶片磨削机	滚子加工机床	钢球加工机床	气门、活塞及活塞环磨削机	汽车、拖拉机修磨机床
齿轮加工机床 Y		仪表齿轮加工机		锥齿轮加工机	滚齿及铣齿机	剃齿及珩齿机	插齿机	花键轴铣床	齿轮磨齿机	其他齿轮加工机	齿轮倒角及检测机
螺纹加工机床 S				套螺纹机	攻螺纹机			螺纹铣床	螺纹磨床	螺纹车床	
铣床 X		仪表铣床	悬臂及滑枕铣床	龙门铣床	平面铣床	仿形铣床	立式升降台铣床	卧式升降台铣床	床身铣床	工具铣床	其他铣床
刨插床 B			悬臂刨床	龙门刨床			插床	牛头刨床		边缘及磨具刨床	其他刨床
拉床 L				侧拉床	卧式外拉床	连续拉床	立式内拉床	卧式内拉床	立式外拉床	键槽、轴瓦及螺纹拉床	其他拉床
锯床 J				砂轮片锯床		卧式带锯床	立式带锯床	圆锯床	弓锯床	锉锯床	
其他机床 Q		其他仪表机床	管子加工机床	木螺钉加工机床		刻线机	切断机	多功能机床			

（5）机床主参数、设计顺序号

机床主参数代表机床规格的大小，用折算值（主参数乘以折算系数）表示，位于系代号之后。当折算值大于 1 时，则取整数，前面不加 0；当折算值小于 1 时，则取小数点后第 1 位数，并在前面加 0。

某些通用机床，当无法用一个主参数表示时，则在型号中用设计顺序号表示。当设计顺序号小于 10 时，由 01 开始编号。

（6）主轴数和第二主参数

对于多轴车床、多轴钻床、排式钻床等机床，其主轴数应以实际数值列入型号，置于主参数之后，用"×"分开，读作"乘"。单轴可省略，不予表示。

第二主参数（多轴机床的主轴数除外），一般不予表示，如有特殊情况，需在型号中表示。在型号中表示的第二主参数，一般以折算成两位数为宜，最多不超过三位数。以长度、深度值表示的，其折算系数为 1/100；以直径、宽度值表示的，其折算系数为 1/10；以厚度、最大模数值表示的，其折算值为 1。当折算值大于 1 时，则取整数；当折算值小于 1 时，则取小数点后第一位数，并在前面加 0。

（7）机床的重大改进顺序号

当机床的性能及结构布局有重大改进，并按新产品重新设计、试制和鉴定时，在原机床型号的尾部，加上重大改进顺序号，以区别于原机床型号。顺序号按 A、B、C 等字母的顺序选用。重大改进设计不同于全新的设计，它是在原有机床上进行改进和设计的。

（8）其他特性代号

其他特性代号，置于辅助部分之首。其中同一型号机床的变型代号，一般应放在其他特性代号之首位。

其他特性代号主要用以反映各类机床的特性。例如，对于数控机床，可反映不同的控制系统、联动轴数、自动交换主轴头、自动交换工作台等；对于柔性加工单元，可以反映自动交换主轴箱；对于一机多能机床，可用来补充表示某些功能；对于一般机床，可反映同一类型机床的变型等。同一型号机床的变型代号，一般应放在其他特性代号的前面。

其他特性代号用汉语拼音字母（I、O 两字母除外）表示。其中，L 表示联动轴数，F 表示复合。当一个字母不够用时，可将两个字母组合起来使用。其他特性代号，也可用阿拉伯数字表示，还可用阿拉伯数字和汉语拼音字母组合表示。

（9）企业代号

企业代号主要指机床生产厂及机床研究单位代号。该代号置于辅助部分的尾部，用"－"分开，读作"至"，若在辅助部分中仅有企业代号，则不加"－"。

综合上述通用机床型号的编制方法，举例如下。

例 2－1 试写出 CA6140 型卧式车床型号的各部分含义。

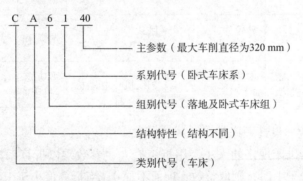

例 2－2 试写出 MG1432A 高精度数控外圆磨床型号的各部分含义。

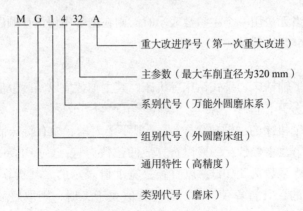

2. 专用机床型号

（1）专用机床型号的表示方法

专用机床的型号一般由设计单位代号和设计顺序号组成，其表示方法为：

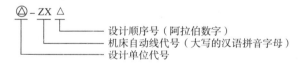

（2）设计单位代号

设计单位代号均由机械工业部北京机床研究所统一规定。通常，机床厂代号是由该厂所在城市和该厂名称的大写汉语拼音字母或该厂在市内建立的顺序号组成的，位于型号之首。

（3）设计顺序号

设计顺序号是按设计单位的设计顺序排列的，由 001 开始位于设计单位代号之后，并用"－"分开，读作"至"。

例如，上海机床厂设计制造的第 15 种专用机床为专用磨床，其型号为 H－015；北京第一机床厂设计制造的第 100 种专用机床为专用铣床，其型号为 B1－100。

3. 机床自动线型号

（1）机床自动线

由通用机床或专用机床组成的机床自动线，其代号为 ZX（读成"自线"），位于设计单位代号之后，并用"－"分开，读作"至"。

机床自动线设计顺序号的排列与专用机床的设计顺序号相同，位于机床自动线代号之后。

（2）机床自动线型号的表示方法

机床自动线的型号一般由设单位代号、机床自动线代号和设计顺序号组成，其表示方法为：

2.1.4　机床的运动

1. 表面成形运动

切削加工时，刀具和工件必须做一定的相对运动，以切除毛坯上的多余金属，形成一定形状、尺寸和质量的表面，从而获得所需的机械零件。刀具与工件之间这种形成加工表面的运动叫作表面成形运动，简称成形运动。如图 2－1（a）所示，车削圆柱表面时，工件的旋转运动 n 和车刀平行于工件轴线方向的运动 f 就是机床的成形运动。车削端面（见图 2－1（b））时，其表面成形运动为工件的旋转运动 n 和车刀垂直工件轴线方向的运动 f。

成形运动按切削过程，可分为主运动和进给运动。主运动是切除工件上的被切削层，使之转变为切削的最基本运动，如车削时工件的旋转运动；进给运动是不断地把被切削层投入切削，以逐渐切出整个工件表面的运动，如车削时刀具平行于工件轴线方向及垂直于工件轴线方向的运动都属于进给运动。主运动的速度最高，消耗的功率最大；进给运动的速度较低，消耗的功率也较小。任何一种机床，通常只有一个主运动，但进给运动可能有一个或多个，也可能没有。

成形运动按其组成可分为简单成形运动和复合成形运动两种。如果一个独立的成形运动，是由单独的旋转运动或直线运动构成，且各运动之间不必保持严格的相对运动关系，则称此成形运动为简单成形运动。如车削内外圆柱表面或端面时，工件的旋转运动 n 和刀具的直线移动 f 就是两个简单成形运动。如果一个独立的成形运动，是由两个或两个以上的旋转运动或（和）直线运动，并按照某种确定的运动关系组合而成，则称此成形运动为复合成形运动。如车削内外螺纹［见图 2 – 1 （c）］时，工件的旋转运动 n 和刀具平行于工件轴线的直线运动 f 之间必须保持严格的相对运动关系，即当工件旋转一转时，车刀必须准确地移动一个螺纹导程，则工件的旋转运动和刀具的直线移动就组成了复合成形运动。

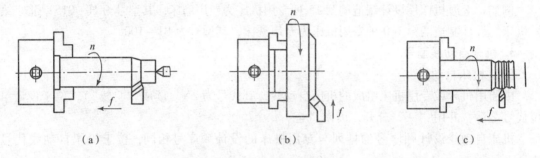

图 2 – 1　表面成形运动

（a）车削圆柱表面；（b）车削端面；（c）车削内外螺纹

2. 辅助运动

机床在加工过程中，除了完成上述表面成形运动外，还需要完成其他系列运动。如刀具相对工件的横向切入运动，刀具趋近和退出工件的运动，工件和刀具的装夹、松开、转位及工件的分度等运动。这些运动为表面成形创造了条件，但与表面成形过程没有直接关系，称为辅助运动。

2.1.5　机床的传动

1. 机床的传动装置形式

机床的传动装置按传动介质的不同可分为机械传动、液压传动、电气传动和气压传动等传动形式。

（1）机械传动

机械传动应用齿轮、传动带、离合器、丝杠和螺母等机械元件传递运动和动力，这种传动形式工作可靠、维修方便、变速范围大，目前在机床上应用最广泛。常用的机械传动装置主要有以下几种。

1）带传动。带传动是靠带与带轮接触面之间的摩擦力来传递运动和动力的一种挠性摩擦传动。该传动的特点是结构简单、制造方便、传动平稳、有过载保护，但传动比不准确、传动效率低、所占空间较大。

2）齿轮传动。齿轮传动通过齿轮之间的啮合可以实现扭矩、转速的改变。齿轮传动结构简单、传动比准确、传动效率高、传递的转矩大，可以实现换向和各种有级变速传动，但制造较为复杂、制造精度要求高。

3）蜗轮蜗杆传动。蜗轮蜗杆传动通过蜗轮蜗杆之间的啮合可以实现扭矩、转速和运动方向的改变。该传动结构简单、传动比大、传动平稳、无噪声，可实现自锁，但传动效率低、制造较复杂、成本高。

4）齿轮齿条传动。齿轮齿条传动可以实现旋转运动与直线运动之间的相互转换，传动效率高，但制造精度不高时影响位移的准确性。

5）丝杠螺母传动。丝杠螺母传动可以将旋转运动转变为直线运动，其传动平稳、无噪声，但传动效率低。在数控机床上常采用滚珠丝杠螺母传动，可降低摩擦损失，减小动、静摩擦因数之差，以避免爬行。

（2）液压传动

液压传动以液压油为介质，通过泵、阀、液压缸和液压马达等液压元件传递运动和动力。这种传动形式可以实现机床传动的无级变速，并且传动平稳，容易实现自动化，在机床上的应用日益广泛。

（3）电气传动

电气传动应用电能通过电气装置传递运动和动力。这种传动形式也可以实现机床传动的无级变速，但是这种传动形式的电气系统比较复杂、成本较高，主要用于大型和重型机床。

（4）气压传动

气压传动以压缩空气为介质，通过气动元件传递运动和动力。这种传动形式的特点是动作迅速，易于实现自动化，但其运动平稳性差、驱动力较小，主要用于机床的某些辅助运动（如夹紧工件）及小型机床的进给运动。

在实际设计中，一般根据机床的工作特点采用以上几种传动装置的组合。

2. 机床传动的组成

为了实现机床加工过程中所需的各种运动，机床必须具有动力源、执行件和传动装置3个基本组成部分。

（1）动力源

动力源是提供动力的装置，如各种电动机、液压马达以及伺服驱动系统等，它是机床运动的主要来源。普通机床常用三相异步交流电动机作为动力源，数控机床常用直流或交流调速电动机或伺服电动机作为动力源。

（2）执行件

执行件是执行运动的部件，如主轴、刀架以及工作台等，其任务是带动工件或刀具完成旋转或直线运动，并保持准确的运动轨迹。

（3）传动装置

传动装置是传递动力和运动的装置，通过它把动力源的动力传递给执行件或把一个执行件的运动传递给另一个执行件。传动装置通常还包括用来改变传动比、改变运动方向和改变运动形式（从旋转运动改变为直线运动）等的机构。

3. 机床的传动链

机床在完成某种加工内容时，为了获得所需要的运动，需要由一系列的传动元件使动力源（如主轴和电动机）和执行件或使两个执行件之间（如主轴和刀架）保持一定的传动联系。构成一个传动联系的一系列按一定规律排列的传动件，称为传动链。传动链中通常有两类传动机构：一类是具有固定传动比的传动机构，简称定比机构，如带传动、定比齿轮副、蜗轮蜗杆副和丝杠螺母副等；另一类是能根据需要变化传动比的传动机构，简称换置机构，如挂轮机构和滑移齿轮机构等。

机床需要多少运动，其传动系统中就有多少条传动链。根据执行件用途和性质的不同，传动链可相应地分为主传动链、进给传动链和辅助传动链等。根据传动联系性质的不同，传动链可分为以下两类。

(1) 外联系传动链

外联系传动链联系动力源（如电动机）和机床执行件（如主轴、刀架和工作台等），使执行件得到预定速度的运动，并传递一定的动力。此外，外联系传动链还包括变速机构和换向机构等。外联系传动链传动比的变化只影响生产率或表面粗糙度，不影响发生线的性质，因此，外联系传动链不要求动力源与执行件间有严格的传动比关系。例如，在车床上用轨迹法车削圆柱面时，主轴的旋转和刀架的移动就是两个互相独立的成形运动，有两条外联系传动链。主轴的转速和刀架的移动速度只影响生产率和表面粗糙度，不影响圆柱面的性质。传动链的传动比不要求很准确，工件的旋转和刀架的移动之间也没有严格的相对速度关系。

(2) 内联系传动链

内联系传动链联系复合运动之内的各个运动分量，因而对传动链所联系的执行件之间的相对速度及相对位移量有严格的要求，以保证运动的轨迹。例如，在卧式车床上用螺纹车刀车螺纹时，为了保证所加工螺纹的导程，主轴（工件）每转一周，车刀必须移动一个导程。此时，联系主轴和刀架之间的螺纹传动链就是一条对传动比严格要求的内联系传动链。假如传动比不准确，则车螺纹时就不能得到要求的导程。为了保证准确的传动比，在内联系传动链中不能用摩擦传动（如带传动）或者瞬时传动比有变化的传动件（如链传动）。

总之，每一个运动无论是简单的还是复杂的，都必须有一条外联系传动链；只有复合运动才有内联系传动链，如果将一个复合运动分解为两个部分，这其中必有一条内联系传动链。外联系传动链不影响发生线的性质，只影响发生线形成的速度；内联系传动链影响发生线的性质，并能保证执行件具有正确的运动轨迹；要使执行件运动起来，还必须通过外联系传动链把动力源和执行件联系起来，使执行件得到一定的运动速度和动力。

4. 传动原理图

为了便于研究机床的传动联系，常用一些简明的符号把传动原理和传动路线表示出来，这就是传动原理图。图 2-2 所示为传动原理图中常用的一部分符号。其中，表示执行件的符号还没有统一的规定，一般采用较直观的图形表示。为了把运动分析的理论推广到数控机床，图中引入了绘制数控机床传动原理图时所要用到的一些符号，如电的联系、脉冲发生器等。

(1) 铣床用圆柱铣刀铣削平面时的传动原理图

用圆柱铣刀铣削平面时，需要铣刀旋转和工件直线移动两个独立的简单运动，实现这两个成形运动应有两个外联系传动链,传动原理如图 2-3 所示。通过外联系传动链"1—2—u_v—3—4"将动力源(电动机)和主轴联系起来,可使铣刀获得具有一定转速和转向的旋转运动 B_1;通过另一条外联系传动链"5—6—u_f—7—8"将动力源和工作台联系起来,可使工件获得具有一定进给速度和方向的直线运动,如 A_2。u_v 和 u_f 是传动链的换置机构,通过 u_v 可以改变铣刀的转速和转向,通过 u_f 可以改变工件的进给进度和方向,以适应不同加工条件的需要。

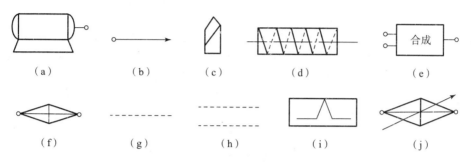

（a）　　　　（b）　　　　（c）　　　　（d）　　　　（e）

（f）　　　　（g）　　　　（h）　　　　（i）　　　　（j）

图 2-2　传动原理图中常用的一部分符号

（a）电动机;（b）主轴;（c）车刀;（d）滚刀;（e）合成机构;（f）传动比可变换的换置机构;

（g）传动比不变换的机械联系;（h）电的联系;（i）脉冲发生器;（j）快调装置机构—数控系统

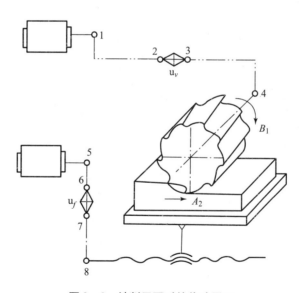

图 2-3　铣削平面时的传动原理

（2）车床用螺纹车刀车削螺纹时的传动原理图

卧式车床在形成螺旋表面时需要一个运动,即刀具与工件间相对的螺旋运动,传动原理如图 2-4 所示。这个运动是复合运动,它可分解为两部分:主轴的旋转 B_{11} 和车刀的纵向移动 A_{12}。因此,该车床应有两条传动链。

1）联系复合运动两部分 B_{11} 和 A_{12} 的内联系传动链:主轴—4—5—u_x—6—7—丝杠。u_x 表示螺纹传动链的换置机构,如交换齿轮架上的交换齿轮、进给箱中的滑移齿轮变速机构等,可通过调整 u_x 来得到被加工螺纹的导程。

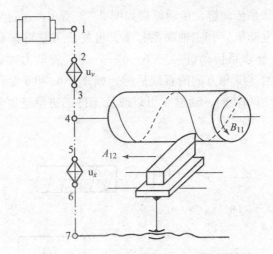

图 2-4　车削圆柱螺纹时的传动原理图

2）联系动力源与这个复合运动的外联系传动链。外联系传动链可由动力源联系复合运动中的任一环节。考虑到大部分动力应传送给主轴，故外联系传动链联系动力源与主轴：电动机—1—2—u_v—3—4—主轴。u_v 表示主传动链的换置机构，如进给箱中的滑移齿轮变速机构、离合器变速机构等，可通过调整 u_v 来调整主轴的转速，以适应切削速度的需要。

（3）数控车床车削成形曲面时的传动原理图

数控车床的传动原理基本上与卧式车床相同，所不同的是数控车床多采用电气传动，如图 2-5 所示。主轴通过机械传动 1—2（通常是一对齿数相同的齿轮）与脉冲发生器 P 相联系。主轴每转一周，脉冲发生器 P 发出 n 个脉冲，经 3—4（常为电线）传至数控系统的轴控制装置 u_{c1}，u_{c1} 可理解为一个快速调整的换置机构。经伺服系统 5—6 后，控制伺服电动机 M_1，M_1 经机械传动装置 7—8（也可以将伺服电动机直接和滚珠丝杠相连）与滚珠丝杠相连，使刀架做直线运动传入 A_1。

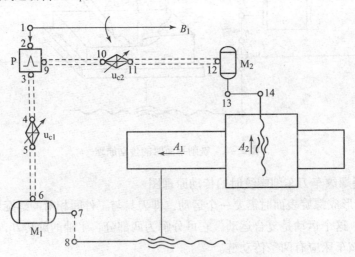

图 2-5　车削成形曲面时的传动原理图

车削成形曲面时，主轴每转一周，脉冲发生器 P 发出脉冲，同时控制刀架纵向直线移动

A_1 和刀具横向移动 A_2。这时，传动链为：A_1—纵向丝杠—8—7—M_1—6—5—u_{c1}—4—3—P—9—10—u_{c2}—11—12—M_2—13—14—横向丝杠—A_2，形成一条内联系传动链。u_{c1}、u_{c2} 同时不断变化，保证刀尖沿着要求的轨迹运动，以便得到所需的工件表面形状，并使刀架的纵向直线移动 A_1 和刀具的横向移动 A_2 的合成速度大小保持恒定。

车削圆柱面或端面时，主轴的转动 B_1、刀架的纵向直线移动 A_1 和刀具的横向移动 A_2 是 3 个独立的简单运动。u_{c1} 和 u_{c2} 用以调整主轴的转速和刀具的进给量。

2.2　车　　床

2.2.1　车床概述

1. 车床的用途

车床主要用于车削加工，车床的工艺范围很广。车床可车削各种轴、盘套类的回转表面，如内外圆柱面、内外圆锥面、环槽及成形回转面；还可以车削端面、螺纹；也可以进行钻孔、扩孔、铰孔、攻螺纹、滚花等加工。图 2-6 给出了卧式车床所能加工的典型表面。另外，在车床上稍做改装，可进行镗孔、车削球面、滚压、珩磨等加工。

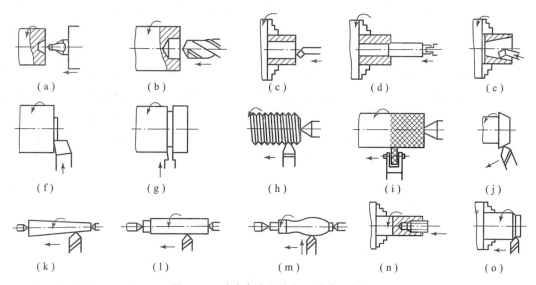

图 2-6　卧式车床所能加工的典型表面

(a) 钻中心孔；(b) 钻孔；(c) 镗孔；(d) 扩孔；(e) 车内圆锥面；(f) 车端面；(g) 切断；
(h) 车螺纹；(i) 滚花；(j) 车短外圆锥面；(k) 车长外圆锥面；
(l) 车长外圆柱面；(m) 车成形回转面；(n) 钻扩孔；(o) 车短外圆柱面

由图 2-6 可以看出，为完成各种加工工序，车床必须具备下列成形运动：工件的旋转运动——主运动；刀具的直线运动——进给运动。其中，刀具平行于工件旋转轴线方向的移动称为纵向进给运动，此时可以加工外圆柱面，也可以进行孔加工和螺纹加工等；刀具垂直于工件旋转轴线方向的移动称为横向进给运动，此时可以加工端面、槽、压花等；刀具与工件旋转轴线成一定角度方向的移动称为斜向进给运动，此时可以加工外锥面等；另外，当进给运动方向连续变化时，则可以加工曲线和曲面。在多数加工情况下，工件的旋转和刀具移动之间必须保持严格的运动关系，因此它们组合成一个复合成形运动——螺旋轨迹运动，习惯上称为螺纹进给运动。另外，加工回转体成形面（包括纵、横向进给加工圆锥面）时，纵向和横向进给运动也组合成一个复合成形运动，因为刀具的曲线轨迹运动是依靠纵向和横向两个运动之间保证严格运动关系来实现的。

2. 车床的分类

按照自动化程度不同，车床大致可以分为普通车床、数控车床和车削中心。各种不同类型的车床，虽然结构各异，但在许多方面仍有共同之处。

1）普通车床

普通车床的万能性好，选用于各种轴类、套筒类和盘类零件上回转表面的加工。CA6140 型卧式车床的加工范围较广，但其结构复杂且自动化程度较低，常用于单件、小批量生产。

2）数控车床

数控车床是一种高精度、高效率的自动化机床，具有广泛的加工工艺性能，可加工圆柱面、圆锥面和各种螺纹、槽、蜗杆等，具有直线插补、圆弧插补各种补偿功能，适合于加工形状复杂、精度高的盘类零件和轴类零件。

3）车削中心

车削中心是一机多用的多工序加工机床，是数控车床在扩大工艺范围方面的发展。不少回转体零件上常常还有钻孔、铣削等工序，如钻油孔、钻横向孔、铣键槽、铣偏方及铣油槽等，最好能在一次装夹时完成，这对于降低成本、缩短加工周期、保证加工精度等都有重要意义。特别是对重型机床，更能显示其优点，因为其加工的重型工件不易吊装。

车削中心与数控车床的主要区别是：车削中心具有自驱动刀具（即具有自己独立动力源的刀具），刀具主轴电动机装在刀架上，通过传动机构驱动刀具主轴，并可自动无级变速；车削中心的主轴还另设有一条单独的由伺服电动机直接驱动的传动链，对主轴的旋转运动进行伺服控制，因此，车削中心除实现旋转主轴运动外，还可做分度运动，以便加工零件圆周上按某种角度分布的径向孔或零件端面上分布的轴向孔。

2.2.2　CA6140 型卧式车床

1. 机床的主要组成

CA6140 型普通车床是普通精度级的万能机床，适用于加工各种轴类、套筒类和盘类零件上的内外回转表面以及车削端面。它还能加工各种常用的公制、英制、模数制和径节制螺纹，以及进行钻孔、扩孔、铰孔、滚花等工作。其加工范围较广，由于它的结构复杂，而且自动化程度低，所以适用于单件、小批量生产及供修配车间使用。CA6140 型卧式普通车床的结构如图 2 - 7 所示。

（1）主轴箱（床头箱）

主轴箱固定在床身的左端。在主轴箱中装有主轴，以及使主轴变速和变向的传动齿轮。通过卡盘等夹具装夹工件，使主轴带动工件按需要的转速旋转，实现主运动。

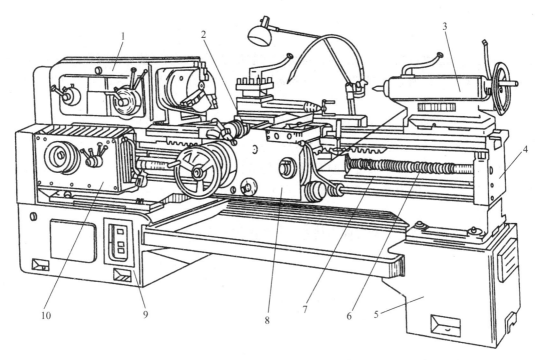

图 2 - 7　CA6140 型卧式普通车床的结构

1—主轴箱；2—刀架；3—尾座；4—床身；5，9—床腿；6—丝杠；7—光杠；8—溜板箱；10—进给箱

（2）刀架

刀架安装在刀架导轨上，并可沿刀架导轨做纵向移动，刀架部件由床鞍（大拖板）、横拖板、小拖板和四方刀架等组成。刀架部件用于装夹车刀，并使车刀做纵向、横向和斜向运动。

（3）尾座

尾座安装在床身的右端，可沿尾座导轨做纵向位置的调整。尾座的功能是用后顶尖支承长工件，还可安装钻头、铰刀等孔加工工具，以进行孔加工。将尾座做适当调整，可以实现加工长锥形的工件。

（4）进给箱

进给箱位于床身的左前侧，进给箱中装有进给运动的变速装置及操纵机构，其功能是改变被加工螺纹的螺距或机动进给时的进给量。它用来传递进给运动，改变进给箱的手柄位置，可得到不同的进给速度，进给箱的运动通过光杠或丝杠传出。

（5）溜板箱

溜板箱位于床身前侧与刀架部件相连接，它的功能是把进给箱的运动（光杠或丝杠的旋转运动）传递给刀架，使刀架实现纵向进给、横向进给。

床身固定在左右床腿上，它是车床的基本支承元件，是机床各部件的安装基准，使机床各部件在工作过程中保持准确的相对位置。

（7）光杠和丝杠

光杠和丝杠是将运动由进给箱传到溜板箱的中间传动元件。光杠用于一般车削，丝杠用于车削螺纹。

2. 机床的运动

（1）工件的旋转运动

工件的旋转运动即机床的主运动，是实现切削最基本的运动。特点是速度较高及消耗的动力较多。计算单位常用主轴转速 n（r/min）表示。它的功用是使刀具与工件间做相对运动。

（2）刀具的移动

刀具的移动是机床的进给运动。其特点是速度较低，消耗的动力较少。计算单位常用进给量 f（mm/r）表示，即主轴每转的刀架移动距离。它的功用是使毛坯上新的金属层被不断地投入切削，以便切削出整个加工表面。

（3）切入运动

切入运动通常与进给运动方向相垂直，一般由工人手动移动刀架来完成。它的功用是将毛坯加工到所需要的尺寸。

（4）辅助运动

刀具与工件除工作运动以外，还要具有刀架纵向及横向快速移动等功能，以便实现快速趋近或返回。

2.2.3 CA6140 型卧式车床的传动分析

为便于机床的传动分析，通常采用机床传动系统图。机床传动系统图是用国家规定的符号代表各种传动元件，按机床传递的先后顺序，以展开图的形式绘制的表示机床全部运动关系的示意图。绘制时，用数字代表传动件参数，如齿轮的齿数、带轮的直径、丝杠的螺距及头数、电动机的转速及功率等。机床传动系统图是把空间的传动结构展开并画在一个平面图上，个别难于直接表达的地方可以采用示意画法，但要尽量反映机床主要部件的相对位置，并尽量将其画在机床的外形轮廓线内，各传动件的位置尽量按运动传递的先后顺序安排。机床传动系统图只是简明直观地表达出机床传动系统的组成和相互关系，并不表示各构件及机构的实际尺寸和空间位置。CA6140 型卧式车床的传动系统如图 2-8 所示。整个传动系统主要由主运动传动链、车螺纹运动传动链、纵向进给运动传动链、横向进给运动传动链及快速移动传动链组成。图 2-8 中，P 是丝杠的螺距。

1. 主运动传动链

车床主运动传动链简称为主传动链，是指动力源（主电动机）运动与主轴旋转运动（主运动）之间的传动联系。

（1）主传动链的两端件

分析任何一个传动链，首先要找出该传动链所联系的两端件，然后才能分析这两端件之间的传动联系。CA6140 型卧式车床的主传动链的一端是主运动的执行件即主轴，另一个端件是动力源即主电动机。

（2）传动路线

主电动机的转动经三角皮带传给主轴箱中的 I 轴，在 I 轴上装有双向多片式摩擦离合器 M_1，当 M_1 处于中间位置时，I 轴空转，左右空套齿轮不随之转动，可断开主轴运动。

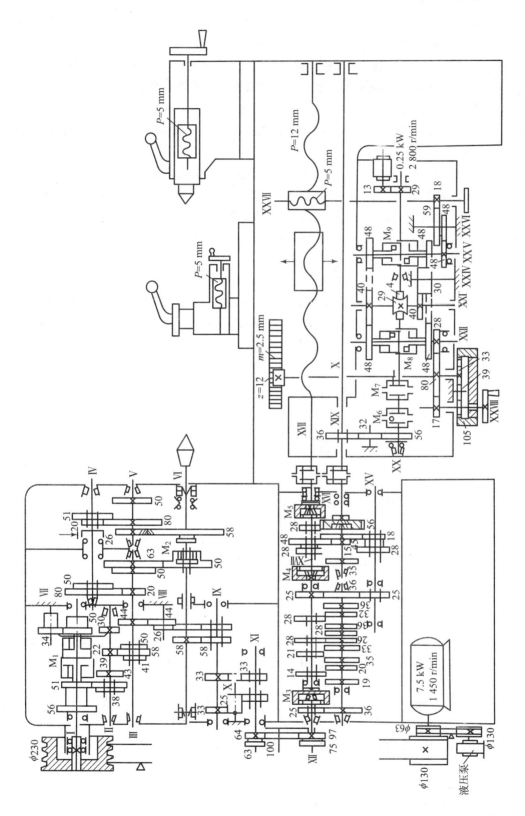

图 2-8 CA6140 型卧式车床的传动系统

若要实现主轴正转，可将 M_1 向左压紧，使左面的摩擦片带动双联空套齿轮56、51随Ⅰ轴转动，Ⅰ轴与Ⅱ轴上的双联滑移齿轮不同位置的啮合（56/38或51/43），使Ⅱ轴得到两种不同的转速，再通过Ⅲ轴上的三联滑移齿轮不同位置的啮合（39/41、22/58或30/50），使Ⅲ轴共得到 $2 \times 3 = 6$ 种不同的正向转速，运动由Ⅲ轴传至主轴有两条路线。

1）高速运动路线（ $n_{主} = 450 \sim 1\,450$ r/min），即主轴Ⅵ的齿轮50向左滑移与Ⅲ轴上的齿轮63直接啮合，因 M_2 脱开，齿轮58空套在轴上，不会出现运动干涉，所以可以使主轴得到高速的6种转速。

2）低速运动路线（ $n_{主} = 10 \sim 500$ r/min），即主轴Ⅵ上的内齿离合器 M_2 接通，此时Ⅲ轴的运动经Ⅲ、Ⅳ间的齿轮副20/80或50/50和Ⅳ、Ⅴ轴间的齿轮副20/80或51/50，再经Ⅴ、Ⅵ轴间的齿轮副26/58和内齿离合器 M_2，使主轴Ⅵ得到低速的18种转速。由于Ⅴ轴与Ⅲ轴同心，经Ⅳ轴传动，可实现较大的降速，将Ⅲ—Ⅵ—Ⅳ轴的传动称为折回（背轮）传动。

若要实现主轴反转，可将 M_1 向右压紧，使右面的摩擦片带动空套齿轮50随Ⅰ轴转动，Ⅰ轴的运动经Ⅶ轴上的空套齿轮34传给Ⅱ轴（50/34及34/30），使Ⅱ轴换向（与主轴正转时反向）并得到一种转速，后面的传动路线与主轴正转时相同，主轴可得到12种反转转速。

传动路线可用传动路线表达式表示。CA6140普通车床的主运动传动路线表达式为：

$$
电动机 - \frac{\phi130}{\phi230} - Ⅰ - \left\{ \begin{array}{l} M_1 左（正转）- \left\{ \begin{array}{c} \frac{56}{38} \\ \frac{51}{43} \end{array} \right\} - \\ M_1 右（反转）- \frac{50}{34} - Ⅶ - \frac{34}{30} \end{array} \right\} - Ⅱ - \left\{ \begin{array}{c} \frac{39}{41} \\ \frac{30}{50} \\ \frac{22}{58} \end{array} \right\} - Ⅲ -
$$

$$
\left\{ \begin{array}{c} \frac{20}{80} \\ \frac{50}{50} \end{array} \right\} - Ⅳ - \left\{ \begin{array}{c} \frac{20}{80} \\ \frac{51}{50} \\ \frac{63}{50} \end{array} \right\} - Ⅴ - \frac{26}{58} - Ⅵ（主轴）
$$

（3）主轴转速级数分析

由传动系统图或传动路线表达式可以看出，主轴正转时，可得到 $2 \times 3 = 6$ 种高转速和 $2 \times 3 \times 2 \times 2 = 24$ 种低转速。但实际上低速路线只有18级转速，因为Ⅲ轴至Ⅴ轴间的两个双联滑移齿轮变速组得到的4种传动比中，有两种重复，即

$$
u_1 = \frac{20}{80} \times \frac{20}{80} = \frac{1}{16}, \ u_2 = \frac{20}{80} \times \frac{51}{50} \approx \frac{1}{4}, \ u_3 = \frac{50}{50} \times \frac{20}{80} = \frac{1}{4}, \ u_4 = \frac{50}{50} \times \frac{51}{50} \approx 1
$$

其中， $u_2 \approx u_3$ ，所以实际上只有3种不同的传动比，因此可由低速路线得到 $2 \times 3 \times (2 \times 2 - 1) = 18$ 级转速，再加上高速传动路线的6级，主轴共有 $2 \times 3 \times [1 + (2 \times 2 - 1)] = 24$ 级转速。

主轴反转时，有 $3 \times [1 + (2 \times 2 - 1)] = 12$ 级转速。

（4）主轴转速分析

主轴的各级转速可由传动时所经过的传动件的运动参数列出平衡式求得，即

$$n_{主} = 1\,450 \times \frac{130}{230}(1 - \varepsilon)u_{\text{I} - \text{II}}u_{\text{II} - \text{III}}u_{\text{III} - \text{IV}}$$

式中　$n_{主}$——主轴转速，r/min；

　　　ε——V 带传动的滑动率，$\varepsilon = 0.02$；

　　　$u_{\text{I} - \text{II}}, u_{\text{II} - \text{III}}, u_{\text{III} - \text{IV}}$——I 轴与 II 轴、II 轴与 III 轴、III 轴与 IV 轴间的可变传动比。

例如，主轴正转的最高转速 $n_{\max}$ 和最低转速 $n_{\min}$ 分别为：

$$n_{\max} = 1\,450 \times \frac{130}{230} \times 0.98 \times \frac{56}{38} \times \frac{39}{41} \times \frac{63}{50} = 1\,420 \ （\text{r/min}）$$

$$n_{\min} = 1\,450 \times \frac{130}{230} \times 0.98 \times \frac{51}{43} \times \frac{22}{58} \times \frac{20}{80} \times \frac{20}{80} \times \frac{26}{58} = 10 \ （\text{r/min}）$$

2. 车螺纹运动传动链

CA6140 型卧式车床能车削常用的公制、英制、模数制及径节制 4 种标准的螺纹，此外，还可以车削大螺距、非标准螺距及较精确的螺纹。它既可以车削右螺纹，也可以车削左螺纹。

车削螺纹时，刀架通过车螺纹传动链得到运动，其两端件主轴和刀架之间必须保持严格的运动关系，即主轴每转一周，刀具移动一个被加工螺纹的导程。由此，结合传动系统图可得车螺纹传动的运动平衡式，即：

$$1（主轴）\times u_{定} \times u_{x} \times S_{丝} = S$$

式中　$u_{定}$——主轴至丝杠间全部定比传动机构的总传动比，是一个常数；

　　　u_{x}——主轴至丝杠间换置机构的可变传动比；

　　　$S_{丝}$——机床丝杠的导程，CA6140 型卧式车床使用单头、螺距为 12 mm 的丝杠，故 $S_{丝} = 12$ mm；

　　　S——工件螺纹的导程，mm。

上式中，$u_{定}$ 和 $S_{丝}$ 均为定值，可见，要加工不同导程的螺纹，关键是调整车削螺纹传动链中换置机构的传动比。

（1）车削米制螺纹的传动链分析

车削米制螺纹时，进给箱中的齿式离合器 M_3、M_4 脱开，M_5 接合。此时运动由主轴 VI 经齿轮副 $\frac{58}{58}$、换向机构 $\frac{33}{33}$ $\left(车左螺纹是经 \frac{33}{25} \times \frac{25}{33}\right)$、挂轮 $\frac{63}{100} \times \frac{100}{75}$ 传到进给箱中，然后经齿轮啮合副 $\frac{25}{36}$、轴 XIII – XIV 间滑移齿轮变速机构、齿轮副 $\frac{25}{36} \times \frac{36}{25}$ 到轴 XV – XVII 间的两组滑移齿轮变速机构及离合器 M_5 传至丝杠。丝杠通过开合螺母将运动传至溜板箱，带动刀架纵向进给。车削米制螺纹进给路线的传动路线表达式为：

$$主轴 \ \text{VI} — \frac{58}{58} — \text{IX} — \left\{ \begin{array}{c} \frac{33}{33}（右螺纹） \\[2mm] \frac{33}{25} — \text{X} — \frac{25}{33}（左螺纹） \end{array} \right\} — \text{XI} — \frac{63}{100} \times \frac{100}{75} — \text{XII} — \frac{25}{36} — \text{XIII} —$$

$$u_{\text{XIII} - \text{XIV}} — \text{XIV} — \frac{36}{25} \times \frac{25}{36} — \text{XV} — u_{\text{XV} - \text{XVII}} — \text{XVII} — M_5 — \text{XVIII}（丝杠）— 刀架$$

运动平衡式为：

$$S = kP = 1 \times \frac{58}{58} \times \frac{33}{33} \times \frac{63}{100} \times \frac{100}{75} \times \frac{25}{36} \times u_{\text{XIII} - \text{XIV}} \times \frac{25}{26} \times \frac{36}{25} \times u_{\text{XV} - \text{XVII}} \times 12$$

式中　S——螺纹导程，mm；

P——螺纹螺距，mm；

k——螺纹头数；

$u_{XIII-XIV}$——轴 XIII – XIV 间的可变传动比；

$u_{XV-XVII}$——轴 XV – XVII 间的可变传动比。

整理后，可得：

$$S = 7u_{XIII-XIV}u_{XV-XVII}$$

式中　$u_{XIII-XIV}$——轴 XIII – XIV 间滑移齿轮变速机构的传动比。

该滑移齿轮变速机构由固定在轴 XIII 上的 8 个齿轮及安装在轴 XIV 的 4 个单联滑移齿轮构成。每个滑移齿轮可分别与轴 XIII 上的两个固定齿轮相啮合，其啮合情况分别为 $\frac{26}{28}$、$\frac{28}{28}$、$\frac{32}{28}$、$\frac{36}{28}$、$\frac{19}{14}$、$\frac{20}{14}$、$\frac{33}{21}$ 及 $\frac{36}{21}$，其相应的传动比为 $\frac{6.5}{7}$、1、$\frac{8}{7}$、$\frac{9}{7}$、$\frac{9.5}{7}$、$\frac{10}{7}$、$\frac{11}{7}$ 及 $\frac{12}{7}$，这 8 个传动比近似按等差数列排列。若取上式中 $u_{XIII-XIV}=1$，则机床可通过该滑移齿轮机构的不同传动比，加工出导程分别为（6.5 mm）、7 mm、8 mm、9 mm、（9.5 mm）、10 mm、11 mm、12 mm 的螺纹。可见，该变速机构是获得各种螺纹导程的基本变速机构，通常称其为基本螺距机构，简称基本组，其传动比用 $u_{基}$ 表示。

$u_{XV-XVII}$ 是轴 XV – XVII 间的变速机构的传动比，其值按倍数排列，用来配合基本螺距机构，扩大车削螺纹的螺距值大小，故称变速机构为增倍机构或增倍组。增倍组有 4 种传动比，分别为：

$$u_{倍1} = \frac{28}{35} \times \frac{35}{28} = 1$$

$$u_{倍2} = \frac{18}{45} \times \frac{35}{28} = \frac{1}{2}$$

$$u_{倍3} = \frac{28}{35} \times \frac{15}{48} = \frac{1}{4}$$

$$u_{倍4} = \frac{18}{45} \times \frac{15}{48} = \frac{1}{8}$$

将上式中的 $u_{XIII-XIV}$ 以 $u_{基}$ 代替，将 $u_{XV-XVII}$ 以 $u_{倍}$ 代替，可得：

$$S = 7u_{基}u_{倍}$$

改变 $u_{基}$ 和 $u_{倍}$，就可以车削各种规格的米制螺纹，见表 2 – 4。

表 2 – 4　CA6140 型卧式车床米制螺纹

$u_{倍}$ ＼ S/mm ＼ $u_{基}$	$\frac{26}{28}$	$\frac{28}{28}$	$\frac{32}{28}$	$\frac{36}{28}$	$\frac{19}{14}$	$\frac{20}{14}$	$\frac{33}{21}$	$\frac{36}{21}$
$\frac{18}{45} \times \frac{15}{48} = \frac{1}{8}$	—	—	1	—	—	1.25	—	1.5
$\frac{28}{35} \times \frac{15}{48} = \frac{1}{4}$	—	1.75	2	2.25	—	2.5	—	3

续表

$u_{倍}$　S/mm　$u_{基}$	$\dfrac{26}{28}$	$\dfrac{28}{28}$	$\dfrac{32}{28}$	$\dfrac{36}{28}$	$\dfrac{19}{14}$	$\dfrac{20}{14}$	$\dfrac{33}{21}$	$\dfrac{36}{21}$
$\dfrac{18}{45} \times \dfrac{35}{28} = \dfrac{1}{2}$	—	3.5	4	4.5	—	5	5.5	6
$\dfrac{28}{35} \times \dfrac{35}{28} = 1$	—	7	8	9	—	10	11	12

由表 2-4 可以看出，能车削的米制螺纹的最大导程是 12 mm。当机床需加工导程大于 12 mm 的导程时，例如车削多线螺纹和拉油槽时，就得使用扩大螺距机构。这时应将轴 IX 上的滑移齿轮 Z_{58} 移至右端位置，与轴 VIII 上的齿轮 Z_{26} 相啮合。于是主轴 VI 与丝杠通过下列传动路线实现传动联系：

$$主轴\ VI—\frac{58}{26}—V—\frac{80}{20}—\begin{Bmatrix}\dfrac{50}{50}\\[2mm]\dfrac{80}{20}\end{Bmatrix}—III—\frac{44}{44}—VIII—\frac{26}{58}—IX\cdots XVIII（常用螺纹传动路线）$$

此时，主轴 VI 至轴 IX 间的传动比 $u_{扩}$ 为：

$$u_{扩1} = \frac{58}{26} \times \frac{80}{20} \times \frac{50}{50} \times \frac{44}{44} \times \frac{26}{58} = 4$$

$$u_{扩2} = \frac{58}{26} \times \frac{80}{20} \times \frac{80}{20} \times \frac{44}{44} \times \frac{26}{58} = 16$$

车削常用螺纹时，主轴 VI 至轴 IX 间的传动比 $u_{正常} = 58/58 = 1$。这表明，当螺纹进给传动链其他调整情况不变时，做上述调整可使主轴与丝杠间的传动比增大 4 倍或 16 倍，车出的螺纹导程也相应地扩大 4 倍或 16 倍。因此，一般把上述传动机构称为扩大螺距机构。

（2）车削模数螺纹的传动链分析

模数螺纹主要用于米制蜗杆，模数螺纹的螺距参数为模数 m，模数螺纹的导程为：

$$S_m = k\pi m$$

参数标准模数螺纹的导程排列规律和米制螺纹相同，但导程的数值含有特殊因子 π。

车削模数螺纹时的传动路线与米制螺纹基本相同，唯一的区别就是交换齿轮换成 $\dfrac{64}{100} \times \dfrac{100}{97}$，移换机构的滑移齿轮传动比为 $\dfrac{25}{36}$，以消除特殊因子 π $\left(\text{其中}\dfrac{64}{97} \times \dfrac{25}{36} \approx \dfrac{7\pi}{48}\right)$。

车削模数螺纹传动路线表达式如下：

$$主轴\ VI—\frac{58}{58}—IX—\begin{Bmatrix}\dfrac{33}{33}（右螺纹）\\[2mm]\dfrac{33}{25}—X—\dfrac{25}{33}（左螺纹）\end{Bmatrix}—XI—\frac{64}{100} \times \frac{100}{97}—XII—\frac{25}{36}—XIII—$$

$$u_{XIII-XIV}—XIV—\frac{36}{25} \times \frac{25}{36}—XV—u_{XV-XVII}—XVII—M_5—XVIII（\underline{丝杠}）—刀架$$

其运动平衡式为：

$$S_m = k\pi m = 1 \times \frac{58}{58} \times \frac{33}{33} \times \frac{64}{100} \times \frac{100}{97} \times \frac{25}{36} \times u_{基} \times \frac{25}{26} \times \frac{36}{25} \times u_{倍} \times 12$$

式中，$\dfrac{64}{97} \times \dfrac{25}{36} \approx \dfrac{7\pi}{48}$，故：

$$m = \frac{7}{4k} u_{基} u_{倍}$$

（3）车削英制螺纹的传动链分析

英制螺纹在采用英制的国家（如英、美、加拿大等）中应用广泛。我国部分管螺纹目前也采用英制螺纹。

英制螺纹的螺距参数是每英寸长度上的螺纹牙（扣）数，以 a 表示。因此，英制螺纹的导程 S_a 为

$$S_a = k\frac{1}{a}(\text{in}) = \frac{25.4k}{a}(\text{mm})$$

加工英制螺纹时，进给箱中离合器 M_3 和 M_5 接合，M_4 脱开，交换齿轮换成 $\dfrac{63}{100} \times \dfrac{100}{75}$，并将轴 XV 左端的 Z_{25} 左移，与固定在轴 XIII 上 Z_{36} 啮合。于是运动由轴 XII 经离合器 M_3 传至轴 XIV，从而使基本组的运动传动方向恰好与车米制螺纹时相反，其余部分的传动路线与车削米制螺纹时相同。

车削英制螺纹传动路线表达式如下：

$$\text{主轴 VI} - \frac{58}{58} - \text{IX} - \left\{ \begin{array}{l} \frac{33}{33}(\text{右螺纹}) \\ \frac{33}{25} - \text{X} - \frac{25}{33}(\text{左螺纹}) \end{array} \right\} - \text{XI} - \frac{63}{100} \times \frac{100}{75} - \text{XII} - M_3 - \text{XIV} -$$

$$\frac{1}{u_{\text{XIII}-\text{XIV}}} - \text{XIII} - \frac{36}{25} - \text{XV} - u_{\text{XV}-\text{XVII}} - \text{XVII} - M_5 - \text{XVIII}(\text{丝杠}) - \text{刀架}$$

其运动平衡式为：

$$S_a = \frac{25.4k}{a} = 1 \times \frac{58}{58} \times \frac{33}{33} \times \frac{63}{100} \times \frac{100}{75} \times \frac{1}{u_{基}} \times \frac{36}{25} u_{倍} \times 12$$

式中，$\dfrac{63}{100} \times \dfrac{100}{75} \times \dfrac{36}{25} \approx \dfrac{25.4}{21}$，故：

$$a = \frac{7k}{4} \frac{u_{基}}{u_{倍}}$$

改变 $u_{基}$ 和 $u_{倍}$，就可以车削各种规格的英制螺纹，见表 2-5。

表 2-5 CA6140 型卧式车床英制螺纹

$a/(\text{牙} \cdot \text{in}^{-1})$ $u_{基}$ $u_{倍}$	$\frac{26}{28}$	$\frac{28}{28}$	$\frac{32}{28}$	$\frac{36}{28}$	$\frac{19}{14}$	$\frac{20}{14}$	$\frac{33}{21}$	$\frac{36}{21}$
$\frac{18}{45} \times \frac{15}{48} = \frac{1}{8}$	—	14	16	18	19	20	—	24

$a/($牙·in$^{-1})$ ↗ $u_{基}$ ↙ $u_{倍}$	$\dfrac{26}{28}$	$\dfrac{28}{28}$	$\dfrac{32}{28}$	$\dfrac{36}{28}$	$\dfrac{19}{14}$	$\dfrac{20}{14}$	$\dfrac{33}{21}$	$\dfrac{36}{21}$
$\dfrac{28}{35} \times \dfrac{15}{48} = \dfrac{1}{4}$	—	7	8	9	—	10	11	12
$\dfrac{18}{45} \times \dfrac{35}{28} = \dfrac{1}{2}$	$3\dfrac{1}{4}$	$3\dfrac{1}{2}$	—	$4\dfrac{1}{2}$	—	5	—	6
$\dfrac{28}{35} \times \dfrac{35}{28} = 1$	—	—	2	—	—	—	—	3

（4）车削径节螺纹的传动链分析

径节螺纹主要用于英制蜗杆，其螺距参数为径节 DP（牙/in），径节 $DP = z/D$。其中，z 为齿轮齿数；D 为分度圆直径，单位为 in。径节即为蜗轮或齿轮折算到每英寸分度圆直径上的齿数。

英制蜗杆的轴向齿距即为螺距 P_{DP}，径节螺纹的导程 S_{DP} 为：

$$S_{DP} = k\frac{\pi}{DP}(\text{in}) \approx k\frac{25.4\pi}{DP}(\text{mm})$$

车削径节螺纹时，交换齿轮换成 $\dfrac{64}{100} \times \dfrac{100}{97}$，其余与车削英制螺纹相同。车削径节螺纹传动路线表达式如下：

$$\text{主轴 VI} - \frac{58}{58} - \text{IX} - \begin{Bmatrix} \dfrac{33}{33}(\text{右螺纹}) \\ \dfrac{33}{25} - \text{X} - \dfrac{25}{33}(\text{左螺纹}) \end{Bmatrix} - \text{XI} - \frac{64}{100} \times \frac{100}{97} - \text{XII} - M_3 - \text{XIV} -$$

$$\frac{1}{u_{\text{XIII-XIV}}} - \text{XIII} - \frac{36}{25} - \text{XV} - u_{\text{XV-XVII}} - \text{XVII} - M_5 - \text{XVIII}(\text{丝杠}) - \text{刀架}$$

其运动平衡式为：

$$S_{DP} = \frac{25.4\pi k}{a} = 1 \times \frac{58}{58} \times \frac{33}{33} \times \frac{64}{100} \times \frac{100}{97} \times \frac{1}{u_{基}} \times \frac{36}{25} u_{倍} \times 12$$

式中，$\dfrac{64}{97} \times \dfrac{36}{25} \approx \dfrac{25.4\pi}{84}$，故：

$$DP = 7k\frac{u_{基}}{u_{倍}}$$

CA6140 型卧式车床车削 4 种螺纹传动路线的特征归纳见表 2 - 6。

表 2 – 6　CA6140 型卧式车床车削 4 种螺纹传动路线的特征

种类	螺距参数	交换齿轮的传动比 $u_{挂}$	M_3	M_4	M_5	基本组	XV 轴上 Z_{25}
米制	P/mm	63/100 100/75	开	开	合	$u_{基}$	在右端
模数	m/mm	64/100 100/97	开	开	合	$u_{基}$	在右端
英制	$a/(牙 \cdot in^{-1})$	63/100 100/75	合	开	合	$1/u_{基}$	在左端
径节	$DP/(牙 \cdot in^{-1})$	64/100 100/97	合	开	合	$1/u_{基}$	在左端

5）车削非标准螺距和较精密螺纹

车削非标准螺距时，齿式离合器 M_3、M_4 和 M_5 全部啮合，进给箱中的传动路线是轴Ⅻ经轴ⅩⅣ及轴Ⅻ直接传给丝杠ⅩⅧ，被加工螺纹的导程 S 依靠调整交换齿轮的传动比 $u_{挂}$ 来实现。其运动平衡式为：

$$S = 1 \times \frac{58}{58} \times \frac{33}{33} \times u_{挂} \times 12$$

$$u_{挂} = \frac{a}{b} \times \frac{c}{d} = \frac{S}{12}$$

应用此公式，适当交换齿轮 a、b、c 和 d 的齿数，就可以车削出所需导程 S 的螺纹。

由于主轴到丝杠的传动路线大大缩短，减少了传动件制造误差和装配误差对工件螺纹螺距精度的影响，如选用较精确的交换齿轮，也可车削出较精密的螺纹。

3. 纵向及横向进给运动传动链

为了避免丝杠磨损过快以及便于工人操纵，机动进给运动是由光杠经溜板箱传动的。这时将进给箱中的离合器 M_5 脱开，轴ⅩⅦ上的齿轮 Z_{28} 与轴ⅩⅥ上的齿轮 Z_{56} 啮合。运动由进给箱传至光杠ⅩⅨ，再由光杠经溜板箱中的传动机构，分别传至齿轮齿条机构和横向进给丝杠ⅩⅩⅦ，使刀架做纵向或横向机动进给。

进给运动传动链是使刀架实现纵向或横向运动的传动链。进给运动的动力来源也是主电动机。运动由电动机经主传动链、主轴、进给传动链至刀架，使刀架带着车刀实现机动地纵向进给、横向进给或车削螺纹。虽然刀架移动的动力来自电动机，但由于刀架的进给量及螺纹的导程是以主轴每转过一周时刀架的移动量来表示的，所以在分析此传动链时把主轴作为传动链的起点，而把刀架作为传动链的终点，即进给运动传动链的首端件和末端件分别为主轴和刀架。

CA6140 型卧式车床做纵向、横向机动进给的传动路线表达式为：

主轴Ⅵ—$\begin{pmatrix} 米制螺纹传动路线 \\ 英制螺纹传动路线 \end{pmatrix}$—ⅩⅦ—$\frac{28}{56}$—ⅩⅨ（光杠）—$\frac{36}{32} \times \frac{32}{56}$—

M_6（超越离合器）—M_7（安全离合器）—ⅩⅩ—$\frac{4}{29}$—ⅩⅪ—

$\begin{cases} \frac{40}{48}—M_9 \uparrow \\ \frac{40}{30} \times \frac{30}{48}—M_9 \downarrow \end{cases}$—ⅩⅩⅤ—$\frac{48}{48} \times \frac{59}{18}$—ⅩⅩⅦ（丝杠）—刀架（横向进给）

$\begin{cases} \frac{40}{48}—M_8 \uparrow \\ \frac{40}{30} \times \frac{30}{48}—M_8 \downarrow \end{cases}$—ⅩⅫ—$\frac{28}{80}$—ⅩⅩⅢ—$Z_{12}$—齿条—刀架（纵向进给）

滑板箱内的双向齿式离合器 M_8 及 M_9 分别用于纵向、横向机动进给运动的接通、断开及控制进给方向。CA6140 型卧式车床可以通过 4 种不同的传动路线实现机动进给运动，从而获得纵向和横向进给量各 64 种。

2.2.4　CA6140 型卧式车床的主要机构分析

1. 传动机构

主轴箱中的传动机构包括定比机构和变速机构两部分，前者仅用于传递运动和动力，或进行升速、降速，一般采用齿轮传动副；后者用来使主轴变速，通常采用滑移齿轮变速机构，因其结构简单紧凑，传动效率高。

2. 传动轴的支承结构

主轴箱中的传动轴由于其转速较高，一般采用向心球轴承或圆锥滚子轴承支承，常采用双支承结构。对于较长的传动轴，为了提高其刚性，则采用三支承结构。例如，轴Ⅲ、Ⅳ的两端各装有一个圆锥滚子轴承，在中间还装有一个向心球轴承作为辅助支承。

3. 传动齿轮

主轴箱中的传动齿轮多数是直齿的，为了使传动平稳，在轴Ⅴ和轴Ⅵ间使用了一对斜齿轮。齿轮和传动轴的连接，有固定、空套和滑移 3 种形式。在主轴箱中共有 7 个滑移齿轮，其中，轴Ⅱ、Ⅲ、Ⅳ上的滑移齿轮和主轴Ⅵ上的齿轮离合器 M_2 上的齿轮用于主轴变速，轴Ⅺ上的滑移齿轮分别用于车削左旋或右旋螺纹；轴Ⅸ上的滑移齿轮用于正常螺距或扩大螺距的变换。

4. 卸荷带轮

主轴箱的运动由电动机经皮带传入。为了改善主轴箱输入轴的工作条件，并使传动平稳，主轴箱运动输入轴上的皮带轮采用卸荷结构。

带轮卸荷传递装置包括带轮 1、轴承 2、端盖 3、主轴 4、卸荷套 5 和箱体 6 等主要部件，如图 2-9 所示。该装置和普通带轮传动结构的差别在于，带轮 1 不是直接和主轴 4 相连，而是分两路进行：一路是带轮 1 左侧端面通过端盖 3 和主轴 4 相连，端盖 3 和主轴 4 以花键的形式连接；另一路是带轮 1 内径通过轴承 2 和卸荷套 5 相连，卸荷套 5 和箱体 6 相

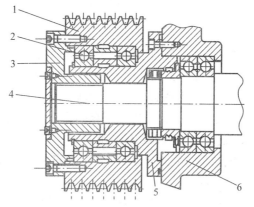

图 2-9　带轮卸荷传递装置结构

1—带轮；2—轴承；3—端盖；4—主轴；5—卸荷套；6—箱体

连。当带轮 1 旋转时，带的拉力首先通过轴承 2 作用在卸荷套 5 上，而卸荷套 5 的一端固定在箱体 6 上，那么该拉力最后通过卸荷套 5 释放在箱体 6 上，而不是主轴 4 上，这样主轴 4 所承受的弯矩被降低甚至被避免，进而降低了主轴 4 的损耗。另一方面，带轮 1 带动端盖 3 通过花键的形式和主轴 4 相连来传递转矩，实现了整个主轴系的传动功能。

带轮卸荷的主要目的在于提高轴系的相对刚度，改善带轮悬臂段的受力状态和零部件的工作状态，所以在载荷较大而刚度较弱的悬臂长轴场合比较常见。该装置将轴承 2 内置于带轮 1 的轮辐中，因而轴向尺寸没有明显增加，使该装置拥有普通带轮传动结构所具有的一切优点。

5. 双向多片式摩擦离合器、制动器及其操纵机构

在轴 I 上装有双向摩擦片式离合器，它用于主轴启动和控制正、反转，并可起过载保护作用。该离合器由内摩擦片、外摩擦片、定位片、滑套及空套齿轮等组成。左离合器传动主轴正转，用于切削加工，传递的扭矩较大，因而片数多；右离合器片数少，传动主轴反转，主要用于退刀。

离合器的内外片松开时的间隙要适当，当间隙过大或过小时，必须进行调整。调整方法为：将定位销压入缺口，然后转动左侧螺母，可调整左边摩擦片的间隙；转动右侧螺母，可调整右边摩擦片的间隙。调整好后，让定位销弹出，重新卡住螺母缺口，以防螺母在工作过程中松动。

为了缩短辅助时间，提高生产率，在轴 Ⅳ 上装有钢带式制动器（刹车），当需要机床停止工作时，即当摩擦的时刻，为克服主轴的转动惯量，该制动器立即使主轴停止转动。制动器由杠杆、制动盘、调节螺钉、弹簧、制动带等组成。制动盘和轴 Ⅳ 用花键连接，钢制制动带的内侧有一层夹铁砂帆布，以增大摩擦面的摩擦系数。制动带的一端与和杠杆相连接，另一端由接头和调节螺钉固定于箱体。

制动器和摩擦离合器共用一套操纵机构。当操纵手柄使离合器脱开时，齿条轴处于中间位置，此时，齿条轴上的凸起部分刚好处于与杠杆下端相接触的位置，使杠杆按逆时针方向摆动，制动带拉紧，使轴 Ⅳ 和主轴迅速停止转动。若摩擦离合器接合，主轴转动时，杠杆处于齿条轴凸起部分的右边或左边的凹槽中，使制动带放松，主轴就不再被制动。这样制动器和离合器两者是互锁的。制动带对制动盘的制动力（即制动带的拉紧程度）可由调节螺钉进行调节。

6. 主轴组件

主轴是车床的主要零件之一，在工作时承受很大的切削力，故要求主轴具有足够的刚度和较高的精度。它是一个空心的阶梯轴，其内孔用于通过长棒料或穿入钢棒以卸下顶尖，也可用于装置气动、电动和液压夹紧机构。主轴前端的锥孔为莫氏 6 号锥度，用于安装顶尖套及前顶尖；也可安装芯轴，有自锁作用，可借助与锥面配合的摩擦力直接带动芯轴和工件转动。

CA6140 型卧式车床的主轴组件如图 2-10 所示。

主轴前端采用短锥法兰式结构（见图 2-11），用于安装卡盘或拨盘，由主轴端面上的圆形拨盘传递扭矩。

主轴安装在两个支承上，前支承为 P5 级精度的双列圆柱滚子轴承，用于承受径向力，轴承内环和主轴之间有 1:12 的锥度相配合。当内环和主轴在轴向相对移动时，内环产生弹性膨胀或收缩，以调整轴承的径向间隙大小。前支承处有阻尼套筒，内套装在主轴上，外

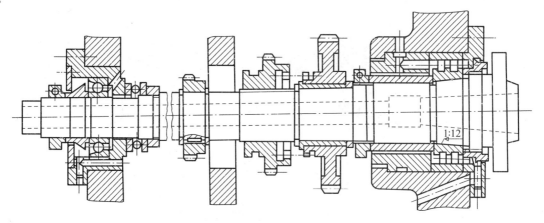

图 2 - 10　CA6140 型卧式车床的主轴组件

A—A展开

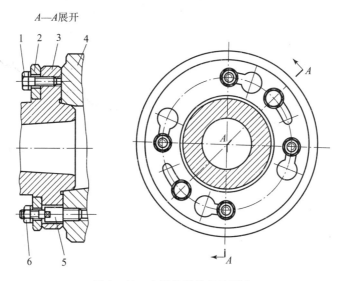

图 2 - 11　主轴前端的结构型式

1—螺钉；2—锁紧盘；3—主轴；4—卡盘座；5—螺栓；6—螺母

套装在前支承座孔内。内外套径向之间有 0.2 mm 的间隙，其中充满了润滑油，能有效地抑制振动，提高主轴的动态性能。

后支承由一个推力轴承和角接触轴承组成，分别用来承受轴向力和径向力。同理，轴承间隙和预紧可以用主轴尾部的螺母调整。

7. 变速操纵机构

图 2 - 12 所示为 CA6140 型卧式车床主轴箱中的一种变速操纵机构。它用一个手柄同时操纵轴 Ⅱ、Ⅲ 上的双联滑移齿轮和三联滑移齿轮，变换轴 Ⅰ – Ⅲ 间的 6 种传动比。转动手柄，通过链传动使轴 4 转动，轴 4 上固定盘形凸轮 3 和曲柄 2。凸轮 3 上有一条封闭的曲线槽，它由两段不同半径的圆弧和直线组成。凸轮上有 1 ~ 6 个变速位置，如图 2 - 12 中所示。在位置 1、2、3 时，杠杆 5 上端的滚子处于凸轮槽曲线的大半径圆弧处。杠杆 5 经拨叉 6 将轴 Ⅱ 上的双联滑移齿轮移向左端位置；在位置 4、5、6 时，则将双联滑移齿转移向右端位置。

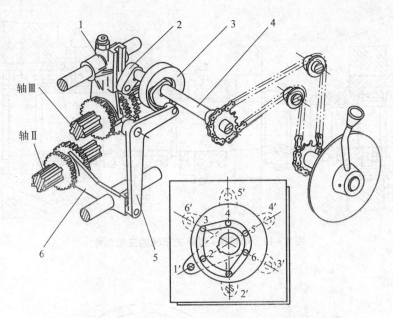

图 2-12 CA6140 型卧式车床主轴箱中的一种变速操纵机构

1, 6—拨叉；2—曲柄；3—凸轮；4—轴；5—杠杆

曲柄 2 随轴 4 转动，带动拨叉 1 拨动轴Ⅲ上的三联齿轮，使它处于左、中、右 3 个位置，依次转动手柄至各个变速位置，就可使两个滑移齿轮的轴向位置实现 6 种不同的组合，使轴Ⅲ得到 6 种不同的转速。

滑移齿轮移至规定的位置后，都必须可靠地定位。本操纵机构中采用钢球定位装置。

8. 纵向、横向进给操纵机构

如图 2-13 所示，在溜板箱右侧，有一个集中操纵手柄 1。当手柄 1 向左或向右扳动时，可使刀架相应做纵向向左或向右运动；若向前或向后扳动手柄，刀架也相应地向前或向

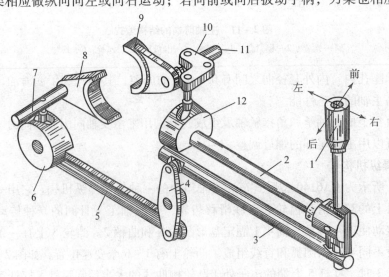

图 2-13 纵向、横向进给操纵机构

1—手柄；2—转轴；3, 5—拉杆；4, 10—杠杆；6, 12—圆柱凸轮；7, 11—滑杆；8, 9—拨叉

后横向运动。手柄的顶端有快速移动按钮，当手柄 1 扳至左、右或前、后任一位置时，点动快速电动机，刀架即在相应方向快速移动。

当手柄 1 向左或向右扳动时，手柄 1 下端缺口拨动拉杆 3 向右或向左轴向移动，通过杠杆 4、拉杆 5 使圆柱凸轮 6 转动，凸轮上有螺旋槽，槽内嵌有固定在滑杆 7 上的滚子，由于螺旋槽的作用，使滑杆 7 轴向移动，与滑杆相连的拨叉 8 也移动，导致控制纵向进给运动的双向牙嵌式离合器 M_8 接合，刀架实现向左或向右纵向机动进给运动。

向前或向后扳动手柄 1 时，手柄 1 的方块嵌在转轴 2 右端缺口，于是转轴 2 向前或向后转动一个角度，圆柱凸轮 12 也摆动一个角度。由于凸轮螺旋槽的作用，杠杆 10 做摆动。拨动滑杆 11，使拨叉 9 移动，双向牙嵌式离合器 M_9 接合，从而接通了相应方向的横向机动进给运动。

当手柄 1 在中间位置时，离合器 M_8 和 M_9 脱开，这时机动进给运动和快速移动断开。

纵向、横向进给运动是互锁的，即离合器 M_8 和 M_9 不能同时接合，手柄 1 的结构可以保证互锁（手柄上开有十字形槽，所以手柄只能在一个位置）。

机床工作时，纵向、横向机动进给运动和丝杠传动不能同时接通。丝杠传动是由溜板箱开合螺母的开或合来控制的。因此，溜板箱中设有互锁机构，保证车螺纹时开合螺母合上时，机动进给运动不能接通。而当机动进给运动接通时，开合螺母不能合上。

9. 安全离合器

机动进给时，当进给力过大或刀架移动受阻时，为了避免损坏传动机构，在进给运动传动链中设置安全离合器 M_7 来自动停止进给。安全离合器的工作原理如图 2 - 14 所示。由光杠传来的运动经齿轮 Z_{56} 及超越离合器 M_6 传至安全离合器 M_7 左半部 1，通过螺旋形端面齿传至离合器右半部 2，再经花键传至轴 XX。离合器右半部 2 后端弹簧 3 的弹力，用来克服离合器在传递转矩时所产生的轴向分力，使离合器左、右两部分保持啮合。

机床过载时，轴 XX 的转矩增大，安全离合器传递的转矩也增大，因而作用在端面螺旋齿上的轴向力也将加大。当轴向力超过规定值后，弹簧 3 的弹力不再保持离合器的左右两半部相啮合而产生打滑，使传动链断开。当过载现象消失后，由于弹簧 3 弹力的作用，安全离合器恢复啮合，使传动链重新接通。

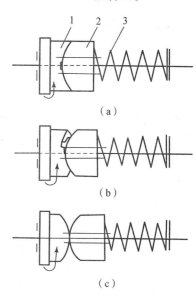

（a）

（b）

（c）

图 2 - 14　安全离合器的工作原理
1—离合器左半部；2—离合器右半部；3—弹簧

10. 超越离合器

为了节省辅助时间及简化操作，在齿轮 Z_{56} 与轴 XX 之间装有超越离合器 M_6。

超越离合器由外环 1（即溜板箱中的空套齿轮 Z_{56}）、星形体 2、滚子 3、顶销 4 和弹簧 5组成，如图 2 - 15 所示。当刀架机动进给时，齿轮 Z_{56} 按逆时针方向转动，三个短圆柱滚子 3在弹簧 5 的弹力和摩擦力的作用下，被楔紧在外环 1 和星形体 2 之间，外环 1 通过滚子 3 带动星形体 2 一起转动，于是运动便经过安全离合器 M_7 传至轴 XX，使轴 XX 旋转，实现机动进给。当快速电动机转动时，运动由齿轮副 13/29 传至轴 XX，轴 XX 及星形体 2 得到一个与齿轮 Z_{56} 转向相同而转速却快得多的旋转运动。这时，由于摩擦力的作用，使滚子 3 压缩弹簧 5 而离开楔缝狭端，外环 1 与星形体 2（轴 XX）脱开联系。这时，光杠 XIX 和齿轮 Z_{56} 虽然仍在旋转，但不再传递给轴 XX，因此刀架快速移动时无须停止光杠的运动。

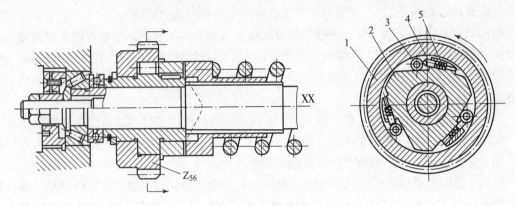

图 2 – 15   超越离合器
1—外环；2—星形体；3—滚子；4—顶销；5—弹簧

11. 润滑装置

为了保证机床的正常工作和减少零件的磨损，需采用合理的润滑装置。润滑方式有以下两种。

（1）溅油润滑

依靠高速旋转的齿轮将润滑油飞溅各处。这种方式存在油量不能按需要控制，还会引起润滑油发热，润滑油输送到摩擦面之前不能滤净等缺点。机床很少采用，只使用在一些减速器中。

（2）油泵供油循环润滑

润滑油由油泵从油箱中吸出，经滤油器滤清后输送至分油器，然后经油管送至各摩擦面。CA6140 型卧式车床采用油泵供油箱外循环润滑方式，这种润滑方式有两大优点：

1）可以把箱体内的热量带到箱外，降低主轴箱的温升，减小热变形，有利于保证加工精度。

2）可使主轴箱内的脏物等及时排除，减少传动件的磨损。

2.2.5   其他车床

1. 立式车床

立式车床主要用于加工径向尺寸大而轴向尺寸相对较小且形状比较复杂的大型或重型工件。它是汽轮机、水轮机、重型电机、矿山冶金设备等加工中不可缺少的机床，同时在一般机械制造厂中使用也很普遍。立式车床的主轴垂直布置，并有一直径很大的圆形工作台，以装夹工件，工作台台面处于水平位置，因而笨重工件的装夹、找正比较方便。由于工件及工作台的质量由床身承受，大大减轻了主轴及其轴承的载荷，因此能长期保持其工作精度。

立式车床可分为单柱式和双柱式两类。

（1）单柱式立式车床

单柱式立式车床只用于加工直径不太大的工件，图 2-16 所示为其外观。箱形立柱 3 与底座 1 固连，构成机床的支承骨架，工作台 2 安装在底座 1 的环形导轨上，工件装夹于工作台的台面上，并由工作台带动绕垂直轴线旋转，形成主运动。在立柱的垂直导轨上安装有侧刀架 7，它可沿垂直导轨及刀架滑座做垂直或横向进给，以车削外圆、端面、槽和倒角等。立柱的垂直导轨上安装有横梁 5，在横梁的水平导轨上装有垂直刀架 4，刀架 4 可沿横梁导轨移动做横向进给，也可沿刀架滑座的导轨移动做垂直进给，刀架滑座可左右扳转一定角度，以便刀架做斜向进给。因此，垂直刀架可用于车削内外圆柱面、内外圆锥面，切端圆以及车槽等。在垂直刀架上通常带有一个五角形的转塔刀架，除装夹各种车刀外还可装夹各种孔加工刀具，以进行钻、扩、铰孔。两个刀架在进给运动方向上都能做快速调位移动以完成快速趋进、退回和调整位置等辅助运动。横梁连同垂直刀架一起，可沿立柱导轨上下移动，以调整刀具相对工件的位置，横梁移至所需位置后，可手动或自动夹紧在立柱上。

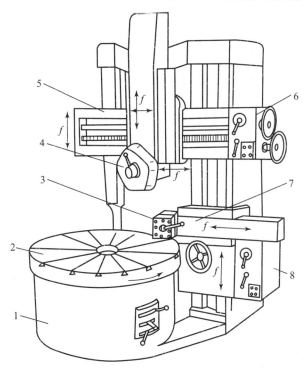

图 2-16　单柱式立式车床的外观

1—底座；2—工作台；3—立柱；4—垂直刀架；5—横梁；6—垂直刀架进给箱；7—侧刀架；8—侧刀架进给箱

（2）双柱式立式车床

图 2-17 所示为双柱式立式车床的外观。两个立柱 6 与底座 1 和顶梁 5 连成一个封闭式框架。横梁 4 上装有两个垂直刀架，它可沿横梁和刀架滑座做横向和垂直进给。双柱式立式车床主要用于加工直径较大的工件。

2. 回轮车床

回轮车床是在卧式车床的基础上发展起来的，它与卧式车床的区别是结构上没有尾座和

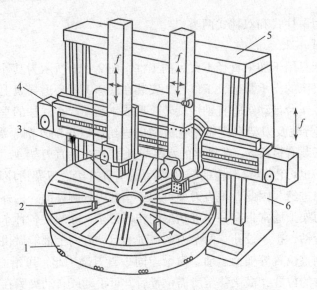

图 2 - 17 双柱式立式车床的外观

1—底座；2—工作台；3—垂直刀架；4—横梁；5—顶梁；6—立柱

丝杠，在床身尾部装有一个能纵向移动的多工位刀架，其上可装夹多把刀具。在加工过程中，多工位刀架可周期地转位，将不同刀具依次转到加工位置，顺序地对工件进行加工。因此在成批生产，特别是在加工形状较复杂的工件时，使用回轮车床比卧式车床的生产率高。但由于这类机床没有丝杠，所以只能采用丝锥和板牙加工螺纹。

图 2 - 18 （a）所示为回轮车床的外观。结构上有一个可绕水平轴线转位的圆盘形回轮刀架4 ［见图2 - 18（b）］，刀架的回转轴线与主轴轴线平行。回轮刀架上沿圆周均匀分布

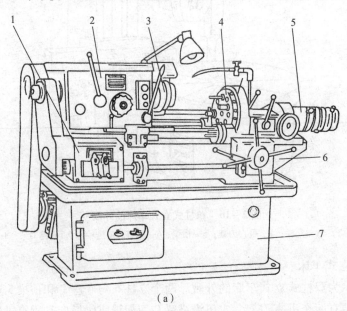

（a）

图 2 - 18 回轮车床的外观及圆盘形回轮

（a）回轮车床的外观

1—进给箱；2—主轴箱；3—夹料夹头；4—圆盘形回轮刀架；5—挡块轴；6—床身；7—底座

着 12~16 个轴向孔，供装夹刀具用。任何一个装刀孔转到最上面的位置时，其轴线均与主轴轴线在同一直线上。回轮刀架可沿着床身 6 的导轨做纵向进给运动，以车削内外圆柱面、钻孔、扩孔、铰孔和加工螺纹等。其横向进给靠回轮刀架绕本身轴线做慢速旋转来实现，通常没有前刀架。由于回轮刀架可同时装夹多把刀具，所以特别适用于加工形状复杂而直径较小的工件。

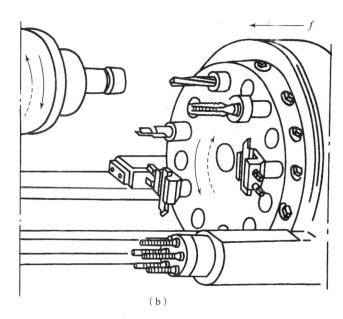

（b）

图 2-18   回轮车床的外观及圆盘形回轮（续）

（b）圆盘形回轮刀架

2.3 铣   床

2.3.1 铣床概述

铣床是对工件的一个或多个表面进行精加工的机床，由一个或多个具有单刃或多刃的高速旋转铣刀来完成切削加工。

铣削是以旋转的铣刀做主运动，工件或铣刀做进给运动，在铣床上进行切削加工的过程。铣削的特点是使用旋转的多刃刀具进行加工，同时参加铣削的齿数多，整个切削过程是连续的，所以铣床的加工生产率较高。但由于每个刀齿的切削过程是断续的，每个刀齿的切削厚度也是变化的，使得切削力发生变化，产生的冲击会使铣刀齿寿命缩短，严重时将引起崩齿和机床振动，影响加工精度。因此，铣床在结构上要求具有较高的刚度和抗振性。

如图 2-19 所示，在铣床上可以加工平面（水平面、侧面、台阶面等）、沟槽（键槽、T 形槽、燕尾槽等）、成形表面（螺纹、螺旋槽、特定成形面等）、分齿零件（齿轮、链轮、棘轮、花键轴等），同时也可用于对回转体表面、内孔的加工及切断等，效率较刨床高，在机械制造和修理部门得到广泛应用。铣床的加工精度一般为 IT8～IT9 级、表面粗糙度为 Ra 12.5～1.6 μm；精加工时可达 IT5 级，表面粗糙度可达 Ra0.2 μm。

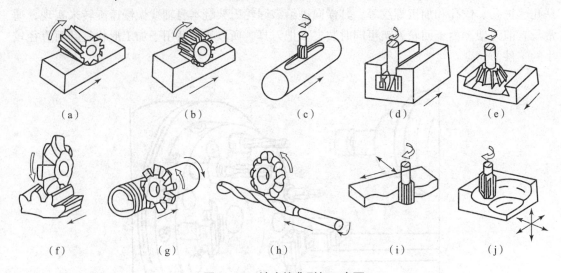

（a）　　　　　　（b）　　　　　　（c）　　　　　　（d）　　　　　　（e）

（f）　　　　　　（g）　　　　　　（h）　　　　　　（i）　　　　　　（j）

图 2－19　铣床的典型加工表面

（a）铣平面；（b）铣台阶；（c）铣键槽；（d）铣 T 形槽；（e）铣燕尾槽；（f）铣齿槽；

（g）铣螺纹；（h）铣螺旋槽；（i）铣二维曲面；（j）铣三维曲面

铣床种类很多，按照铣床的控制方式可以分为通用铣床和数控铣床两大类；按照机床的布局形式和适用范围可以分为仪表铣床、悬臂及滑枕铣床、龙门铣床、平面铣床、仿形铣床、立式升降台铣床、卧式升降台铣床、床身铣床、工具铣床和其他铣床（如键槽铣床、曲轴铣床、轧辊轴颈铣床等，是为加工相应的工件而制造的专用铣床）。

2.3.2　铣床的结构和主要附件

1. 铣床的结构

铣床一般由以下 7 个部分组成。

（1）床身

床身可用来安装和支承机床各部件，是铣床的主体，内部有主传动装置、变速箱、电器箱。床身安装在底座上，底座内部有冷却液等。

（2）悬梁

悬梁安装在床身上方的导轨中，悬梁可根据工作要求沿导轨做前后移动，满足加工需要。悬梁内部的主轴变速箱是由电动机通过一系列齿轮再传递到一对锥齿轮上，最后从铣刀头主轴传出。

（3）主轴

主轴是用来带动铣刀旋转的，其上有 7∶24 的精密锥孔，可以安装刀杆或直接安装带柄铣刀。

（4）升降台

升降台可沿床身的垂直导轨做上下运动，即铣削时的垂直进给运动。

（5）横向工作台

横向工作台可沿升降台水平导轨做横向进给运动。

（6）纵向工作台

纵向工作台的作用是沿转台的导轨带动固定在台面上的工件做纵向进给运动。

（7）转台

转台可随横向工作台移动，并使纵向工作台在水平面内按顺时针或逆时针扳转某一角度，以切削螺旋槽等。

2. 铣床的主要附件

铣削零件时，工件用铣床附件固定和定位，常用的铣床附件有平口钳、万能分度头、回转工作台、万能铣头。

（1）平口钳

平口钳是一种通用夹具，其实物如图 2 - 20 所示。使用时，先校正平口钳在工作台上的位置，然后再夹紧工件。一般用于小型较规则的零件，如较方正的板块类零件、盘套类零件、轴类零件和小型支架等。用平口钳安装工件时应注意：使工件被加工面高于钳口，否则应使用垫铁垫高工件；防止工件与垫铁间有间隙；为保护工件的已加工表面，可以在钳口与工件之间垫软金属片。

（2）万能分度头

万能分度头是铣床的重要附件，其实物如图 2 - 21 所示。分度头的功用如下：

图 2 - 20　平口钳的实物

图 2 - 21　万能分度头的实物

1）可使工件绕本身轴线进行分度（等分或不等分），如六方、齿轮、花键等等分的零件。

2）使工件的轴线相对铣床工作台台面扳成所需的角度（水平、垂直或倾斜）。因此，可以加工不同角度的斜面。

3）在铣削螺旋槽或凸轮时，能配合工作台的移动使工件连续旋转。

（3）回转工作台

回转工作台主要用于较大零件的分度工作或非整圆弧面的加工，其实物如图 2 - 22 所示。它的内部有一副蜗轮蜗杆，手轮与蜗杆同轴连接。转动手轮，通过蜗轮蜗杆传动使转台转动。转台周围有刻度，用来观察和确定转台的位置。手轮上刻度盘可读出转台的准确位置。

图 2 - 22　回转工作台的实物

（4）万能铣头

万能铣头也叫万向铣头，是指机床刀具输出轴可在水平和垂直两个平面内回转的铣头，其实物如图 2 - 23 所示。从机床坐标系来看，就是机床刀具输出轴能够围绕机床 Z 轴和 X 轴（或 Y 轴）旋转的铣头，其中围绕机床 Z 轴的轴叫作 C 轴，围绕机床 X 轴的轴叫作 A 轴，从而使机床具备 5 个坐标轴，联动自动万能铣头具备五轴加工功能，所以联动自动万能铣头有时也叫作 AC 轴铣头或五轴铣头。

万能铣头是机床常用的附件，也是机床最核心、技术含量最高的部件之一。一般机械万能铣头可以大大扩大机床的加工能力，可以完成任意角度斜面的铣削、钻孔、攻丝等加工；五轴联动加工的万能铣头，可以用来加工航空航天、国防、核能、能源领域的关键零部件，如飞机发动机的叶片、核电泵叶片、火电汽轮机叶片、核潜艇螺旋桨等。

图 2 - 23　万能铣头的实物

2.3.3　铣刀的种类和用途

铣刀是用于铣削加工的、具有一个或多个刀齿的旋转刀具。工作时各刀齿依次间歇地切去工件的余量。铣刀的品种很多，铣削不同种类的工件，需要使用不同类型的铣刀。按铣刀的工作性质、安装方式、刀齿形状、构造、材质、轮磨方式可归类如下。

1. 按工作性质分类

（1）平铣刀

平铣刀是卧式铣床上加工平面最常用的刀具。平铣刀为圆盘形或圆柱形，外圆周上有刀齿，用于铣削与铣刀轴线平行的平面。平铣刀的刀刃有直刃形与螺旋刃形，一般螺旋刃形较常用。直齿刀刃宽度在 20 mm 以下，因其刀刃多，切屑槽小，仅适于轻铣削及硬质材料的铣削。而刀宽超过 20 mm 以上时通常制成螺旋齿，以降低剪切力，防止铣削时产生的振动，其刀刃个数少，且有较大的切屑槽，适于重铣削及软质材料的铣削。

（2）侧铣刀

侧铣刀的外形与直刃形平铣刀类似，除具备平铣刀的形状和功用外，侧面亦有刀刃，可同时铣削工件的平面与侧面。按照刀刃形状又可分为直齿、螺旋齿及交错齿 3 种形式。其中交错齿侧铣刀铣削时切削力可相互抵消，减少振动，铣削效率较好，适合重铣削。

（3）锯割铣刀

锯割铣刀类似平铣刀或侧铣刀，但其厚度很薄（6 mm 以下），且没有侧刀齿，其两边均准确磨光并向中心逐渐磨薄，使其在铣削时有适当的间隙，而不会产生摩擦，常用于铣削窄槽及锯割材料。

（4）面铣刀

面铣刀是一种圆盘形状本体的周围及侧面都具有刀刃的铣刀，此种铣刀主要用于铣削较大的平面。铣刀刀面宽大，铣刀本体一般以工具钢制成，再嵌入高速钢或碳化物刀刃。

（5）端铣刀

端铣刀在圆周面及端面均有刀刃，主要用于铣削平面、端面、肩角及沟槽。端铣刀具有直柄、斜柄、直刃、螺旋刃、双刃、多刃等不同形式。

（6）角铣刀

角铣刀的刀刃既不平行也不垂直于铣刀轴，专门用于铣削与回转轴成一定角度的待加工面，如 V 形槽、棘齿轮、鸠尾槽、铰刀刃及铣刀等。按角度不同又可分为单侧角铣刀与双侧角铣刀两种。单侧角铣刀倾斜角度有 45°、60°、70°、80° 等，双侧角铣刀有 45°、60°、90° 等。

（7）成形铣刀

成形铣刀通常是为特定形状的铣削工作而设计的，专门用于铣削规则或不规则外形及大量生产的小零件。常用的有圆角铣刀、切齿铣刀、凸圆铣刀、凹圆铣刀等。由于每个刀刃的形状均相同，磨锐刀刃时，不可研磨其外形，以防铣刀走样，应磨其前斜面。

（8）T 槽铣刀

T 槽铣刀常用于铣削工作台的 T 形槽。铣削时，先以端铣刀开明槽，再以 T 槽铣刀铣暗槽。

（9）鸠尾槽铣刀

鸠尾槽铣刀形状似单侧角铣刀，并具有标准锥柄。当用侧铣刀或其他适当的铣刀铣削垂直沟槽后，可再用鸠尾槽铣刀铣成鸠尾槽。此种铣刀的角度有 45°、50°、55°、60°。

（10）半圆键铣刀

半圆键铣刀形状类似 T 槽铣刀，最大差异在于半圆键铣刀没有侧刀齿，而 T 槽铣刀有。半圆键铣刀用于铣削半圆键槽。

2. 按安装方式分

（1）有孔铣刀

有孔铣刀指铣刀中心有一个内孔，孔径均为精密磨光至标准化的尺寸，孔内有键槽，装于铣刀轴上使用，如平铣刀、锯割铣刀、侧铣刀等。

（2）有柄铣刀

有柄铣刀本身有一个直柄或锥柄，可用夹持夹具。使用时直接装于铣床主轴上做铣削工作，如 T 槽铣刀及端铣刀。

（3）面铣刀

面铣刀是指安装于短芯轴头端上，用于立式铣床或龙门铣床上做平面的铣刀。

3. 按刀齿形状分

（1）斜齿型铣刀

斜齿型铣刀从正面看刀齿成锯齿状，是一般铣刀中用途最广泛的，如平铣刀、角铣刀、侧铣刀等。

（2）成形齿铣刀

成形齿铣刀是刀形依照待加工工件的形状制成，适合于大量生产，如齿轮铣刀。

（3）嵌入型铣刀

嵌入型铣刀将高速钢或碳化物刀尖块安装在刀片上，和本体分开，不仅可节省铣刀材料，而且可以拆卸下来进行磨利或更换。

4. 按构造分

（1）整体铣刀

整体铣刀从本体到刀刃末端为止均以同一种材质制成，大多为高速钢材质，且多数是直径较小或特殊形状的铣刀，如端铣刀、成形铣刀、半圆键槽铣刀等。

（2）焊片铣刀

焊片铣刀的刀柄部分和本体使用的是廉价的工具钢，刀刃部分常使用高速钢或碳化物。

（3）嵌片铣刀

嵌片铣刀的刀片用螺丝或夹片夹固于刀体上。

5. 按材质分

（1）高速钢铣刀

高速钢铣刀，适用于一般用途，使用最广。

（2）碳化物铣刀

碳化物铣刀，适用于高速铣削。

（3）合金铣刀

合金铣刀，适用于重铣削。

6. 按轮磨方式分

（1）轮磨铣刀

轮磨铣刀在磨削时应磨其齿顶面。

（2）形铣刀

形铣刀在磨削时不能磨其圆周面，只能磨其径向面以保持外形不变。

2.3.4 X6132 型万能卧式升降台铣床

X6132 型万能卧式升降台铣床是一种用途广泛的机床。它可以加工平面（水平面、垂直面）、沟槽（键槽、T 形槽、燕尾槽等）、多齿零件的齿槽（齿轮、链轮、棘轮、花键轴等）、螺旋形表面及各种曲面，此外，它还可以用于加工回旋体表面、内孔以及进行切断等。由于铣床使用的是旋转多齿刀具进行切削加工，同时有数个刀齿参加切削，所以生产效率较高。但是，由于每个刀齿的切削过程不是连续的，且每个刀齿的切削厚度又是变化的，这就使切削力相应地产生变化，容易引起机床振动。因此，这类机床要求在结构上有较高的刚度和抗振性。X6132 型号的意义如下：

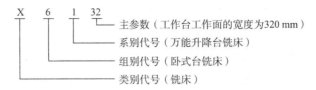

<pre>
X   6   1   32 ── 主参数（工作台工作面的宽度为320 mm）
               └──── 系别代号（万能升降台铣床）
          └───────── 组别代号（卧式台铣床）
     └──────────────── 类别代号（铣床）
</pre>

1. 组成结构分析

X6132 型万能卧式升降台铣床的主要结构由底座、床身、悬梁、刀杆支架、主轴、工作台、床鞍、升降台及回转盘组成，其外观如图 2-24 所示，主要用于铣削平面、沟槽和多齿零件等。

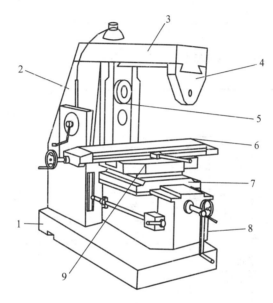

图 2-24　X6132 型万能卧式升降台铣床的外观

1—底座；2—床身；3—悬梁；4—刀杆支架；5—主轴；6—工作台；7—床鞍；8—升降台；9—回转盘

床身 2 固定在底座 1 上，用以安装和支承其他部件。在床身内装有主轴传动机构及主轴变速操纵机构。悬梁 3 安装在床身顶部，并可沿燕尾槽导轨调整其前后位置。悬梁上的刀杆支架 4 用来支承安装铣刀轴的一端，以提高其刚度，铣刀轴的另一端固定在主轴 5 上。升降台 8 安装在床身 2 前侧面垂直导轨上，可做上下移动。升降台 8 内装有进给运动传动装置及其操纵机构。在升降台 8 的水平导轨上装有床鞍 7，可沿主轴轴线方向（横向）移动。床鞍 7 上装有回转盘 9，回转盘 9 上面的燕尾导轨又装有工作台 6。因此，工作台 6 可沿着导轨做垂直于主轴轴线（纵向）的移动；同时，工作台 6 通过回转盘可绕垂直轴线在 ±45° 范围内调整角度，以铣削螺旋表面。

2. 传动系统分析

铣床的传动系统一般由主运动传动链、进给运动传动链和工作台快速移动传动链组成。铣床的主运动传动链的两端是电动机与主轴，其任务是通过主变速传动装置把电动机的运动传给主轴，使其获得不同的转速，以满足加工的需要。进给运动传动链及工作台快速移动传动链的传动，使机床获得纵向、横向及垂直 3 个方向的工作台进给或快速调整移动，以满足不同的加工需要。图 2-25 和图 2-26 所示分别为 X6132 型万能卧式升降台铣床的传动系统框图和传动系统图。

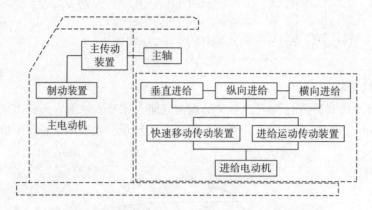

图 2-25　X6132 型万能卧式升降台铣床传动系统框图

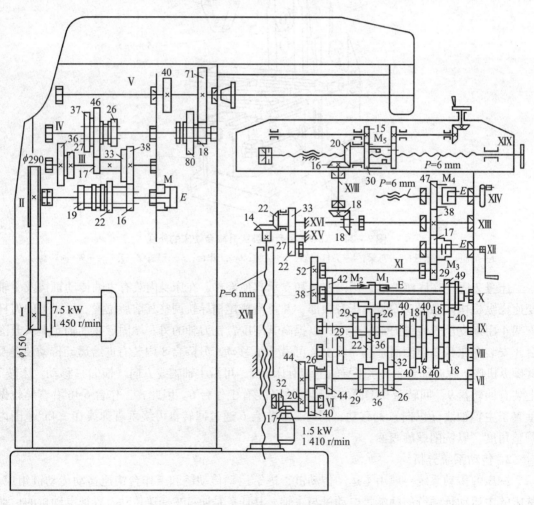

图 2-26　X6132 型万能卧式升降台铣床传动系统图

1) 主运动

铣床的主运动是主轴的旋转运动。主运动传动链首端件是主电动机（轴Ⅰ），经Ⅱ—Ⅳ轴，最后传至末端件轴Ⅴ（主轴）。主轴旋转方向的改变由主轴电动机正反转实现。主轴的制动由电磁制动器 M 来控制。主运动的传动路线表达式为：

$$
\text{主电动机}\begin{pmatrix}1\,450\ \text{r/min}\\7.5\ \text{kW}\end{pmatrix}-\dfrac{\phi150}{\phi290}-\text{Ⅱ}-\begin{bmatrix}\dfrac{19}{36}\\[4pt]\dfrac{22}{33}\\[4pt]\dfrac{16}{38}\end{bmatrix}-\text{Ⅲ}-\begin{bmatrix}\dfrac{27}{37}\\[4pt]\dfrac{17}{46}\\[4pt]\dfrac{38}{26}\end{bmatrix}-\text{Ⅳ}-\begin{bmatrix}\dfrac{80}{40}\\[4pt]\dfrac{18}{71}\end{bmatrix}-\text{Ⅴ（主轴）}
$$

主轴共有 18 级转速（30～1 500 r/min）。

（2）进给运动

X6132 型万能卧式升降台铣床工作台可在相互垂直的 3 个方向做进给运动和快速移动。进给运动传动链首端件为进给电动机（1 410 r/min，1.5 kW），当运动由轴Ⅵ经进给运动传动链传至轴Ⅹ，而轴Ⅹ的运动经电磁离合器 M_3、M_4 以及端面齿离合器 M_5 的接合，可使工作台获得垂直、横向和纵向 3 个方向的进给运动。进给运动的传动路线表达式为：

$$
\text{进给电动机}\begin{pmatrix}1\,450\ \text{r/min}\\7.5\ \text{kW}\end{pmatrix}-\dfrac{17}{32}-\text{Ⅵ}-\dfrac{20}{44}-\underset{\text{经三联}}{\text{Ⅶ齿轮组}}\underset{\text{经三联}}{\text{Ⅷ齿轮组}}\underset{\text{经曲回}}{\text{Ⅸ机构}}\text{Ⅹ}\overset{M_1\text{接合}}{\underset{M_2\text{脱开}}{\dfrac{38}{52}}}-
$$

$$
\text{Ⅺ}-\dfrac{29}{47}-\begin{cases}\dfrac{47}{38}-\text{ⅩⅢ}-\dfrac{18}{18}-\text{ⅩⅧ}-\dfrac{16}{20}\overset{M_5\text{接合}}{\rule{1.2cm}{0.4pt}}\text{ⅩⅨ（纵向运动）}\\[8pt]\dfrac{47}{38}-\text{ⅩⅢ}-\dfrac{38}{47}\overset{M_4\text{接合}}{\rule{1.2cm}{0.4pt}}\text{ⅩⅣ（横向运动）}\\[8pt]\overset{M_3\text{接合}}{\rule{1.2cm}{0.4pt}}\text{ⅩⅡ}-\dfrac{22}{27}\times\dfrac{27}{33}\times\dfrac{22}{44}-\text{ⅩⅦ（垂直运动）}\end{cases}
$$

在进给路线中，有一曲回机构，如图 2 - 27 所示。轴Ⅹ上 Z_{49} 的单联滑移齿轮有 3 个不同的啮合位置（见图 2 - 27 中 a、b 和 c 位置）。当 Z_{49} 单联滑移齿轮处于位置 a 时，轴Ⅸ的运动经由曲回机构齿轮 $\dfrac{18}{40}-\dfrac{18}{40}-\dfrac{18}{40}-\dfrac{18}{40}-\dfrac{40}{49}$ 传至Ⅹ；当处于位置 b 时，轴Ⅸ的运动经由曲回机构齿轮 $\dfrac{18}{40}-\dfrac{18}{40}-\dfrac{40}{49}$ 传至Ⅹ；当处于位置 c 时，轴Ⅸ的运动经由曲回机构齿轮 $\dfrac{40}{49}$ 传至Ⅹ。由此可知，曲回机构的 Z_{49} 单联滑移齿轮的 3 种不同啮合位置，可得 3 种不同的传动比：

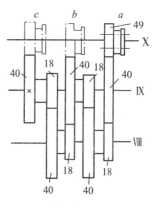

图 2 - 27　曲回机构原理

$$
v_a=\dfrac{18}{40}\times\dfrac{18}{40}\times\dfrac{18}{40}\times\dfrac{18}{40}\times\dfrac{40}{49}
$$

$$v_b = \frac{18}{40} \times \frac{18}{40} \times \frac{40}{49}$$

$$v_c = \frac{40}{49}$$

由上述分析可知,轴Ⅶ的一种转速,经两组三联滑移齿轮变速组,可使Ⅸ轴获得9级不同的转速;轴Ⅸ的9级转速,经曲回机构传动,可使轴Ⅹ获得27级理论转速。但由于轴Ⅶ-Ⅷ和轴Ⅷ-Ⅸ间两组三联滑移齿轮变速组所得的 $3 \times 3 = 9$ 种传动比中,有3种是重复的,因此,轴Ⅹ上的 Z_{49} 的齿轮只有21级实际转速。当接通电磁离合器 M_1 时,轴Ⅹ便可获得21级不同的转速,再经电磁离合器 M_3、M_4 以及端面齿离合器 M_5 的不同接合,便可使工作台获得垂直、横向和纵向3个方向的21种不同的进给量。进给运动方向的改变由电动机变向来实现。

（3）工作台快速移动

工作台的快速移动用于调整工作台在纵、横或垂直方向的位置。X6132 型万能卧式升降台铣床的工作台快速移动的动力源仍由电动机提供,但轴Ⅵ和轴Ⅹ之间的运动是由齿轮副 $\frac{40}{26} \times \frac{44}{42}$,经离合器 M_2 直接传至轴Ⅹ,使轴Ⅹ快速旋转。利用离合器 M_3、M_4、M_5 接通纵、横或垂直方向的快速调整移动。快速调整移动的方向通过电动机改变旋转方向来实现。X6132 型万能卧式升降台铣床快速移动传动路线表达式为:

$$\text{进给电动机}\binom{1\,450\ \text{r/min}}{7.5\ \text{kW}} - \frac{17}{32} - \text{Ⅵ} - \frac{40}{26} \times \frac{44}{42} \xrightarrow[\text{脱开}]{\substack{M_2\ \text{接合} \\ M_1}} \text{Ⅹ} - \frac{38}{52} - \text{Ⅺ} - \frac{29}{47} -$$

$$\begin{bmatrix} \frac{47}{38} - \text{ⅩⅢ} - \frac{18}{18} - \text{ⅩⅧ} - \frac{16}{20} \xrightarrow{M_5\ \text{接合}} \text{ⅩⅨ（纵向运动）} \\ \frac{47}{38} - \text{ⅩⅢ} - \frac{38}{47} \xrightarrow{M_4\ \text{接合}} \text{ⅩⅣ（横向运动）} \\ \xrightarrow{M_3\ \text{接合}} \text{ⅩⅡ} - \frac{22}{27} \times \frac{27}{33} \times \frac{22}{44} - \text{ⅩⅦ（垂直运动）} \end{bmatrix}$$

2.3.5 其他铣床

1. 立式升降台铣床

立式升降台铣床（见图 2-28）的主轴是垂直的,简称立铣。其工作台 3、床鞍 4 和升降台 5 的结构与卧式升降台铣床相同,主轴 2 安装在立铣头 1 内,可沿其轴线方向进给或通过手动调整位置。立铣头 1 可根据加工需要在垂直面内摆转一个角度（≤45°）,使主轴与台面倾斜成所需角度,以扩大铣床的加工范围。这种铣床可用端铣刀或立铣刀加工平面、斜面、沟槽、台阶、齿轮和凸轮等表面。

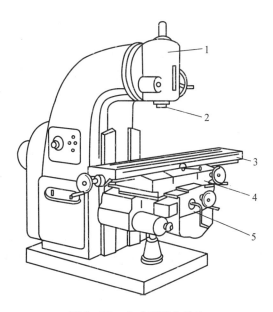

图 2-28　立式升降台铣床

1—立铣头；2—主轴；3—工作台；4—床鞍；5—升降台

2. 龙门铣床

龙门铣床（见图 2-29）是一种大型高效率的机床，主要用于加工各种大型工件的平面和沟槽，借助于附件还能完成斜面、内孔等的加工。

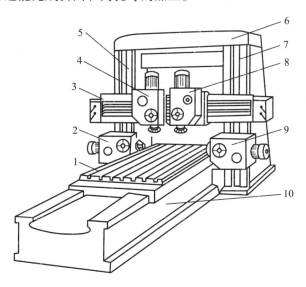

图 2-29　龙门铣床

1—工作台；2，9—水平铣头；3—横梁；4，8—垂直铣头；5，7—立柱；6—顶梁；10—床身

龙门铣床因有顶梁 6、立柱 5、立柱 7、床身 10 组成的"龙门"式框架而得名。通用的龙门铣床一般有 3~4 个铣头，每个铣头均有单独的驱动电动机、变速传动机构、主轴组件及操纵机构等。横梁 3 上的两个垂直铣头 4 和 8，可在横梁上沿水平方向（横向）调整其位置。立柱 5 和 7 上的两个水平铣头 2 和 9，可沿立柱的导轨调整其垂直方向上的位置。各铣

刀的切削深度均由主轴套筒带动铣刀主轴沿轴向移动来实现。加工时,工作台 1 连同工件做纵向进给运动。龙门铣床可用多把铣刀同时加工几个表面,所以生产效率较高,在成批、大量生产中得到广泛应用。

2.4 磨 床

2.4.1 磨床概述

用磨料磨具对工件进行磨削加工的机床称为磨床。它是为了适应零件的精加工和硬表面加工的需要而出现的一种机床,是精密加工机床的一种。通常,把使用砂轮加工的机床称为磨床,如外圆磨床、平面磨床;而把用油石、研磨料作为切削工具的机床称为精磨机床。

1. 磨床的用途

磨床用于磨削各种表面,如内外圆柱面、圆锥面、平面、渐开线齿廓面、螺旋面以及各种成形表面,还可以刃磨刀具和进行切断等,工艺范围十分广泛。

由于磨削加工容易得到较高的加工精度和较好的表面质量,所以磨床主要应用于零件精加工,尤其是淬硬钢件和高硬度特殊材料的精加工。近年来,随着科学技术的发展,现代机械零件的精度和表面质量要求越来越高,各种高硬度材料的应用日益增多,以及精密铸造和精密锻造工艺的发展,使得有可能将毛坯直接磨成成品;此外,随着高速磨削和强力磨削工艺的发展,磨削效率进一步提高。因此,磨床的使用范围日益扩大。它在金属切削机床中所占的比例不断上升。目前在工业发达国家,磨床在机床总数中的比例已达 30% ~ 40%。

2. 磨床的类型

磨床的种类很多,按用途和采用的工艺方法不同,大致可分为以下几类。

(1) 外圆磨床

外圆磨床主要加工工件圆柱形、圆锥形或其他形状素线展成的外表面和轴肩端面。它包括万能外圆磨床、普通外圆磨床、端面外圆磨床及无心外圆磨床等。

(2) 内圆磨床

内圆磨床主要用于磨削圆柱形、圆锥形或其他形状素线展成的内孔表面和端面。它主要包括内圆磨床、无心内圆磨床及行星内圆磨床等。

(3) 平面磨床

平面磨床用于研磨各种平面以使其达到要求的平面度。根据工作台形状可分为矩形工作台平面磨床和圆形工作台平面磨床两种。矩形工作台平面磨床的主参数为工作台宽度及长度,圆形工作台平面磨床的主参数为工作台面直径。根据轴类的不同可分为卧轴平面磨床和立轴平面磨床。

(4) 工具磨床

工具磨床用于磨削各种工具,如样板或卡板等。它包括工具曲线磨床、钻头沟槽(螺旋槽)磨床、卡板磨床及丝锥沟槽磨床等。

（5）刀具刃具磨床

刀具刃具磨床用于刃磨各种切削刀具。它包括万能工具磨床（能刃磨各种常用刀具）、拉刀刃磨床及滚刀刃磨床等。

（6）专门化磨床

专门化磨床专门用于磨削一类零件上的一种表面。它包括曲轴磨床、凸轮轴磨床、花键轴磨床、活塞环磨床、球轴承套圈沟磨床及滚子轴承套圈滚道磨床等。

（7）研磨机

研磨机是用涂上或嵌入磨料的研具对工件表面进行研磨的磨床，以获得很高的精度和很小的表面粗糙度。

（8）其他磨床

其他磨床包括珩磨机、抛光机、超精加工机床及砂轮机等。

在生产中应用最广泛的是外圆磨床、内圆磨床和平面磨床 3 类。

3. 磨床的工艺特点

磨床与其他机床相比，有以下几个特点：

1）万能性强，适应性广。磨床能加工其他普通机床不能加工的材料和零件，尤其适用于加工硬度很高的淬火钢件或其他高硬度材料。

2）磨床种类多，应用范围广。由于高速磨削和强力磨削的发展，磨床已经扩展到零件的粗加工领域和精密毛坯制造领域，很多零件可以不必经过其他加工而直接由磨床加工成成品。

3）磨削加工余量小，生产效率较高，更容易实现自动化和半自动化，可广泛用于流水线和自动线加工。

4）磨削精度高，表面质量好，可进行一般普通精度磨削，也可以进行精密磨削和高精度磨削。在一般磨削加工中，加工精度可达 IT5 ~ IT7 级，表面粗糙度值为 $Ra0.32 ~ 1.25$ μm；在超精磨削和镜面磨削中，表面粗糙度值可分别达到 $Ra0.04 ~ 0.08$ μm 和 $Ra0.01$ μm。

2.4.2　砂轮

磨具是用于磨削、研磨和抛光的工具。大部分的磨具是用磨料加上结合剂制成的人造磨具，也有用天然矿岩直接加工成的天然磨具。

磨具按其原料来源分类有天然磨具和人造磨具。机械工业中常用的天然磨具只有油石；人造磨具按基本形状和结构特征区分有砂轮、磨头、油石、砂瓦（以上统称固结磨具）和涂附磨具 5 类。此外，习惯上把研磨剂列为磨具的一类。固结磨具按所用磨料的不同，可分为普通磨料固结磨具和超硬磨料固结磨具，前者用刚玉和碳化硅等普通磨料制成；后者用金刚石和立方氮化硼等超硬磨料制成。此外，还有一些特殊品种，如烧结刚玉磨具等。

砂轮是由许多极硬的磨粒经过结合剂黏结而成的切削工具。如图 2-30 所示，砂轮表面上尖硬的棱角颗粒称为磨粒，起切削作用；把磨粒黏结在一起的黏结材料叫作结合剂；磨粒、结合剂之间有许多空隙，起散热和容纳磨屑的作用。磨粒、结合剂和空隙构成砂轮结构

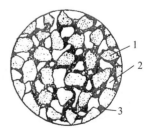

图 2-30　砂轮结构
1—磨粒；2—气孔；3—结合剂

的三要素，砂轮特性取决于磨料、粒度、结合剂、硬度、组织及形状尺寸。

1. 砂轮的磨料

磨料是砂轮的主要成分，它直接担负切削工作，必须具有很高的硬度、热硬性和相当的韧性，常用的磨料见表2-7。

表2-7 常用磨料的种类、特性和用途

类别	名称	代号	特 性	用 途
氧化物	棕刚玉	A	含91%~96%氧化铝，棕色，硬度高，韧性好，价格便宜	磨碳钢、合金钢和可锻铸铁
	白刚玉	WA	含97%~99%氧化铝，白色，硬度比棕刚玉高，韧性低，磨削发热少	精磨淬火钢、高碳钢、高速钢和易变形的钢件
碳化硅	黑色碳化硅	C	含95%以上的碳化硅，黑色或深蓝色，有光泽，硬度比白刚玉高，性脆而锋利，导热性能好	磨铸铁、黄钢、铝及非金属材料
	绿色碳化硅	GC	含97%以上的碳化硅，绿色，硬度和脆性比黑色碳化硅高，导热导电性能好	磨硬质合金、玻璃、宝石、玉石和陶瓷等
高硬磨料	人造金刚石	MBD	无色透明或淡黄色、黄绿色、黑色，性脆，硬度极高，价格贵	磨硬质合金、玻璃、宝石和难加工的高硬材料等
	立方氮化硼	CBN	黑色或淡白色，立方晶体，硬度略低于人造金刚石，耐磨，发热量小	磨高温合金，高钼、高钒、高钴合金和不锈钢等

2. 砂轮的硬度

砂轮硬度是指结合剂黏结磨粒的牢固程度，即砂轮工作表面上的磨粒在磨削力的作用下脱落的难易程度。砂轮硬度软，磨粒易脱落；反之，不易脱落。所以，砂轮的硬度与磨粒的硬度不是一个概念。砂轮的硬度对磨削生产率和加工的表面质量影响极大。砂轮的硬度分7大级（超软、软、中软、中、中硬、硬、超硬）和16个小级，详见表2-8。

表2-8 砂轮的硬度等级名称及代号

硬度等级	大级	超软			软			中软		中		中硬			硬		超硬
	小级	超软1	超软2	超软3	软1	软2	软3	中软1	中软2	中1	中2	中硬1	中硬2	中硬3	硬1	硬2	
代号		D	E	F	G	H	J	K	L	M	N	P	Q	R	S	T	Y

一般情况下，工件材料越硬，砂轮的硬度应选得软些，使磨钝的砂粒及时脱落，以便露出有尖锐棱角的新磨粒，防止磨削温度过高而产生"烧伤"。工件材料越软，砂轮的硬度应选得硬些，以便充分发挥磨粒的切削作用。

3. 磨料的粒度

粒度是指磨料颗粒的大小，即粗细程度。粒度分为磨粒和微粉。磨粒用筛选法进行分类，以1 in长的筛子上的孔网数来表示，粒度号越大，表示磨粒越细；微粉是用显微测量法实际测量到的磨粒尺寸进行分类的，在磨料尺寸前加上"W"来表示，粒度号越小，表示磨粒越细。通常，粗磨用粗粒度，精磨用细粒度；磨软材料时，为防止砂轮堵塞，用粗磨粒；磨硬、脆材料和精磨时，用细磨粒。粒度大小对磨削效率和工件表面粗糙度有很大影响。不同粒度的使用范围见表 2 - 9。

表 2 - 9　不同粒度的使用范围

粒度号	一般使用范围
14 ~ 24	磨钢锭、铸件毛刺，切断钢坯
36 ~ 60	磨平面、外圆、内圆，无心磨
60 ~ 100	精磨、工具刃磨等
120 ~ W20	精磨、珩磨、螺纹磨等
W20 以下	镜面磨、精细珩磨、超精磨等

4. 砂轮的结合剂

结合剂是砂轮中用以黏结磨粒的物质，它的种类和性质将影响砂轮的强度、热硬性、耐冲击性和耐蚀性等。结合剂对磨削温度、工件表面粗糙度也有影响。常见的结合剂见表 2 - 10。

表 2 - 10　常见的结合剂

名称	代号	性　能	用　途
陶瓷结合剂	V	性能稳定，气孔率大；热硬性、耐蚀性好；强度较大，黏结力大；弹性、韧性、抗振性差；价格便宜	轮速 < 35 m/s 的磨削；用于成形磨削以及磨螺纹齿轮、曲轴，能制成各种磨具，应用最广
树脂结合剂	B	气孔率小；热硬性、耐腐蚀性差，不宜长期存放；强度高，弹性好；耐冲击；自锐性好	轮速 > 50 m/s 的高速磨削；能制成薄片、砂轮磨槽和刃磨刀具
橡胶结合剂	R	气孔率小；热硬性、耐油性差；强度高，弹性好；退让性好；磨时振动小	可制成更薄的砂轮、无心磨导轮及柔软抛光轮
金属结合剂	M	韧性、成形性好；强度高，使用寿命长；自锐性差	制造各种金刚石磨具，一般用青铜，当直径 < 1.5 mm 时用电镀镍

5. 砂轮的组织

砂轮的组织表示砂轮结构的松紧程度，它与磨粒、结合剂和气孔三者的比例有关。砂轮的组织号是以磨粒所占砂轮体积的百分比来确定的。砂轮组织分为紧密、中等、疏松 3 个级别，细分为 15 个组织号，从 0 ~ 14 号。组织号越大，表示砂轮组织越松，磨削时不易堵塞，磨削效率高，但由于磨刃少，磨削后工件表面粗糙度较高。一般砂轮若未标明组织号，即表示是中等组织。砂轮的组织分类及用途见表 2 - 11。

表 2 - 11　砂轮的组织分类及用途

类别	紧密				中等				疏松						
组织号	0	1	2	3	4	5	6	7	8	9	10	11	12	13	14
磨料占砂轮体积/%	62	60	58	56	54	52	50	48	46	44	42	40	38	36	34
用途	成形磨削、精密磨削				磨削淬火钢，刃磨刀具				磨削韧性大而硬度低的材料，大面积磨削						

6. 砂轮的形状与尺寸

为了适应在不同类型的磨床上磨削各种形状和尺寸的工件，砂轮也需制成各种形状和尺寸。在可能的情况下，砂轮的外径应尽量选得大一些，以提高砂轮的线速度，获得较高的生产率和较低的表面粗糙度。常用砂轮的形状、代号见表2－12。

表2－12　常用砂轮的形状、代号

砂轮名称	简图	代号	主要用途
平形砂轮		P	磨外圆、内圆、平面和螺纹，用在无心磨床、工具磨床和砂轮机上
双斜边一号砂轮		PSX	磨齿轮和单线螺纹
双面凹砂轮		PSA	磨外圆，刃磨刀具，用作无心磨床的磨轮和导轮
薄片砂轮		PB	用来切断和开槽
碟形一号砂轮		D1	刃磨铣刀、铰刀、拉刀和其他刀具，大尺寸还可用于磨齿轮
碗形砂轮		BW	磨机床导轨，刃磨工具
杯形砂轮		B	砂轮端面用于刃磨铣刀、铰刀、扩孔钻和拉刀等，砂轮圆周用于磨平面和内圆
筒形砂轮		N	磨平面，用在立式平面磨床的立轴上

7. 砂轮的表示方法

砂轮的表示方法是用符号和数字表示该砂轮的特性，标在砂轮的非工作表面上。按国家标准《固结磨具一般要求》（GB/T 2484—2006）规定，表示顺序如下：形状、尺寸、磨料、粒度、硬度、组织、结合剂和最高线速度。例如：

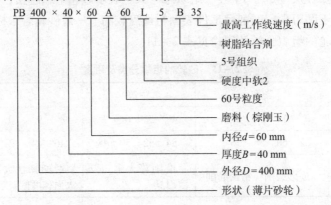

2.4.3　磨削加工的基本运动

磨削加工是磨粒加工方法的一种，广义的磨削加工是指采用固定磨粒工具进行的加工，狭义的磨削加工是指使用高速旋转的平行砂轮以微小的切削厚度进行精加工的一种方法。图 2 – 31 所示为磨削原理和砂轮组成的表面放大图，从图中可以看到砂轮表面杂乱无章地布满着很多尖棱形多角的磨粒。每个磨粒相当于一把小铣刀，当砂轮高速旋转时，磨粒就将工件表面的金属不断地切除。所以，磨削的实质相当于多刀刃的超高速铣削。随着超硬磨料和其他新磨料的出现及磨削制造技术的提高，磨削加工的能力和范围正在扩大，各种新磨削工艺不断得到应用。磨削不仅是一种精密加工方法，而且是一种高效的加工方法。

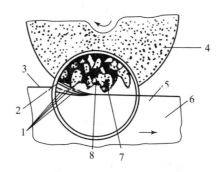

图 2 – 31　磨削原理和砂轮组成的表面放大图
1—过渡表面；2—空隙；3—待加工表面；4—砂轮；5—已加工表面；6—工件；7—磨料；8—结合剂

磨削时，一般有 1 个主运动和 3 个进给运动，这 4 个运动的相关参数如图 2 – 32 所示。

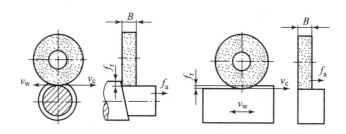

图 2 – 32　磨削运动

1. 主运动

主运动是砂轮的旋转运动，主运动速度 v_c 即砂轮的磨削速度是砂轮外圆的线速度，计算公式为：

$$v_c = \frac{\pi d_c n_c}{1\ 000}\ (\text{m/s})$$

式中　d_c——砂轮直径，mm；

　　　n_c——砂轮转速，r/s。

2. 径向进给运动

径向进给运动是砂轮切入工件的运动，其大小用径向进给量 f_r 表示，f_r 是指工作台每双（单）行程内，工件相对于砂轮径向移动的距离，单位是 mm/（d·str）、mm/str 或 mm/s。

当工作台单行程进给时，单位为 mm/str；当双行程进给时，单位为 mm/（d·str）；当连续进给时，单位为 mm/s。一般情况下，$f_r = 0.005 \sim 0.020$ mm/（d·str）。

3. 轴向进给运动

轴向进给运动是砂轮相对于工件轴向的运动，其大小用轴向进给量 f_a 表示。f_a 是指工件每转一周或工作台每双（单）行程内，相对于砂轮轴向移动的距离，单位为 mm/r 或 mm/str。

4. 圆周进给运动

圆周进给运动是指工件的旋转运动，工件外圆的线速度即为圆周进给速度 v_w。外圆磨削时，圆周进给速度为：

$$v_w = \frac{\pi d_w n_w}{1\,000}\ (\text{m/s})$$

式中　d_w——工件直径，mm；

　　　n_w——工件转速，r/s。

2.4.4　M1432A 型万能外圆磨床

1. 机床的总体布局

M1432A 型万能外圆磨床是普通精度级万能外圆磨床，主要用于磨削内外圆柱面、内外圆锥面、阶梯轴轴肩以及端面和简单的成形回转体表面等。磨削加工精度为 IT7 ~ IT6 级，表面粗糙度为 $Ra1.25 \sim 0.08\ \mu m$。这种磨床万能性强，但磨削效率不高，自动化程度较低，适用于工具车间、维修车间和单件小批量生产。

M1432A 型万能外圆磨床的组成如图 2-33 所示。

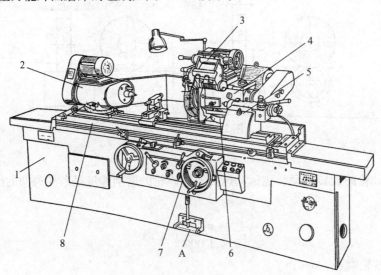

图 2-33　M1432A 万能外圆磨床的组成

1—床身；2—头架；3—内圆磨具；4—砂轮架；5—尾架；

6—滑板；7—控制箱；8—工作台；A—脚踏操纵板

（1）床身

床身是磨床的基础支承件，用以支承和定位砂轮架、工作台、头架、尾座及滑板等部件，使它们在工作时保持准确的相对位置。床身内部用作液压油的油池。

（2）头架

头架用于装夹和定位工件并带动工件做自转运动。当头架做逆时针回转90°时，可磨削小平面。

（3）内圆磨具

内圆磨具用于支承磨内孔的砂轮主轴。内圆磨具主轴由单独的内圆砂轮电动机驱动。

（4）砂轮架

砂轮架用以支承高速旋转的砂轮主轴。砂轮架装在滑板 6 上，回转角度为 ±30°，当需要磨削短圆锥面时，砂轮架可调至一定的角度位置。

（5）尾架

尾架在工作台上可左右移动以调整位置，适应装夹不同长度工件的需要。

（6）控制箱

通过手轮的操作，可手动进给或纵向调整工作台的位置。

（7）工作台

工作台由上工作台和下工作台两部分组成。上工作台可绕下工作台的芯轴在水平面内调至某一角度位置，用以磨削锥度较小的长圆锥面。工作台台面上装有头架和尾架，这些部件随着工作台一起沿床身纵向导轨做纵向往复运动。

（8）滑板及横向进给机构

转动横向进给手轮，通过横向进给机构带动滑板 6 及砂轮架 4 做横向移动；也可利用液压装置，通过脚踏操纵板 A 使滑板及砂轮架做快速进退或周期性自动切入进给。

2. 机床的技术规格和加工方法

M1432A 型万能外圆磨床的主要技术规格：外圆磨削直径为 8～320 mm，最大外圆磨削长度有 1 000 mm、1 500 mm、2 000 mm；内孔磨削直径为 13～100 mm，最大内孔磨削长度为 125 mm；外圆磨削时砂轮转速为 1 670 r/min，内圆磨削时砂轮转速有 10 000 r/min、15 000 r/min。

图 2-34 所示为 M1432A 型万能外圆磨床的典型加工示意图。图 2-34（a）为磨削外圆柱面，图 2-34（b）为磨削锥度不大的长圆锥面（偏转工作台），图 2-34（c）为磨削圆锥面（转动头架），图 2-34（d）为磨削圆柱孔（用内圆磨具）。

3. 机床的运动

（1）表面成形运动

万能外圆磨床主要用来磨削内外圆柱面、圆锥面，其基本磨削方法有纵向磨削法和切入磨削法两种。

1）纵向磨削法。纵向磨削法是使工作台作纵向往复运动进行磨削的方法，用这种方法加工时，表面成形方法采用相切－轨迹法。共需要 3 个表面成形运动。

①砂轮的旋转运动 n_t。当磨削外圆表面时，砂轮做旋转运动 n_t，按切削原理的定义，这是主运动；当磨削内圆表面时，磨内孔砂轮做旋转运动 n_t，它也是主运动。

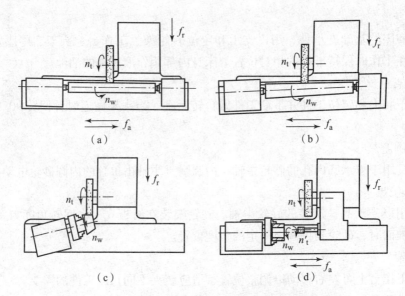

图 2 – 34　M1432A 型万能外圆磨床的典型加工示意图

（a）磨削外圆柱面；（b）磨削锥度不大的长圆锥面；（c）磨削圆锥面；（d）磨削圆柱孔

②工件的纵向进给运动 f_a。这是砂轮与工件之间的相对纵向直线运动。实际上这一运动由工作台纵向往复运动来实现，称为纵向进给运动 f_a。它与砂轮的旋转运动一起用相切法磨削工件的轴向直线（导线）。

③工件的旋转运动 n_w。工件的旋转运动称为圆周进给运动 n_w。

2）切入磨削法。切入磨削是用宽砂轮进行横向切入磨削的方法。表面成形运动是成形 – 相切法，只需要两个表面成形运动：砂轮的旋转运动 n_t 和工件的旋转运动 n_w。

（2）砂轮横向进给运动

用纵向磨削法加工时，工件每一纵向行程或往复行程（纵向进给 f_a）终了时，砂轮做一次横向进给运动 f_r，这是周期的间歇运动。全部磨削余量在多次往复行程中逐步磨去。

用切入磨削法加工时，工件只做圆周进给运动 n_w 而无纵向进给运动 f_n，砂轮则连续地做横向进给运动 f_r，直到磨去全部磨削余量为止。

（3）辅助运动

为了使装卸和测量工件方便并节省辅助时间，砂轮架还可做横向快进和快退运动，尾座套筒能做伸缩移动。

4. 机床的机械传动系统

M1432A 型万能外圆磨床各部件的运动是由机械传动装置和液压传动装置联合传动来实现的。在该机床中，除了工作台的纵向往复运动、砂轮架的快速进退和周期自动切入进给、尾座顶尖套筒的缩回、砂轮架丝杠螺母间隙消除机构及手动互锁机构是由液压传动配合机械传动来实现的以外，其余运动都是由机械传动来实现的。如图 2 – 35 所示为 M1432A 型万能外圆磨床的机械传动系统。

（1）外圆磨削时的主传动链

砂轮架主轴的运动是由主电动机（1 440 r/min，4 kW）经 V 带直接传动的，砂轮主轴的转速达到 1 670 r/min 的高转速。砂轮主轴的传动链较短，其传递路线为：

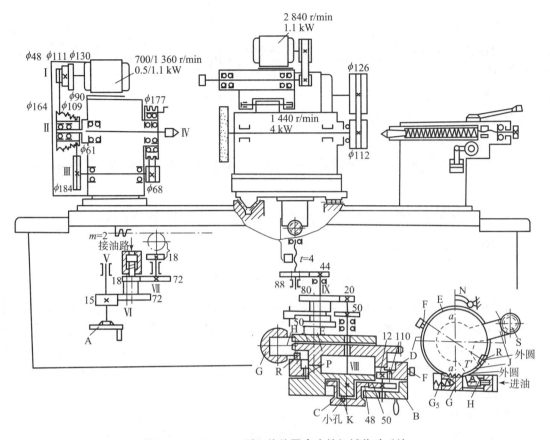

图 2－35　M1432A 型万能外圆磨床的机械传动系统

$$主电动机\begin{pmatrix} 1\ 440\ r/min \\ 4\ kW \end{pmatrix} - \frac{\phi 126}{\phi 112} - 砂轮\ (n_t)$$

（2）内圆磨削时的主传动链

内圆磨削砂轮主轴由内圆砂轮电动机（2 840 r/min，1.1 kW）经平带直接传动。更换平带轮可使内圆砂轮主轴得到两种转速（10 000 r/min 和 15 000 r/min）。

内圆磨具安装在支架上，为了保证工作安全，内圆砂轮电动机的启动与内圆磨具支架的位置有互锁作用。只有当支架翻到工作位置时，电动机才能启动。这时，砂轮架快速进退手柄在原位上自动锁住，不能快速移动。

（3）头架拨盘的传动链

头架拨盘的运动是由双速电动机（700/1 360 r/min，0.55/0.1 kW）驱动，经 V 带塔轮及两级 V 带传动，使头架的拨盘或卡盘带动工件，实现圆周进给运动。其传动路线表达式为：

$$\text{头架拨盘双速电动机}\begin{pmatrix}700/1360\ \text{r/min}\\0.55/0.1\ \text{kW}\end{pmatrix}-\text{I}-\begin{bmatrix}\dfrac{\phi130}{\phi90}\\[4pt]\dfrac{\phi111}{\phi109}\\[4pt]\dfrac{\phi48}{\phi164}\end{bmatrix}-\text{II}-\dfrac{\phi61}{\phi184}-\text{III}-\dfrac{\phi68}{\phi177}-\text{拨盘}$$

或卡盘（n_w）

（4）工作台的手动驱动传动链

调整机床及磨削阶梯轴的台肩端面和倒角时，工作台还可由手轮驱动。其传动路线表达式为：

$$\text{手轮 A}-\text{V}-\frac{15}{72}-\text{VI}-\frac{18}{72}-\text{VII}-\frac{18}{\text{齿条}}-\text{工作台纵向移动}（f_n）$$

手轮转一周，工作台的纵向移动量为：

$$f=1\times\frac{15}{72}\times\frac{18}{72}\times18\times2\times\pi\approx6\ （\text{mm}）$$

为了避免工作台纵向运动时带动手轮 A 快速转动碰伤操作者，采用了互锁油缸。轴 VI 的互锁油缸和液压系统相通，工作台运动时压力油推动轴 VI 上的双联齿轮移动，使齿轮 18 与 72 脱开。因此，液压驱动工作台纵向运动时手轮 A 并不转动。当工作台不用液压传动时，互锁油缸上腔通油池，在油缸内的弹簧作用下，使齿轮副 18/72 重新啮合传动，转动手轮 A，经过齿轮副 15/72 和 18/72 及齿轮齿条副，便可实现工作台手动纵向直线移动。

（5）滑板及砂轮架的横向进给运动传动链

横向进给运动 f_r，可用手摇手轮 B 来实现，也可由进给液压缸的活塞 G 驱动，实现周期的自动进给。现分述如下。

1）手轮进给。在手轮 B 上装有齿轮 12 和 50。D 为刻度盘，外圆周表面上刻有 200 格刻度，内圆周是一个 110 的内齿轮，与齿轮 12 啮合。C 为补偿旋钮，其上下开有 21 个小孔，平时总有一个孔与固装在 B 上的销子 K 接合。C 上又有一个 48 的齿轮与 50 齿轮啮合，故转动手轮 B 时，上述各零件无相对转动，仿佛是一个整体，于是 B 和 C 一起转动。

当顺时针方向转动手轮 B 时，就可实现砂轮架的径向切入，其传动路线表达式为：

$$\text{手轮 B}-\text{VIII}-\begin{bmatrix}\dfrac{50}{50}\ （\text{粗}）\\[6pt]\dfrac{20}{80}\ （\text{细}）\end{bmatrix}-\text{IX}-\frac{44}{88}-\text{丝杆}（t=4）-\text{半螺母}$$

因为 C 有 21 个孔，D 有 200 格，所以 C 转过一个孔距，刻度盘 D 转过 1 格，即：

$$\frac{1}{21}\times\frac{48}{50}\times\frac{12}{110}\times200\approx1\ （\text{格}）$$

因此，C 每转过一个孔距，砂轮架的附加横向进给量为 0.01 mm（粗进给）或 0.002 5 mm（细进给）。

在磨削一批工件时，通常总是先试磨一件，待磨到尺寸要求时，将刻度盘 D 的位置固定下来。这可通过调整刻度盘上挡块 F 的位置，使它在横向进给磨削至所需直径，正好与固定在床身前罩上的定位爪 N 相碰时，停止进给。这样，就可以达到所需的磨削直径。

假如砂轮磨损或修整以后，砂轮本身外圆尺寸变小，如果挡块 F 仍在原位停下，则势必引起工件磨削直径变大。这时必须重新调整挡块 F 的位置，调整的方法是：拨出旋钮 C，使小孔与销子 K 脱开，握住手轮 B，转动旋钮 C 通过齿轮 48、50、12 和 110 使刻度盘倒转（使 F 与 N 远离），其刻度盘倒转的格数（角度）取决于因砂轮直径减小而引起的工件径向尺寸的增大值。调整妥当后，将旋钮 C 推入，使小孔和销子接合，又一次将 C、B、D 连成一体。

2）液动周期自动进给。当工作台在行程末端换向时，压力油通过液压缸 G_5 的右腔，推动活塞 G 左移，使棘爪 H 移动（因为 H 活装在 G 上），从而使棘轮 E 转过一个角度，并推动手轮 B 转动（因为用螺钉将 E 固装在 B 上），实现了径向切入运动。当 G_5 右腔连通回油路时，弹簧将活塞 G 推至右极限位置。

液动周期切入量大小的调整：棘轮 E 上有 200 个棘齿，正好与刻度盘 D 上的刻度 200 格相对应，棘爪 H 每次最多可推过棘轮上 4 个棘齿（即相当刻度盘过 4 个格）。转动齿轮 S，使空套的扇形齿轮板 J 转动，根据它的位置就可以控制棘爪 H 推过的棘齿数目。

当自动径向切入达到工件尺寸要求时，刻度盘 D 上与 F 成 180°安装的调整块 R 正好处于最下部位置，压下棘爪 H，使它无法与棘轮啮合（因为 R 的外圆比棘轮人），于是自动径向切入就停止了。

2.4.5　其他类型磨床简介

1. 无心外圆磨床

无心外圆磨床是不需要采用工件的轴心而进行磨削的一类磨床。图 2-36 所示为无心外圆磨床的外形。

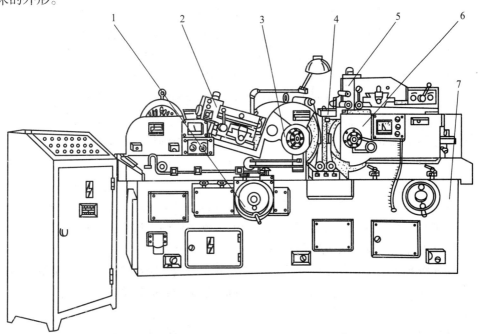

图 2-36　无心外圆磨床的外形

1—进给手轮；2—砂轮修整器；3—磨削砂轮架；4—托板；5—导轮修整器；6—导轮架；7—床身

无心外圆磨削是外圆磨削的一种特殊形式。磨削时，工件不用顶尖来定心和支承，而是直接将工件放在砂轮、导轮之间，用托板支承着，以工件被磨削的外圆面做定位面，其加工示意图如图 2 – 37 所示。

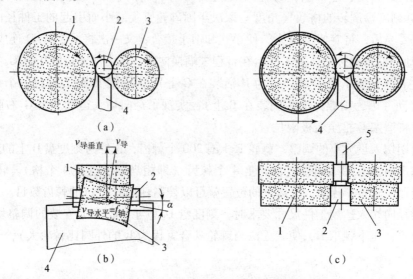

图 2 – 37　无心外圆磨削的加工示意图

（a）工作原理；（b）贯穿磨削法；（c）切入磨削法

1—磨削砂轮；2—工件；3—导轮；4—托板；5—挡块

（1）工作原理

从图 2 – 37（a）可以看出，砂轮和导轮的旋转方向相同，但由于磨削砂轮的圆周进给速度很大（约为导轮的 70 ~ 80 倍），通过切向磨削力带动工件旋转，但导轮则依靠摩擦力限制工件旋转，使工件的圆周线速度基本上等于导轮的线速度，从而在磨削砂轮和工件间形成很大的速度差，产生磨削作用。改变导轮的转速，便可以调节工件的圆周进给进度。

为了加快成圆过程和提高工件圆度，工件的中心必须高于磨削轮和导轮的中心连线［见图 2 – 37（a）］，这样能使工件与磨削砂轮和导轮间的接触点不可能对称，于是工件上的某些凸起表面（即棱圆部分）在多次转动中能逐渐磨圆。所以，工件中心高于砂轮和导轮的连心线是工件磨圆的关键，但高出的距离不能太大，否则导轮对工件的向上垂直分力有可能引起工件跳动，影响加工表面质量。一般情况下，$h = (0.15 ~ 0.25)d$，d 为工件直径。

（2）磨削方式

无心外圆磨床有两种磨削方式：贯穿磨削法（纵磨法）和切入磨削法（横磨法）。

贯穿磨削时，将工件从机床前面放到托板上，推入磨削区域后，工件旋转，同时又轴向向前移动，从机床另一端出去就磨削完毕。而另一个工件可相继进入磨削区，这样就可以一件接一件地连续加工。工件的轴向进给是由导轮的中心线在竖直平面内向前倾斜了角度 α 引起的［见图 2 – 37（b）］。为了保证导轮与工件间的接触线成直线形状，需将导轮的形状修正成回转双曲面形。

切入磨削时，先将工件放在托板和导轮之间，然后使磨削砂轮横向切入进给，来磨削工件表面。这时导轮的轴心线仅倾斜很小的角度（约 30′），对工件有微小的轴向推力，使它靠住挡块〔见图 2 - 37（c）〕，得到可靠的轴向定位。

（3）特点与应用

在无心磨床上加工工件时，工件不需要钻中心孔，且装夹工件时省时省力，可连续磨削，所以生产效率较高。

由于工件定位基准是被磨削的外圆表面，而不是中心孔，所以就消除了工件中心孔误差、外圆磨床工作台运动方向与前后顶尖连线的不平行以及顶尖的径向圆跳动等误差的影响。因而磨削出来的工件尺寸精度和几何精度比较高，表面质量比较好。如果配备适当的自动装卸料机构，则易于实现全自动化。

无心磨床在成批大量生产中应用较普遍，并且随着无心磨床结构的进一步改进，加工精度和自动化程度的逐步提高，其应用范围有日益扩大的趋势。但是，由于无心磨床调整费时，所以批量较小时不宜采用。当工件表面周向不连续（如有长键槽）或与其他表面的同轴度要求较高时，不宜采用无心磨床进行加工。

2. 平面磨床

平面磨床土要用于磨削各种平面，其磨削方法如图 2 - 38 所示。

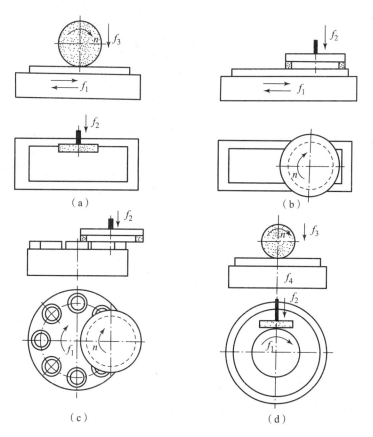

图 2 - 38　平面磨床的磨削方法

（a）卧轴矩台平面磨床；（b）立轴矩台平面磨床；（c）立轴圆台平面磨床；（d）卧轴圆台平面磨床
n—砂轮的旋转主运动；f_1—工件圆周或直线进给运动；f_2—轴向进给运动；f_3—周期切入运动

根据砂轮的工作面不同，平面磨床可以分为用砂轮轮缘（即圆周）进行磨削和用砂轮端面进行磨削两类。用砂轮轮缘磨削的平面磨床，砂轮主轴为水平布置（卧式）；而用砂轮端面磨削的平面磨床，砂轮主轴为竖直布置（立式）。根据工作台的形状不同，平面磨床又分为矩形工作台磨床和圆形工作台磨床两类。

按上述方法分类，常把普通平面磨床分为 4 类：卧轴矩台平面磨床［见图 2 - 38（a）］、立轴柜台平面磨床［见图 2 - 38（b）］、立轴圆台平面磨床［见图 2 - 38（c）］、卧轴圆台平面磨床［见图 2 - 38（d）］。目前，应用较多的是卧轴矩台平面磨床和立轴圆台平面磨床。

卧轴矩台平面磨床的外形如图 2 - 39 所示。这种机床的砂轮主轴通常是用内连式异步电动机直接带动的。往往电动机的转子就是主轴，电动机的定子装在砂轮架 3 的壳体内。砂轮架 3 可沿滑座 4 的燕尾导轨做间歇的横向进给运动（手动或液动）。滑座 4 和砂轮架 3 一起沿立柱 5 的导轨做间歇的竖直切入运动（手动）。工作台 2 沿床身 1 的导轨做纵向往复运动（液压传动）。

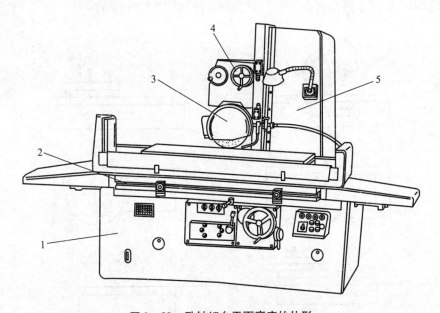

图 2 - 39　卧轴矩台平面磨床的外形
1—床身；2—工作台；3—砂轮架；4—滑座；5—立柱

立轴圆台平面磨床的外形如图 2 - 40 所示。砂轮架 3 的主轴也是由内连式异步电动机直接驱动。砂轮架 3 可沿立柱 4 的导轨做间歇的竖直切入运动。工作台旋转做圆周进给运动。为了便于装卸工件，圆工作台 2 还能沿床身 1 的导轨做纵向移动。由于砂轮直径大，所以常采用镶片砂轮。这种砂轮使冷却液容易冲入切削区，砂轮不易堵塞。此种机床生产率高，常用在成批生产中。

3. 内圆磨床

内圆磨床主要用于磨削各种内孔（包括圆柱形通孔、盲孔、阶梯孔以及圆锥孔等），某些内圆磨床还附有磨削端面的磨头。内圆磨床的主要类型有普通内圆磨床、无心内圆磨床和行星式内圆磨床。

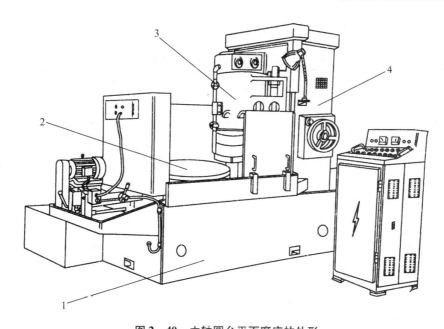

图 2 – 40　立轴圆台平面磨床的外形

1—床身；2—圆工作台；3—砂轮架；4—立柱

（1）普通内圆磨床

普通内圆磨床是生产中应用最广的一种内圆磨床。图 2 – 41 所示为普通内圆磨床的磨削方法，其中图 2 – 41（a）和图 2 – 41（b）为采用纵磨法或切入法磨削内孔。图 2 – 41（c）和图 2 – 41（d）为采用专门的端面磨削装置，可在工件一次装夹中磨削内孔和端面，这样不仅易于保证孔和端面的垂直度，而且生产率较高。

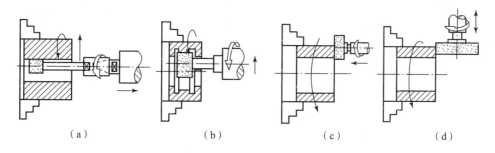

图 2 – 41　普通内圆磨床的磨削方法

（a）纵磨法磨削内孔；（b）切入法磨削内孔；（c）纵磨法磨削端面；（d）切入法磨削端面

图 2 – 42 所示为普通内圆磨床的外形。头架 3 装在工作台 2 上并由它带着沿床身 1 的导轨做纵向往复运动。头架可绕竖直轴调整一定的角度，以磨削锥孔。头架主轴由电动机经带传动做圆周进给运动。砂轮架滑座 4 上装有磨削内孔的砂轮主轴，由电动机经 V 带传动。砂轮架沿滑鞍 5 的导轨做周期性的横向进给（液动或手动）。

普通内圆磨床的自动化程度不高，磨削尺寸通常是靠人工测量来控制的，仅适应于单件和小批量生产。

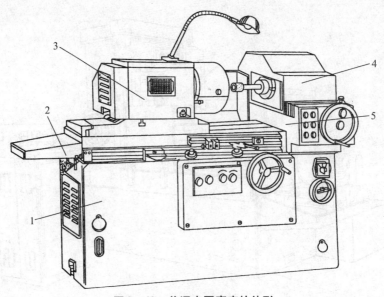

图 2 - 42 普通内圆磨床的外形

1—床身；2—工作台；3—头架；4—砂轮架滑座；5—滑鞍

（2）无心内圆磨床

在无心内圆磨床上加工的工件，通常是那些不宜用卡盘夹紧且其内外同心度要求又较高的薄壁工件，如轴承环类型的零件。其工作原理如图 2 - 43 所示。工件 3 支承在滚轮 1 和导轮 4 上，压紧轮 2 使工件紧贴导轮，并由导轮带动旋转，实现圆周进给运动 f_1。磨削轮除完成旋转主运动 v 外，还做纵向进给运动 f_2 和周期的横向进给运动 f_3。加工循环结束时，压紧轮 2 沿箭头 A 方向摆开，以便装卸工件。磨削锥孔时，可将导轮、滚轮连同工件一起偏转一定角度。

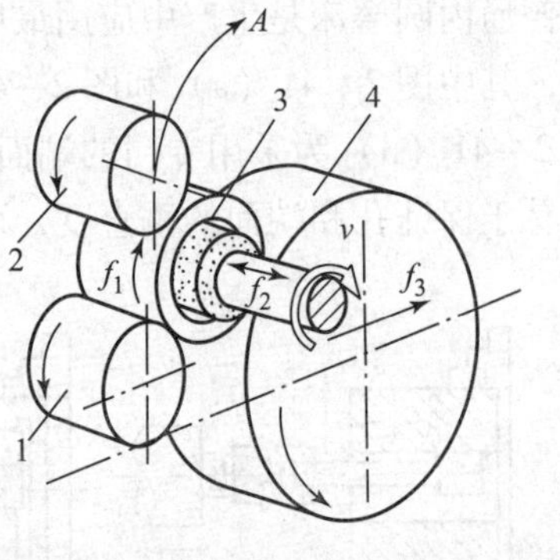

图 2 - 43 无心内圆磨床的工作原理

1—滚轮；2—压紧轮；3—工件；4—导轮

这种磨床具有较高的加工精度，且自动化程度也较高，适用于大批量生产。

（3）行星式内圆磨床

在行星式内圆磨床上磨削内孔时，工件固定不动，而砂轮除绕自身轴线高速旋转完成主运动 n 外，还绕着工件孔中心做公转 $f_公$，以实现圆周进给运动，因此而得名"行星式"。行星式内圆磨床的工作原理如图 2 - 44 所示。

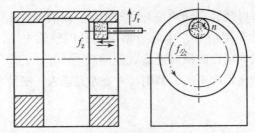

图 2 - 44 行星式内圆磨床的工作原理

由于工件不转动，所以这类磨床适于磨削大型工件或形状不对称、不适于旋转的工件，例如高速大型柴油机连杆的孔等。

行星式内圆磨床砂轮架的运动种数较多，因此该部件的层次较多，结构复杂且刚度较差。所以，目前这类机床应用不广泛。

（4）内圆磨具

内圆磨床的砂轮主轴组件（内圆磨具）是内圆磨床的关键部分。由于砂轮的外径受被加工孔径的限制，为了达到砂轮的有利磨削线速度，砂轮主轴的转速需很高。如何保证砂轮主轴在高转速情况下有稳定的旋转精度、足够的刚度和寿命，是目前内圆磨床发展中仍需进一步解决的问题。

目前，常用的内圆磨床砂轮主轴的转速为 2 000 ~ 10 000 r/min，由普通电动机经带传动驱动运转。这种内圆磨床由于结构简单、维护方便、成本低，所以应用广泛。但是在磨小孔（例如直径小于 10 mm）时，要求砂轮主轴转速应为 12 000 ~ 80 000 r/min 或更高，此时带传动就不适用了。目前常用内连式中频或高频电动机直接驱动砂轮主轴。这种结构，由于没有中间传动件，所以可达到的转速较高，同时还具有输出功率大、短时间过载能力强、速度特性硬、振动小和轴承寿命长等优点，所以近年来应用日益广泛，特别是在磨削轴承小孔时应用更多。

2.5　齿轮加工机床

2.5.1　齿轮的加工方法

齿轮的加工方法很多，如铸造、锻造、热轧、冲压和切削加工等。目前，前 4 种方法的加工精度还不高，精密齿轮主要靠切削加工。按形成齿轮的原理，切削加工齿轮的方法可分为两大类：成形法和展成法。

1. 成形法

成形法是利用与被加工齿轮的齿槽断面形状一致的刀具，在齿坯上加工出齿面的方法。这种方法一般在铣床上用盘形铣刀或指形铣刀铣削齿轮（见图 2 - 45），在插床上用成形刀具加工齿轮。

这种加工方法的优点是机床较简单，可以利用通用机床加工。缺点是加工齿轮的精度低，因为对于同一模数的齿轮，只要齿数不同，齿廓形状就不相同，需采用不同的成形刀具。在实际生产中，为了减少成形刀具的数量，每一种模数通常只配八把一套或十五把一套成形铣刀，分别适应一定的齿数范围（见表 2 - 13）。铣刀的齿形曲线是按该范围内最小齿数的齿形制造的，对其他齿数的齿轮，均存在着不同程度的齿形误差。另外，在通用机床上加工齿轮时，由于一般分度头的分度精度不高，会引起分齿不均匀，以及每加工一个齿槽，工件都需要进行分度，同时刀具必须回程一次，所以其加工精度和生产率均不高。因此，单齿廓成形法只适用于单件、小批量生产，以及修配业中对精度要求不高的齿轮。此外，在重型机器制造业中制造大齿轮时，为了使所用刀具及机床的结构比较简单，也常用单齿廓成形法加工齿轮。

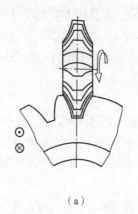 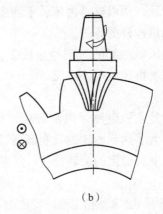

（a）　　　　　　　　　（b）

图 2 - 45　成形法加工齿轮

（a）用盘形齿轮铣刀铣削齿轮；（b）用指形齿轮铣刀铣削齿轮

表 2 - 13　齿轮铣刀的刀号及加工齿数范围

刀号	1	2	3	4	5	6	7	8
加工齿数范围	12 ~ 13	14 ~ 16	17 ~ 20	21 ~ 25	26 ~ 34	35 ~ 54	55 ~ 134	135 以上及齿条

在大批量生产中，也可采用多齿廓成形刀具加工齿轮，如用齿轮拉刀、齿轮推刀（见图 2 - 46）或多齿刀盘（见图 2 - 47）等刀具同时加工齿轮的多个齿槽。

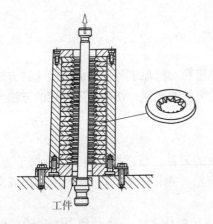 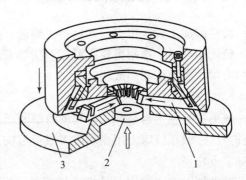

图 2 - 46　用齿轮推刀加工外齿轮　　　　**图 2 - 47　用多齿刀盘加工齿轮轮齿**

1—成形切刀；2—被切齿轮；3—刀盘

　　用多齿刀盘加工直齿圆柱齿轮时，刀盘 3 上装有和被切齿轮 2 齿数相等的成形切刀 1，当工件沿轴向垂直向上运动时，刀盘 3 径向退出一小段距离，以防止切刀磨损和擦伤工件已加工表面。工件每次回程后，各成形切刀沿刀盘 3 径向进给一次，使各成形切刀逐次切入，直至切出工件全齿高。

　　用多齿廓成形刀具加工齿轮可以得到较高的加工精度和生产率，但要求所用刀具有较高的制造精度且结构复杂，同时每套刀具只能加工一种模数和齿数的齿轮，所用也必须使用特殊结构的机床，因而成本较高，仅适用于大批量生产。

2. 展成法

展成法加工齿轮是利用齿轮的啮合原理进行的，即把齿轮啮合副（齿条－齿轮、齿轮－齿轮）中的一个转化为刀具，另一个转化为工件，并强制刀具和工件做严格的啮合运动而展成切出齿廓。用展成法加工齿轮，可以用同一把刀具加工相同模数而任意齿数的齿轮，且加工精度和生产率都比较高。因此各种齿轮加工机床广泛应用这种加工方法，如滚齿机、插齿机和剃齿机等。此外，多数磨齿机及锥齿轮加工机床也是按展成法原理进行加工的。

在滚齿机上滚齿加工的过程，相当于一对交错轴斜齿轮相互啮合运动的过程［见图 2－48（a）］，只是其中一个交错轴斜齿轮的齿数极少，且分度圆上的导程角也很小，所以它便成为蜗杆形状［见图 2－48（b）］，再将蜗杆开槽并铲背、淬火、刃磨，便成为齿轮滚刀［见图 2－48（c）］。一般蜗杆螺纹的法向截面形状近似齿条形状［见图 2－49（a）］，因此，当齿轮滚刀按给定的切削速度转动时，它在空间便形成一个以等速 v 移动的假想齿条，当这个假想齿条与被切齿轮按一定速度比做啮合运动时，便在轮坯上逐渐切出渐开线的齿形。齿形的形成是由滚刀在连续旋转中依次对轮坯切削的数条刀刃线包络而成［见图 2－49（b）］。

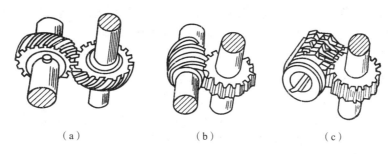

（a）　　　　　　　　　（b）　　　　　　　　　（c）

图 2－48　展成法滚齿原理

（a）螺旋齿轮传动；（b）蜗杆传动；（c）滚齿加工

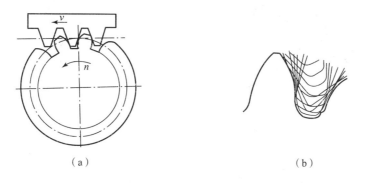

（a）　　　　　　　　　　　　（b）

图 2－49　渐开线齿形的形成

（a）加工示意图；（b）一个齿面形成包络线

v—假想齿条移动速度；n—被切齿轮转动速度

2.5.2　齿轮刀具的主要类型和选用

1. 齿轮刀具的分类

齿轮的种类很多，加工要求又各有不同，因此齿轮刀具的品种极其繁多，通常按加工齿轮的品种和加工原理的方法来分类。

（1）按加工齿轮的品种分类

1）加工渐开线圆柱齿轮的刀具，如齿轮铣刀、插齿刀、梳齿刀、齿轮滚刀和剃齿刀等。

2）加工蜗轮的刀具，如蜗轮滚刀、飞刀和蜗轮剃齿刀等。

3）加工锥齿轮的刀具，如加工直齿圆锥齿轮的成对刨刀和成对铣刀、加工弧齿和摆线齿锥齿轮的铣刀盘等。

4）加工非渐开线齿形工件的刀具，如花键滚刀、圆弧齿轮滚刀、棘轮滚刀、花键插齿刀和展成车刀等。

（2）按加工原理分类

1）成形齿轮刀具。这类刀具的切削刃的轮廓形状与被切齿的齿槽相同或近似相同。常用的有盘形齿轮铣刀、指形齿轮铣刀、齿轮拉刀、插齿刀盘等。用盘形或指形齿轮铣刀加工斜齿齿轮时，工件齿槽任何剖面中的形状都不和刀具的齿廓形状相同，工件的齿形是由刀具的切削刃在相对于工件运动过程中包络而成的，这种方法称为无瞬心包络法。但由于这些刀具的结构和成形齿轮刀具相同，所以也将它们归纳在成形刀具中。

①盘形齿轮铣刀。图2-50（a）所示为一把盘形齿轮铣刀，可加工直齿轮与斜齿轮。工作时铣刀旋转并沿齿槽方向进给，铣完一个齿槽后进行分度，再铣下一个齿。盘形齿轮铣刀加工精度不高，效率也较低，适合单件小批量生产或修配工作。

②指形齿轮铣刀。图2-50（b）所示为一把指形齿轮铣刀。工作时铣刀旋转并进给，工件分度。这种铣刀适合于加工大模数的直齿轮、斜齿轮，并能加工人字齿轮。

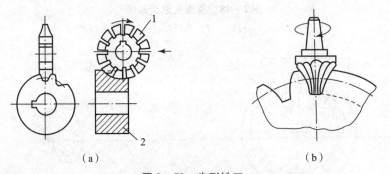

图2-50 齿形铣刀

（a）盘形齿轮铣刀；（b）指形齿轮铣刀

1—铣刀；2—工件

2）展成齿轮刀具。这类刀具切削刃的轮廓形状不同于被切齿轮任何剖面的槽形，切齿时除主运动外，还需要有刀具与齿坯的相对啮合运动，称展成运动。工件齿形是由刀具齿形在展成运动中的若干包络切削形成的。用这类刀具加工齿轮时，刀具本身好像是一个齿轮，它和被加工的齿轮各自按啮合关系要求的速度比转动，而由刀具齿形包络出齿轮的齿形。这类刀具中有齿轮滚刀、插齿刀、梳齿刀、加工非渐开线的各种滚刀、蜗轮刀具和锥齿轮刀具等。展成齿轮刀具的一个基本特点是通用性比成形齿轮刀具好，也就是说，用同一把展成齿轮刀具时，可以加工模数和压力角相同而齿数不同的齿轮，也可用标准刀具加工不同变位系数的变位齿轮，因此刀具通用性较好，在成批加工齿轮时被广泛使用。

2. 齿轮刀具的选用

根据不同的生产要求和条件，选用合适的齿轮刀具是很重要的。在上述各类齿轮刀具中，要数加工渐开线圆柱齿轮的刀具应用最广泛，而在这类刀具中，又以齿轮滚刀最为常用，因为它的加工效率最高，也能保证一般齿轮的精度要求，而且它既能加工外啮合的直齿齿轮，也能加工外啮合的斜齿齿轮。

插齿刀的优越性主要在于既可加工外啮合齿轮，也能加工内啮合齿轮，还能加工有台阶的齿轮，如双联齿轮、三联齿轮和人字齿轮等。但因其切削方式是插削，所以加工直齿齿轮时需要用直齿插齿刀，而加工斜齿齿轮时需要用斜齿插齿刀。插齿刀非常适合加工内齿轮及无退刀槽的人字齿轮，故在齿轮加工中应用很广。

经过滚齿和插齿的齿轮，如果需要进一步提高加工精度和降低表面粗糙度，可用剃齿刀进行精加工。

孔径小的齿轮或渐开线花键孔，用拉刀拉削是唯一的方法，这不但能保证高效率和高精度，而且能得到光洁的齿面。

对于精度要求不高的单件或小批量齿轮，采用盘形齿轮铣刀加工是比较方便和经济合算的。对于模数和直径特别大的齿轮，可以用指形齿轮铣刀进行加工。

在锥齿轮刀具中，成对刨刀是多年来加工直齿锥齿轮的基本刀具，由于其加工效率和精度不高，现已逐渐被成对盘铣刀所代替。在生产批量较大的情况下，还可采用效率更高的拉铣刀盘来加工。收缩齿的弧齿锥齿轮和准双曲线齿轮，一般是用弧齿锥齿轮铣刀盘加工；而等高齿和摆线齿的锥齿轮，则需要用摆线齿锥齿轮铣刀盘加工。

2.5.3　齿轮加工机床的类型及用途

齿轮加工机床种类繁多，按照被加工齿轮种类不同，齿轮加工机床主要分为圆柱齿轮加工机床和锥齿轮加工机床两大类。

1. 圆柱齿轮加工机床

圆柱齿轮加工机床主要用于加工各种圆柱齿轮、齿条、蜗轮，常用的有滚齿机、插齿机、剃齿机、磨齿机、珩齿机、挤齿机等。

（1）滚齿机

滚齿机用滚刀按展成法粗、精加工直齿、斜齿、人字齿轮、蜗轮等，用特制的滚刀也能加工花键和链轮等各种特殊齿形的工件。普通滚齿机的加工精度为 IT6 ~ IT7 级，高精度滚齿机为 IT3 ~ IT4 级，最大加工直径达 15 m。

（2）插齿机

插齿机用插齿刀按展成法可加工直齿、斜齿齿轮和其他齿形件，主要用于加工多联齿轮和内齿轮；也可加工齿条；在插齿机上使用专门刀具还能加工非圆齿轮、不完全齿轮和内外成形表面，如方孔、六角孔、带键轴（键与轴连成一体）等。加工精度可达 IT5 ~ IT7 级，最大加工工件直径达 12 m。

（3）剃齿机

剃齿机按螺旋齿轮啮合原理由刀具带动工件（或工件带动刀具）自由旋转对圆柱齿轮进行精加工，在齿面上剃下发丝状的细屑，以修正齿形和提高表面光洁度，主要用于淬火前的直齿和斜齿圆柱齿轮的齿廓精加工。

（4）磨齿机

磨齿机利用砂轮作为磨具加工圆柱齿轮或某些齿轮（斜齿轮、锥齿轮等）的齿面，主要用于消除热处理后的变形和提高齿轮精度，磨削后齿的精度可达 IT3 ~ IT6 级或更高。

（5）珩齿机

珩齿机利用齿轮式或蜗杆式珩轮对淬火圆柱齿轮进行精加工，其作用在于消除齿面毛刺、氧化皮、磕碰伤，提高齿形、齿向、齿圈径向跳动和周节精度，减小齿面粗糙度，降低啮合噪声。其适用于各种直齿、斜齿及台肩齿轮淬硬后的精整加工，也可用于齿轮磨削后的精整加工。

（6）挤齿机

挤齿机利用高硬度无切削刃挤轮与工件自由啮合，将齿面上的微小不平碾光，以提高其精度和光洁程度。

2. 锥齿轮加工机床

锥齿轮加工机床可分为直齿锥齿轮加工机床和弧齿锥齿轮加工机床两大类。用于加工直齿锥齿轮的机床有锥齿轮刨齿机、铣齿机、拉齿机和磨齿机等，用于加工弧齿锥齿轮的机床有弧齿锥齿轮铣齿机、拉齿机和磨齿机等。

（1）直齿锥齿轮加工机床

1）直齿锥齿轮刨齿机。用于加工直齿锥齿轮，采用两把标准刨刀，按范成法原理进行精刨，粗刨时可采用无范成的切入法。直齿锥齿轮刨齿机操作方便，刚度好而功率大，可长期保证机床的精度和使用寿命。有的机床还能刨制斜齿锥齿轮，在中小批量生产中应用最广。

2）双刀盘直齿锥齿轮铣齿机。使用两把刀齿交错的铣刀盘，按展成法铣削同一齿槽左右两齿面，生产效率较高，适用于成批生产。这种机床也可配以自动上下料装置，实现单机自动化。

3）直齿锥齿轮拉齿机。直齿锥齿轮拉齿机是在一把大直径拉铣刀盘的一转中，从实体轮坯上用成形法切出一个齿槽的机床。它是锥齿轮切削加工机床中生产率最高的机床，由于刀具复杂，价格昂贵，而且每种工件都需要专用刀盘，只适用于大批量生产。此类机床一般都带有自动上下料装置。

（2）弧齿锥齿轮加工机床

1）弧齿锥齿轮铣齿机。弧齿锥齿轮铣齿机是采用数控技术，用于加工模数 ≤15 mm、直径 ≤800 mm 的高精度弧齿锥齿轮及准双曲面齿轮的精加工设备。机床的设计是万能性的，适合大批量生产的粗、精加工。其使用范围是各种中等直径的高精度弧齿锥齿轮及准双曲面齿轮。

2）弧齿锥齿轮拉齿机。弧齿锥齿轮拉齿机是用端面盘形拉刀按成形法或螺旋成形法精切弧齿锥齿轮大齿轮齿面的锥齿轮加工机床。其适用于品种固定的大批量生产。

3）弧齿锥齿轮磨齿机。弧齿锥齿轮磨齿机用于磨削淬硬弧齿锥齿轮，以提高其精度和光洁程度。机床结构与弧齿锥齿轮铣齿机相似，但以砂轮代替铣刀盘，并装有砂轮修整器，也可磨削准双曲面齿轮。

此外，齿轮加工机床还包括加工齿轮所需的倒角机、淬火机和滚动检查机等。

近年来，精密化和数控化的齿轮加工机床迅速发展，各种 CNC 齿轮机床、加工中心、柔性生产系统等相继问世，使齿轮加工精度和效率显著提高。此外，齿轮刀具制造水平和材料也有了很大的改进，使切削速度和刀具寿命普遍提高。

2.5.4　滚齿机

滚齿机是齿轮加工机床中应用最广泛的一种，它采用范成法加工。在滚齿机上，使用齿轮滚刀加工直齿或斜齿外啮合圆柱齿轮，或用蜗轮杆滚刀加工蜗轮。利用其他非渐开线齿形的滚刀还可以在滚齿机上加工花键轴、链轮等。

滚齿机按工件的安装方式不同，可分为卧式和立式。卧式滚齿机适用于加工小模数齿轮和连轴齿轮，工件轴线为水平安装；立式滚齿机是应用最广泛的一种，它适用于加工轴向尺寸较小而径向尺寸较大的齿轮。

1. 滚齿原理

滚齿加工是依照交错轴螺旋齿轮啮合原理进行的。用齿轮滚刀加工齿轮的过程，相当于一对斜齿轮啮合的过程，将其中一个齿轮的齿数减少到几个或一个，使其螺旋角增大到很大（即螺旋升角很小），此时齿轮已演变成蜗杆，蜗杆沿轴线方向开槽并铲背后，则成为齿轮滚刀。在齿轮滚刀按给定的切削速度做旋转运动，并与被切齿轮做一定速度比的啮合运动过程中，在齿坯上就滚切出齿轮的渐开线齿形，如图 2 – 51（a）所示。在滚切过程中，分布在螺旋线上的滚刀各切削刃相继切去齿槽中的一薄层金属，每个齿槽在滚刀旋转过程中由几个刀齿依次切出，渐开线齿廓则由切削刃一系列瞬时位置包络而成，如图 2 – 51（b）所示。因此，滚齿时齿廓的形成方法是展成法。成形运动是滚刀的旋转运动 B_{11} 和工件的旋转运动 B_{12} 组合而成的复合运动，这个复合运动称为展成运动。当滚刀与工件连续不断地旋转时，便在工件整个圆周上依次切出所有齿槽，形成齿轮的渐开线齿廓。也就是说，滚齿时齿廓的成形过程与齿坯的分度过程是结合在一起的。

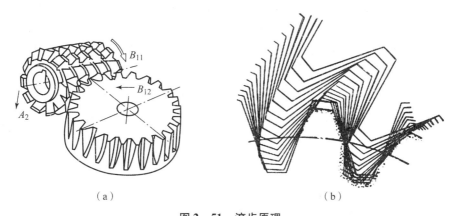

（a）　　　　　　　　　　　　　　　　　　（b）

图 2 – 51　滚齿原理

（a）滚齿的展成运动；（b）齿槽的形成过程

由上述可知，为了得到所需的渐开线齿廓和齿轮齿数，滚切齿形时滚刀和工件之间必须保证严格的运动关系：当滚刀转过一周时，工件必须相应转过 k/z 转（k 为滚刀头数，z 为工件齿数）。

（1）加工直齿圆柱齿轮时的运动和传动原理

加工直齿圆柱齿轮时，滚刀轴线与齿轮端面倾斜一个角度，其值等于滚刀螺旋升角，使滚刀螺纹方向与被切齿轮齿向一致。图 2−52 所示为滚切直齿圆柱齿轮时的运动和传动原理，为完成滚切直齿圆柱齿轮，它需具有以下 3 条传动链。

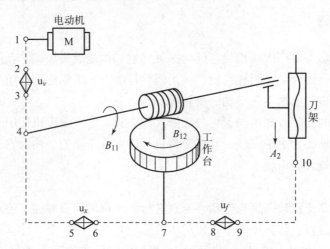

图 2−52　滚切直齿圆柱齿轮时的运动和传动原理

1）主运动传动链。主运动即滚刀的旋转运动。电动机 M—1—2—u_v—3—4—滚刀，是一条将动力源（电动机）与滚刀相联系的外联系传动链，实现滚刀旋转运动，即主运动。其中，u_v 是换置机构，用以变换滚刀的转速。

2）展成运动传动链。展成运动即滚刀与工件之间的啮合运动。滚刀—4—5—u_x—6—7—工作台，是一条内联系传动链，实现渐开线齿廓的复合成形运动。对单头滚刀而言，滚刀转一周，工件应转过一个齿，所以要求滚刀与工作台之间必须保持严格的传动比关系。其中，换置机构为 u_x，用于适应工件齿数和滚刀头数的变化，其传动比的数值要求很精确。由于工作台（工件）的旋转方向与滚刀螺旋角的旋向有关，故在这条传动链中，还设有工作台变向机构。

3）轴向进给运动传动链。轴向进给运动即滚刀沿工件轴线方向做连续的进给运动，以切出整个齿宽上的齿形。工作台—7—8—u_f—9—10—刀架，是一条外联系传动链，实现齿宽方向的直线形齿形运动。其中，换置机构为 u_f 用于调整轴向进给量的大小和进给方向，以适应不同加工表面粗糙度的要求。轴向进给运动是一个独立的简单运动，作为外联系传动链它可以使用独立的动力源来驱动，这里用工作台作为间接动力源，是因为滚齿时的进给量通常以工件每转一周时刀架的位移量来计量，且刀架运动速度较低，采用这种传动方案，不仅满足了工艺上的需要，还能简化机床的结构。

（2）加工斜齿圆柱齿轮的运动和传动原理

斜齿圆柱齿轮在齿长方向上是一条螺旋线，为了形成螺旋线齿线，在滚刀做轴向进给运动的同时，工件还应做附加旋转运动 B_{22}（简称附加运动），且这两个运动之间必须保持确定的关系，即滚刀移动一个螺旋线导程 S 时工件应准确地附加转过一周，因此，加工斜齿轮时的进给运动是螺旋运动，是一个复合运动。

实现滚切斜齿圆柱齿轮所需成形运动的传动原理如图 2−53 所示，其中，主运动、展成运动以及轴向进给运动传动链与加工直齿圆柱齿轮相同，只是在刀架与工作台之间增加了一条附加运动传动链：刀架（滚动移动 A_{21}）—12—13—u_y—14—15—［合成］—6—7—u_x—8—9—工作台（工件附加运动 B_{22}），以保证刀架沿工作台轴线方向移动一个螺旋线导程 S 时，工件附加转过 ±1 周，形成螺旋线齿线。显然，这是一条内联系传动链。传动链中的换置机构为 u_y，用于适应工件螺旋线导程 S 和螺旋方向的变化。由于滚切斜齿圆柱齿轮时，工件的旋转运动既要与滚刀旋转运动配合，组成形成渐开线齿廓的展成运动，又要与滚刀刀架轴向进给运动配合，组成形成螺旋线齿长的附加运动，所以在进行工件加工时，工作台的实际旋转运动是上述两个运动的合成。为使工作台能同时接受来自两条传动链的运动而不发生矛盾，就需要在传动链中配置一个运动合成机构，将两个运动合成之后再传给工作台。

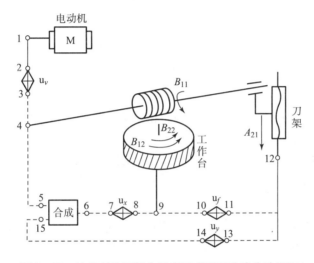

图 2-53　滚切斜齿圆柱齿轮所需成形运动的传动原理

（3）加工蜗轮的运动和传动原理

用蜗轮滚刀滚切蜗轮时，齿廓的形成方法及成形运动与加工圆柱齿轮是相同的，但齿线是当滚刀切至全齿深时，在展成齿廓的同时形成的。因此，滚切蜗轮需要有展成运动、主运动与切入进给运动。根据切入进给方法不同，滚切蜗轮的方法有以下两种。

1）径向进给法。这种方法在一般滚齿机上都可进行。加工时，由滚刀旋转运动 B_{11} 和工件旋转运动 B_{12} 展成齿形的同时，还应由滚刀或工件做切入进给运动 A_2［见图 2-54（a）］，使滚刀从蜗轮齿顶逐渐切入至全齿深。采用这种方法加工蜗轮时，机床的传动原理如图 2-54（b）所示（图中表示由滚刀实现切入进给运动）。

2）切向进给法。这种方法只有在滚刀刀架上具备切向进给溜板的滚齿机上才能进行，同时需要采用带切削锥的蜗轮滚刀［见图 2-55（a）］。加工前，预先按蜗轮蜗杆副的啮合状态，调整好滚刀与工件轴线之间的距离。加工时，滚刀沿工件切线方向（即滚刀轴向）缓慢移动，完成切向进给运动。滚刀在进给过程中，先是切削锥部，继而圆柱部分，再逐渐切入工件。当滚刀的圆柱部分完全切入工件时［见图 2-55（a）中假想线所示位置］，就切到了全齿深。加工过程中，由于滚刀沿工件切线方向移动，破坏了它和工件的正常"啮合传动"关系，所以工件必须相应地做附加旋转运动 B_{22} 与之严格配合。它们的运动关系应与

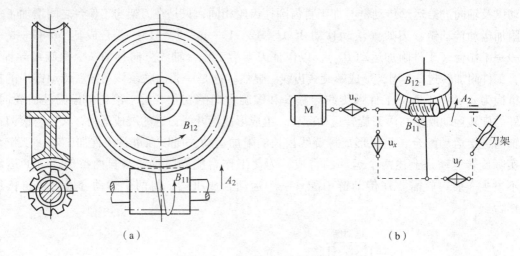

图 2 - 54　径向进给法加工蜗轮

（a）运动构成；（b）传动原理图

蜗杆轴向移动时带动蜗轮转动一样，即滚刀切向移动一个齿距的同时，工件必须附加转动一个齿，附加运动的方向则与滚刀切向进给方向相对应。由于工件的附加运动 B_{22} 与展成运动中工件的旋转运动 B_{12} 是同时进行的，因此，与滚切斜齿圆柱齿轮相似，加工时工件的旋转运动是 B_{22} 和 B_{12} 的合成运动。在传动系统中也需要配置运动合成机构。图 2 - 55（b）所示为用切向进给法滚切蜗轮时的传动原理。机床的主运动及展成运动传动链与加工直齿圆柱齿轮相同。联系工作台（工件旋转运动）与滚刀切向进给溜板（滚刀移动）的传动链（7—u_f—2—1）为切向进给传动链，它是外联系传动链。联系切向进给溜板（滚刀移动 A_{21}）和工作台（工件附加旋转运动 B_{22}）的传动链（1—2—3—u_y—4—5—［合成］—6—u_x—7）为附加运动传动链，它是内联系传动链。展成运动和附加运动由运动合成机构合成后传给工件。

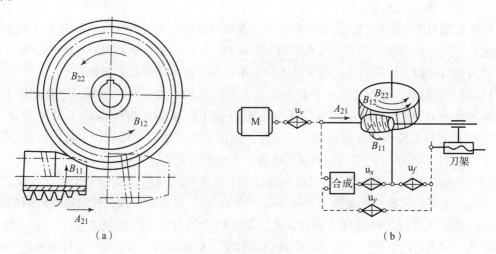

图 2 - 55　切向进给法加工蜗轮

（a）运动构成；（b）传动原理图

2. 滚齿机的运动合成机构

滚齿机所用的运动合成机构通常是具有两个自由度的圆柱齿轮或圆锥齿轮行星机构。利用运动合成机构，在滚切斜齿圆柱齿轮时，将展出运动传动链中工作台的旋转运动 B_{12} 和附加运动传动链中工作台的附加旋转运动 B_{22} 合成为一个运动后送至工作台；而在滚切直齿圆柱齿轮时则断开附加运动传动链，同时把运动合成机构调整为一个如同"联轴器"形式的结构。

图 2-56 所示为 Y3150E 型滚齿机所用的运动合成机构，由模数 $m=3$ mm、齿数 $z=30$、螺旋角 $\beta=0°$ 的 4 个弧齿锥齿轮组成。机床上配有两个离合器 M_1 和 M_2，加工直齿圆柱齿轮时用 M_1，加工斜齿圆柱齿轮、大质数直齿圆柱齿轮和切向进给法加工蜗轮时用 M_2。当需要附加运动时［见图 2-56 (a)］，在轴 X 上先装上套筒 G（用键与轴连接），再将离合器 M_2 空套在套筒 G 上。离合器 M_2 的端面齿与空套齿轮 Z_y 的端面齿以及转臂 H 右边套筒上的端面齿同时啮合，将它们连接在一起，因而来自刀架的附加运动可通过 Z_y 传递给转臂 H。

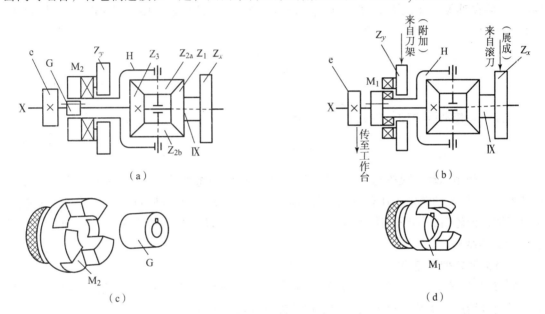

图 2-56　Y3150E 型滚齿机所用的运动合成机构
(a) 需要附加运动；(b) 不需要附加运动；(c) 离合器 M_2 的结构；(d) 离合器 M_1 的结构

设 n_X、n_{IX}、n_H 分别为轴 X、IX 及转臂 H 的转速，根据行星齿轮机构传动原理，可以列出运动合成机构的传动比计算式为：

$$\frac{n_X - n_H}{n_{IX} - n_H} = (-1)\frac{z_1}{z_{2b}} \cdot \frac{z_{2a}}{z_3}$$

式中的 (-1) 由锥齿轮传动的旋转方向确定，将锥齿轮齿数 $z_1 = z_{2a} = z_{2b} = z_3 = 30$ 代入上式，则得：

$$\frac{n_X - n_H}{n_{IX} - n_H} = -1$$

进一步变换可得运动合成机构中传动件的转速 n_X 与两个主动件的转速 n_{IX} 和 n_H 的关系为：

$$n_X = 2n_H - n_{IX}$$

在展成运动传动链中，来自滚刀的运动由齿轮 Z_x 经合成机构传至轴 X，可设 $n_H = 0$，则轴IX与X之间的传动比为：

$$u_{合1} = \frac{n_X}{n_{IX}} = -1$$

在附加运动传动链中，来自刀架的运动由齿轮 Z_y 传给转臂 H，再经合成机构传至轴 X。可设 $n_{IX} = 0$，则转臂 H 与轴 X 之间的传动比为：

$$u_{合2} = \frac{n_X}{n_H} = 2$$

综上所述，加工斜齿圆柱齿轮时，展成运动和附加运动同时通过合成机构传动，并分别按传动比 $u_{合1} = -1$ 及 $u_{合2} = 2$ 经轴 X 和齿轮 e 传至工作台。

加工直齿圆柱齿轮时，工件不需要附加运动。这时需卸下离合器 M_2 及套筒 H，而将离合器 M_1 装在轴 X 上［见图 2 - 56（b）］。离合器 M_1 通过键与轴连接，其端面齿爪只和转臂 H 的端面齿爪连接，所以此时有：

$$n_H = n_X$$
$$n_X = 2n_H - n_{IX}$$
$$n_X = n_{IX}$$

展成运动传动链中轴与轴之间的传动比为：

$$u'_{合} = \frac{n_X}{n_{IX}} = 1$$

可见，利用运动合成机构，在滚切斜齿圆柱齿轮时，将展成运动传动链中工作台的旋转运动 B_{12} 和附加运动链中工作台的附加旋转运动 B_{22} 合成为一个运动后传送到工作台；而在滚切直齿圆柱齿轮时，则断开附加运动传动链，同时把运动合成机构调整为一个如同"联轴器"形式的结构。

3. Y3150E 型滚齿机

Y3150E 型滚齿机主要用于加工直齿和斜齿圆柱齿轮。此外，使用蜗轮滚刀时，还可以手动径向进给滚切蜗轮，也可用于加工花键轴及链轮等工件。

（1）主要组成部件

Y3150E 型滚齿机的外形如图 2 - 57 所示，机床由床身 1、前立柱 2、刀架溜板 3、滚刀架 5、后立柱 8 和工作台 9 等主要部件组成。前立柱 2 固定在床身上。刀架溜板 3 带动滚刀架 5 可沿前立柱导轨做垂直进给运动或快速移动。滚刀安装在刀杆 4 上，由滚刀架 5 的主轴带动做旋转主运动。滚刀架 5 可沿刀架溜板 3 的圆形导轨在 0° ~ 240° 内转动，以调整滚刀的安装角度。工件安装在工作台 9 的工件芯轴 7 上或直接安装在工作台 9 上，随工作台一起做旋转运动。工作台 9 和后立柱 8 安装在同一溜板上，可沿床身的水平导轨移动，以调整工件的径向位置或做手动径向进给运动。后立柱 8 上的支架 6 可通过轴套或顶尖支承工件芯轴的上端，以提高芯轴的刚度，使滚切过程更平稳。

（2）传动系统图

Y3150E 型滚齿机能加工直齿、斜齿、圆柱齿轮和蜗轮等，因此，其传动系统应具备下列传动链：主运动传动链、展成运动传动链、垂直进给运动传动链、附加运动传动链、径向进给运动传动链和切向进给运动传动链。其中，前 4 种传动链是所有滚齿机都具备的，后两

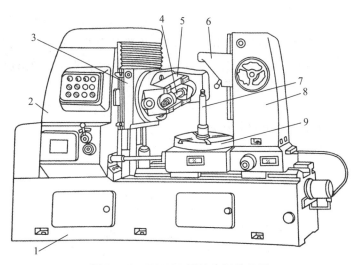

图 2-57 Y3150E 型滚齿机的外形

1—床身；2—前立柱；3—刀架溜板；4—刀杆；5—滚刀架；6—支架；
7—工件芯轴；8—后立柱；9—工作台

种传动链只有部分滚齿机具备。此外，大部分滚齿机还具备刀架快速空行程传动链，由快速电动机直接带动刀架溜板做快速运动。

图 2-58 所示为 Y3150E 型滚齿机的传动系统图。传动系统中有主运动、展成运动、轴向进给运动和附加运动 4 条传动链，另外还有一条刀架快速移动（空行程）传动链。

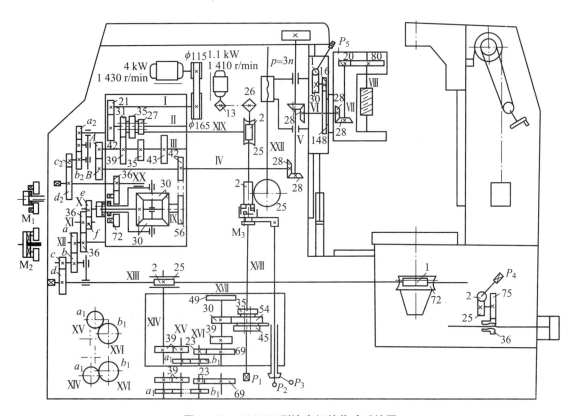

图 2-58 Y3150E 型滚齿机的传动系统图

Y3150E 型滚齿机的传动系统比较复杂。在进行机床的运动分析时，应根据机床的传动原理图，从传动系统图中找出各条传动链的两端件及其对应的传动路线和相应的换置机构；根据传动链两端件间的计算位移，列出运动平衡式，再由运动平衡式导出换置公式。

（3）加工直齿圆柱齿轮的调整计算

1）主运动传动链。主运动传动链是联系电动机和滚刀主轴之间的传动链，由它决定形成渐开线（母线）的速度，是外联系传动链。

①两端件为：电动机—滚刀主轴。

②传动路线为：

$$
电动机\begin{pmatrix} 4\ kW \\ 1\ 430\ r/min \end{pmatrix} - \frac{\phi115}{\phi165} - I - \frac{21}{42} - II - \begin{bmatrix} \frac{31}{39} \\ \frac{35}{35} \\ \frac{27}{43} \end{bmatrix} - III - \frac{A}{B} - IV - \frac{28}{28} - V - \frac{28}{28} -
$$

$$
VI - \frac{28}{28} - VII - \frac{20}{80} - VIII\begin{pmatrix} 滚动 \\ 主轴 \end{pmatrix}
$$

③计算位移：电动机 $n_电$（1 430 r/min）—滚刀主轴 $n_刀$（r/min）。

④运动平衡式为：

$$
1\ 430 \times \frac{115}{165} \times \frac{21}{42} \times u_{II-III} \times \frac{A}{B} \times \frac{28}{28} \times \frac{28}{28} \times \frac{28}{28} \times \frac{20}{80} = n_刀
$$

⑤导出置换公式。由上式化简可得换置机构传动比 u_v 的计算公式为：

$$
u_v = u_{II-III} \times \frac{A}{B} = \frac{n_刀}{124.583}
$$

式中　$n_刀$——滚刀主轴转速，按合理切削速度及滚刀外径计算；

　　　u_{II-III}——轴 II – III 间的 3 种传动比；

　　　$\dfrac{A}{B}$——主运动变速挂轮比，共有 3 种，即 $\dfrac{A}{B} = \dfrac{22}{44}$，$\dfrac{33}{33}$ 和 $\dfrac{44}{22}$。

当滚刀转速 $n_刀$ 给定后，就可算出 u_v 的值，并由此确定变速中滑移齿轮的啮合位置和挂轮的齿数。反之，变速箱中滑移齿轮的啮合位置和挂轮的齿数确定后，就可算出滚刀的转速 $n_刀$。滚刀共有 9 级转速，见表 2 – 14。

表 2 – 14　滚刀主轴转速

A/B	22/44			33/33			44/22		
u_{II-III}	27/43	31/39	35/35	27/43	31/39	35/35	27/43	31/39	35/35
$n_刀/$ (r · min^{-1})	40	50	63	80	100	125	160	200	250

2）展成运动传动链。展成运动传动链是联系滚刀主轴和工作台之间的传动链，由它决定齿廓的形状（渐开线），是内联系传动链。

①两端件为：滚动主轴—工件。

②传动路线为：

$$\text{Ⅷ（滚动主轴）}-\frac{20}{80}-\text{Ⅶ}-\frac{28}{28}-\text{Ⅵ}-\frac{28}{28}-\text{Ⅴ}-\frac{28}{28}-\text{Ⅳ}-\frac{42}{56}-$$

$$\text{Ⅸ}-\text{合成机构}-\text{Ⅹ}-\frac{e}{f}-\text{Ⅻ}-\frac{ac}{bd}-\text{ⅩⅢ}-\frac{1}{72}-\text{工作台（工件）}$$

③计算位移：1 周—$\frac{k}{z}$ 周。当滚刀头数为 k，工件齿数为 z 时，滚刀转一周，工件（即工作台）相对于滚刀转 k/z 周。

④运动平衡式为：

$$1_刀\times\frac{80}{20}\times\frac{28}{28}\times\frac{28}{28}\times\frac{28}{28}\times\frac{42}{58}\times u_合\times\frac{e}{f}\times\frac{a}{b}\times\frac{c}{d}\times\frac{1}{72}=\frac{k}{z}$$

滚切直齿圆柱齿轮时，运动合成机构用离合器 M_1 连接，此时合成机构的传动比 $u_合=1$。

⑤导出置换公式。化简上式可得分度挂轮（换置机构）传动比 u_x 的计算公式为：

$$u_x=\frac{a}{b}\times\frac{c}{d}=\frac{f}{e}\times\frac{24k}{z}$$

式中，$\frac{e}{f}$ 挂轮称为结构性挂轮，用于工件齿数 z 在较大范围内变化时调整 u_x 的数值，保证其分子、分母相差倍数不会过大，从而使挂轮架结构紧凑。根据 $\frac{k}{z}$ 值而选定，它有如下 3 种选择：

当 $5\leqslant\frac{z}{k}\leqslant 20$ 时，取 $\frac{e}{f}=\frac{48}{24}$；

当 $21\leqslant\frac{z}{k}\leqslant 142$ 时，取 $\frac{e}{f}=\frac{36}{36}$；

当 $\frac{z}{k}\geqslant 143$ 时，取 $\frac{e}{f}=\frac{24}{48}$。

3）轴向进给运动传动链。轴向进给运动传动链是联系工作台与刀架间的传动链。该传动链只影响形成齿线的快慢而不影响齿线的轨迹，它是一条外联系传动链。

①两端件为：工作台（工件转动）—刀架（滚刀移动）。

②传动路线为：

$$\text{工作台}-\frac{72}{1}-\text{ⅩⅢ}-\frac{2}{25}-\text{ⅩⅣ}-\frac{39}{39}-\text{ⅩⅤ}-\frac{a_1}{b_1}-\text{ⅩⅥ}-\frac{23}{69}-\text{ⅩⅦ}-\begin{bmatrix}\dfrac{49}{35}\\[2mm]\dfrac{30}{54}\\[2mm]\dfrac{39}{45}\end{bmatrix}-$$

$$\text{ⅩⅧ}-M_3-\frac{2}{25}-\text{ⅩⅩⅢ}$$

③计算位移：1 周—f（单位为 mm），即工作台每转一周时，刀架进给 f。

④运动平衡式为：

$$1_{\text{工件}} \times \frac{72}{1} \times \frac{2}{25} \times \frac{39}{39} \times \frac{a_1}{b_1} \times \frac{23}{69} \times u_{\text{XVII-XVIII}} \times \frac{2}{25} \times 3\pi = f$$

⑤导出置换公式。将上式化简可得出换置机构（进给箱）传动比 u_f 的计算公式为：

$$u_f = \frac{a_1}{b_1} \times u_{\text{进}} = \frac{f}{0.460\,8\pi}$$

式中　f——轴向进给量，mm/r，根据工件材料、加工精度及表面粗糙度等条件选定；

$u_{\text{XVII-XVIII}}$——进给箱中轴 XVII-XVIII 间的 3 种传动比，分别为 $\frac{30}{54}$，$\frac{39}{45}$ 和 $\frac{49}{35}$。

当轴向进给量 f 确定后，可从表 2-15 中查出进给挂轮的齿数和进给箱中滑移齿轮的啮合位置。

表 2-15　轴向进给量及挂轮齿数

a_1/b_1	26/52			32/46			46/32			52/26		
$u_{\text{XVII-XVIII}}$	30/54	39/45	49/35	30/54	39/45	49/35	30/54	39/45	49/35	30/54	39/45	49/35
$f/(\text{mm}\cdot\text{r}^{-1})$	0.40	0.63	1.00	0.56	0.87	1.41	1.16	1.80	2.90	1.60	2.50	4.00

（4）加工斜齿圆柱齿轮的调整计算

1）主运动传动链。主运动传动链的调整计算与加工直齿圆柱齿轮时相同。

2）展成运动传动链。展成运动传动路线以及两端件的计算位移都和加工直齿圆柱齿轮时相同。但此时，运动合成机构的作用不同，在 X 轴上安装套筒 G 和离合器 M_2，其在展成运动传动链中的传动比 $u_{\text{合}_1} = -1$，因而带入运动平衡式后，得出换置计算公式为：

$$u_x = \frac{a}{b} \times \frac{c}{d} = -\frac{f}{e} \times \frac{24k}{z}$$

式中"$-$"说明展成运动链中轴 X 与轴 IX 的转动方向相反，而在加工直齿圆柱齿轮时，是要求两轴的转向相同（换置公式中符合应为"$+$"）。因此，在调整展成运动挂轮 u_x 时，必须按机床说明书规定配加惰轮，以消除"$-$"的影响。

3）轴向进给运动传动链。加工斜齿圆柱齿轮时，轴向进给运动传动链及其调整计算和加工直齿圆柱齿轮相同。

4）附加运动传动链。附加运动传动链是联系刀架直线移动（即轴向进给）和工作台附加旋转运动之间的传动链。其作用是保证刀架下移工件螺旋线一个导程 S 时，工件在展成运动的基础上必须再附加（多转或少转）转动一周。

①两端件为：刀架—工作台（工件）。

②传动路线为：

$$\text{XXIII} - \frac{25}{2} - M_3 - \text{VXIII} - \frac{2}{25} - \text{XXI} - \frac{a_2c_2}{b_2d_2} - \text{XX} - \frac{36}{72} - M_2 - \text{合成机构} - \text{X} -$$

$$\frac{e}{f} - \text{XII} - \frac{ac}{bd} - \text{XIII} - \frac{1}{72} - \text{工作台（工件）}$$

③计算位移：S（单位为 mm）—± 1 周。刀架轴向移动一个螺旋导程 S 时，工件应附加转过 ± 1 周。

④列出运动平衡式。将计算位移带入传动路线表达式，得到该传动链的运动平衡式为：

$$\frac{S}{3\pi} \times \frac{25}{2} \times \frac{2}{25} \times \frac{a_2}{b_2} \times \frac{c_2}{d_2} \times \frac{36}{72} \times u_{合2} \times \frac{e}{f} \times \frac{a}{b} \times \frac{c}{d} \times \frac{1}{72} = \pm 1$$

式中　$\dfrac{a}{b} \times \dfrac{c}{d}$——展成运动挂轮传动比，$\dfrac{a}{b} \times \dfrac{c}{d} = -\dfrac{f}{e} \times \dfrac{24k}{z}$；

$u_{合2}$——合成机构在附加运动链中的传动比，$u_{合2} = 2$；

S——被加工齿轮螺旋线的导程，$S = \dfrac{\pi m_n z}{\sin\beta}$；

m_n——被加工齿轮法向模数，mm；

β——被加工齿轮的螺旋角，（°）；

k——滚刀头数。

⑤导出置换公式。整理上式后得：

$$u_y = \frac{a_2}{b_2} \times \frac{c_2}{d_2} = \pm \frac{9\sin\beta}{m_n k}$$

式中的"±"表明工件附加运动的旋转方向，它决定于工件的螺旋方向和刀架进给运动的方向。在计算挂轮齿数时，"±"值不予考虑，但在安装附加运动挂轮时，应按机床说明书规定配置惰轮。

附加运动传动链是形成螺旋线齿形的内联系传动链，其传动比数值的精确度影响着工件齿轮的齿向精度，所以挂轮传动比应配算准确。但是，附加运动挂轮计算公式中包含有无理数 $\sin\beta$，所以往往无法配算得非常准确。实际选配的附加运动挂轮传动比与理论计算的传动比之间的误差，对于 IT8 级精度的斜齿圆柱齿轮，要准确到小数点后第 4 位数字；对于 IT7 级精度的斜齿圆柱齿轮，要准确到小数点后第 5 位数字，才能保证不超过精度标准中规定的齿向允差。

在 Y3150E 型滚齿机上，展成运动、轴向进给运动和附加运动 3 条传动链的调整，共用一套模数为 2 mm 的配换轮，其齿数为 20（两个）、23、24、25、26、30、32、33、34、35、37、40、41、43、45、46、47、48、50、52、53、55、57、58、59、60（两个）、61、62、65、67、70、71、73、75、79、80、83、85、89、90、92、95、97、98、100 共 47 个。

（5）同步带轮、链轮和蜗轮的加工

Y3150E 型滚齿机加工同步带轮和链轮时的传动路线与加工直齿圆柱齿轮的传动路线类似，所不同的是滚刀的齿形。蜗轮的加工，其主传动链线和展成运动的传动路线与加工直齿圆柱齿轮的传动路线类似，进给运动要根据机床的结构和加工要求而定，若机床上有切向进给机构，则可采用切向进给的方法滚切蜗轮；若机床上没有切向进给机构，则要断开直齿圆柱齿轮轴向进给传动链中的离合器 M_3，采用手动径向进给的方法滚切蜗轮。另外，加工蜗轮也要采用专门的蜗轮滚刀。

2.5.5　其他类型齿轮加工机床

这里主要介绍插齿机和磨齿机。

1. 插齿机

插齿机是使用插齿刀按展成法加工内、外直齿和斜齿圆柱齿轮以及其他齿形件的齿轮加工机床，如图 2 - 59 所示。插齿机尤其适用于加工在滚齿机上不能加工的内齿轮和多联齿轮，加工精度可达 IT5 ~ IT7 级，最大加工工件直径达 12 m，但是插齿机无法加工蜗轮。

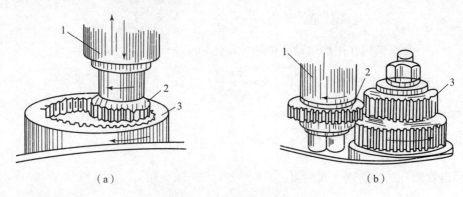

（a）   （b）

图 2 - 59　内外齿轮的插齿

（a）内齿轮插齿；（b）外齿轮插齿

1—插齿刀主轴；2—插齿刀；3—工件

　　插齿机加工原理类似一对圆柱齿轮相啮合，其中一个是工件，另一个是齿轮形刀具（插齿刀），它的模数和压力角与被加工齿轮相同。可见，插齿机同样是按展成法来加工圆柱齿轮的。

　　图 2 - 60 所示为插齿原理及加工时所需的成形运动。其中插齿刀旋转运动 B_{11} 和工件旋转运动 B_{12} 组成复合的成形运动——展成运动。这个运动用以形成渐开线齿廓。插齿刀上下往复运动 A_2 是一个简单的成形运动，用以形成轮齿齿面的导线——直线（加工直齿圆柱齿轮时），这是切削主运动。当需要插削斜齿齿轮时，插齿刀主轴是在一个专用的螺旋导轮上移动，这样，在上下往复运动时，由于导轮的导向作用，插齿刀还有一个附加转动。

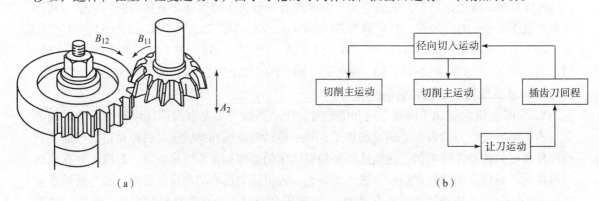

（a）   （b）

图 2 - 60　插齿原理及加工时所需的成形运动

（a）插齿原理；（b）加工时所需的成形运动

　　插齿开始时，插齿刀和工件以展成运动的相对运动关系做对滚运动（即插齿刀以 B_{11}、工件以 B_{12} 的相对运动关系转动），与此同时，插齿刀又相对于工件做径向切入运动，直到全齿深时，停止切入。这时插齿刀和工件继续对滚，当工件再转过一周后，全部轮齿就切削出来。然后插齿刀与工件分开，机床停机。因此，插齿机除了两个成形运动外，还需要一个切向切入运动。此外，插齿刀在往复运动的回程时不切削，为了减少切削刃的磨损，机床上还需要有让刀运动，使刀具在回程时径向退离工件，切削时再复原。

2. 磨齿机

磨齿机多用于对淬硬的齿轮进行齿廓的精加工。齿轮精度可达 IT6 级或更高。一般先由滚齿机或插齿机切出轮齿后再磨齿；有的磨齿机也可直接在齿轮坯件上磨出轮齿，但只限于模数较小的齿轮。

按齿廓的形成方法，磨齿机通常分为成形砂轮法磨齿和展成法磨齿两大类。成形法磨齿机应用较少，大多数类型的磨齿机均以展成法来加工齿轮。

（1）成形法的磨齿原理及运动

成形法磨齿机的砂轮截面形状可修整成与工件轮齿的齿廓形状相同，如图 2-61 所示。因此这种磨齿机的工作精度是相当高的。但是，这种磨齿机通常用来磨削大模数齿轮。

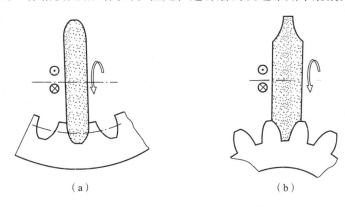

（a）　　　　　　　　　（b）

图 2-61　成形法磨齿机的工作原理

（a）磨削内齿轮；（b）磨削外齿轮

磨削内啮合齿轮用的砂轮截面形状见图 2-61（a），磨削外啮合齿轮用的砂轮截面形状见图 2-61（b）。磨齿时，砂轮高速旋转并沿工件轴线往复运动。一个齿磨完后，分度一次，再磨第二个齿。砂轮对工件的切入进给运动，由安装工件的工作台径向进给运动实现，机床的运动比较简单。

（2）展成法的磨齿原理及运动

用展成法原理工作的磨齿机，根据工作方法不同，可分为连续磨削和单齿分度两大类，如图 2-62 所示。

1）连续磨削。用连续磨削展成法工作的磨齿机利用蜗杆形砂轮来磨削齿轮轮齿，称为蜗杆砂轮型磨齿机。它的工作原理及加工过程与滚齿机类似，见图 2-62（a）。蜗杆砂轮相当于滚刀，加工时砂轮与工件做展成运动 B_{11} 和 B_{12}，磨出渐开线；磨削直齿圆柱齿轮的轴向齿线一般由工件沿其轴向做直线往复运动 A_2 而得。由于这种磨齿机砂轮转速很高，因而砂轮与工件间的展成传动链各传动件的转速也很高，如采用机械方式传动，则要求传动元件必须有很高的精度，因此，目前常采用两个同步电动机分别传动砂轮和工件，不但简化了传动链，也提高了传动精度。因为这种机床连续磨削，所以在各类磨齿机中它的生产效率最高。其缺点是砂轮修整成蜗杆较困难，且不易得到很高的精度。

2）单齿分度。这类磨齿机根据砂轮的形状又可分为锥形砂轮型［见图 2-62（b）］和碟形砂轮型两种［见图 2-62（b）、（c）］。它们的基本工作原理相同，都是利用齿条和齿轮的啮合原理来磨削齿轮的。用砂轮代替齿条的一个齿［见图 2 – 62（b）］或两个齿面［见图 2 – 62（c）］，因此砂轮的磨削面是直线。在加工时，被切齿轮在假想中的齿条上滚动，每往复滚动一次，完成一个或两个齿面的磨削，因此需要经过多次分度及加工，才能完成全部轮齿齿面的加工。

碟形砂轮型磨齿机是用两个碟形砂轮来代替齿条上的两个齿侧面，见图 2 – 62（c）。锥形砂轮型磨齿机是用锥形砂轮的侧面代替齿条一个齿的齿侧来磨削齿轮，见图 2 – 62（b）。事实上，砂轮较齿条的一个齿略窄，一个方向滚动时，磨削一个齿面；另一个方向滚动时，齿轮略做水平窜动以磨削另一齿面。

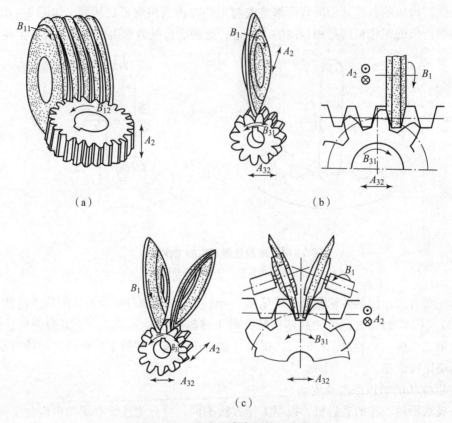

（a）

（b）

（c）

图 2 – 62　展成法磨齿机的工作原理

（a）蜗杆砂轮型磨齿；（b）锥形砂轮型磨齿；（c）碟形砂轮型磨齿

思　考　题

1. 机床按加工性质和所用的刀具可分为哪几类？

2. 写出下列机床型号中每个符号的意义：

1）M1432B；2）CA6140；3）XK5040；4）Y7132A。

3. 什么是简单运动？什么是复合运动？二者的本质区别是什么？试举例说明。

4. 传动系统图如图 2 – 63 所示，试计算：

1）车刀的运动速度（mm/mim）；

2）主轴转 1 周（mm/r）时，车刀移动的距离。

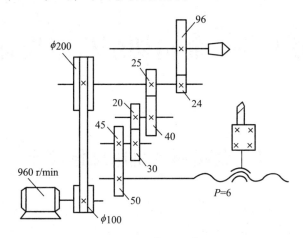

图 2-63　传动系统图

5. CA6140 型卧式车床有几条传动链？试指出各条传动链的首端件和末端件。

6. CA6140 型卧式车床的主运动、车螺纹运动、纵向进给运动、横向进给运动、快速运动等传动链中，哪条传动链的两端件之间具有严格的传动比？哪条传动链是外联系传动链？

7. 磨削加工的特点是什么？

8. 万能外圆磨床主要由哪几部分组成？各有何作用？

9. 磨削外圆和平面时，工件和砂轮需做哪些运动？

10. 磨外圆时工件的装夹方法有哪几种？

11. 常用的外圆磨削方法有哪几种？

12. 平面磨削常用的方法有哪几种？各有何特点？应如何选用？

13. 展成法与成形法加工圆柱齿轮各有何特点？

14. 在滚齿机上加工直齿和斜齿圆柱齿轮时，分别需要调整哪几条传动链？画出传动链原理图，并说明各传动链的两端件及计算位移。

15. 在 Y3150E 型滚齿机上粗切一直齿轮，$m=2$，$z=30$，材料为 45 钢，$\beta=0°$。选用单头右旋滚刀，$D_{刀}=55$ mm。试计算速度交换齿轮 A/B 和分齿交换齿轮 $\dfrac{a}{b}\times\dfrac{c}{d}$。

第 3 章　金属切削机床设计

3.1　金属切削机床总体设计

机床设计是一种创造性的劳动，它是机床设计师根据市场的需求、现有的制造条件和新工艺的发展，运用有关的科学技术知识进行的。机床设计的发展历程经历了以下 3 个阶段：经验类比阶段、以实验为基础围绕机床性能开展研究的阶段和计算机辅助设计阶段。

20 世纪 60 年代中期以来，现代科学技术的成就，为机床设计提供了大量的测试数据，理论研究也有了新的进展，尤其是计算机的应用，使机床设计开始进入计算机辅助设计（CAD）和优化阶段，可自动地对设计方案进行分析比较，从而选出最佳方案，也可对主要零部件进行强度、刚度等校核及误差计算，从而提高了机床设计的质量和效率。

3.1.1　机床设计应满足的基本要求

1. 工艺范围

机床是用来完成工件表面加工的，应该具备完成一定工艺范围（包括加工方法、工件类型、加工表面形状、尺寸等）的加工功能，因此，也可以把工艺范围称为机床的加工功能。根据机床的工艺范围，可将机床设计成为通用机床、专门化机床和专用机床 3 种不同类型。

通用机床可用于加工多种零件的不同工序，其工艺范围较宽，通用性较好，但结构复杂，如卧式车床、万能升降台铣床、摇臂钻床等，这类机床主要适用于单件小批量生产；专门化机床则用于加工某一类或几类零件的某一道或几道工序，其工艺范围较窄，如曲轴车床、凸轮轴车床等；专用机床的工艺范围最窄，通常只能完成某一特定零件的特定工序，如汽车、拖拉机制造企业中大量使用各种组合机床，这类机床适用于大批大量生产。专用机床工艺范围最窄，相应的功能也最少。而通用机床工艺范围较宽，功能较强，特别是多品种小批量生产需求的增加，要求扩大机床的功能。

机床的功能主要根据被加工对象的批量来选择。大批量生产的专用机床的功能设置较少，只要能满足特定的工艺范围就行，以获得提高生产率、缩短机床制造周期及降低机床成本的效果。单件小批量生产用的通用机床则应扩大机床的功能。数控机床是一种能进行自动化加工的通用机床，由于数字控制的优越性，常使其工艺范围比普通机床更宽，更适用于机械制造业多品种小批量生产的要求。加工中心机床由于具有刀库和自动换刀装置等，一次装夹能进行多面多工序加工，不仅工艺范围宽，而且有利于提高加工效率和加工精度。

2. 精度和精度保持性

要保证被加工工件达到要求的精度和表面粗糙度，并能在机床长期使用中保持这些要求，机床本身必须具备的精度称为机床精度。机床精度分为机床本身的精度，如几何精度、运动精度、传动精度、定位精度和工作精度，以及精度保持性等几个方面。机床精度是反映机床零部件加工和装配误差大小的重要技术指标。

（1）几何精度

几何精度是指机床在空载条件下，不运动（机床主轴不转或工作台不移动等情况下）和运动速度较低时各主要部件的形状、相互位置和相互运动的精确程度，如导轨的直线度、主轴径向跳动及轴向窜动、主轴中心线滑台移动方向的平行度或垂直度等。几何精度直接影响加工工件的精度，是评价机床质量的基本指标。它主要取决于结构设计、制造和装配质量。

（2）运动精度

运动精度是指机床空载并以工作速度运行时主要零部件的几何位置精度。它包括回转主轴回转精度（如主轴轴心漂移）和直线运动的不均匀性（如运动速度周期性波动）等。对高速精密机床，运动精度是评价机床质量的一个重要指标。运动精度与传动链的设计、制造和装配质量等因素有关。

（3）传动精度

传动精度是指机床内联系传动链各末端执行件之间相对运动的准确性、协调性和均匀性。如对于精密丝杠车床主轴和刀架之间的传动链以及滚齿机刀具主轴和工件主轴之间的传动链，要求传动链两端执行件保持严格的传动比。影响传动精度的主要因素是传动系统的设计、传动元件的制造和装配精度。

（4）定位精度

定位精度是指机床的定位部件运动到达规定位置的精度，即实际位置与要求位置之间误差的大小。定位精度直接影响被加工工件的尺寸精度和形位精度。机床构件和进给系统的精度、刚度以及其动态特性，机床测量系统的精度都将影响机床定位精度。

（5）工作精度

加工规定的试件，用试件的加工精度表示机床的工作精度。工作精度是各种因素综合影响的结果，不仅能综合反映上述各项精度，而且还反映机床的刚度、抗振性和热稳定性，以及刀具、工件的刚度和热变形等特性。

（6）精度保持性

精度保持性是指机床在规定的工作期间内保持其原始精度的能力，一般由机床某些关键零件，如主轴、导轨、丝杠等的首次大修期所决定，对于中型机床首次大修期应保证在 8 年以上。影响精度保持性的主要因素是磨损。为了提高机床的精度保持性，要特别注意关键零件的选材和热处理，尽量提高其耐磨性，同时还要采用合理的润滑和防护措施。

机床按精度可分为普通精度机床、精密机床和高精度机床。以上 3 种等级的机床均有相应的精度标准，其允差若以普通级为 1，则大致比例为 1∶0.4∶0.25。

3. 刚度

刚度是指机床系统抵抗变形的能力。作用在机床上的载荷有重力、夹紧力、切削力、传动力、摩擦力、冲击振动干扰力等。按照载荷的性质不同可分为静载荷和动载荷，静载荷如重力、切削力的静态部分，随时间变化的动载荷如冲击振动力以及切削力的交变部分等，因此机床的刚度相应地分为静刚度和动刚度，后者是抗振性的一部分。习惯上所说的刚度一般是指静刚度。

机床是由许多构件组合成的，在载荷作用下各构件及结合部都要产生变形，这些变形直接或间接地引起刀具和工件之间的相对位移，这个位移的大小代表机床的整体刚度。因此，机床整机刚度不能用某个零部件的刚度评价，而是指整台机床在静载荷作用下，各构件及结合面抵抗变形的综合能力。显然，刀具和工件间的相对位移影响加工精度，同时静刚度对机床抗振性、生产率等均有影响。因此，在机床设计中对如何提高其刚度是十分重要的。国内外对结构刚度和接触刚度做了大量的研究工作，机床的接触刚度不仅与接触面的材料、几何尺寸、硬度有关，而且还与接触面的表面粗糙度、加工方法、相对运动方向、接触面间的介质、预紧力等因素有关。在设计中既要考虑提高各部件刚度，同时也要考虑结合部的刚度及各部件间刚度的匹配。各个部件对机床整机刚度的贡献大小是不同的，设计中应进行刚度的合理分配或优化。

4. 抗振性和切削稳定性

抗振性是机床在交变载荷作用下抵抗变形的能力。它包括两方面：抵抗受迫振动的能力和抵抗自激振动的能力。前者有时习惯上称为抗振性，后者常称为切削稳定性。

（1）受迫振动

受迫振动的振源可能来自机床内部，如高速回转零件的不平衡等，也可能来自机床之外。机床受迫振动的频率与振源激振力的频率相同，振幅与激振力大小及机床阻尼比有关。当激振频率与机床的固有频率接近时，机床将呈现"共振"现象，使振幅激增，加工表面的粗糙度也将大大增加。机床是由许多零部件组成的复杂振动系统，具有多个固有频率。在其中某一个固有频率下自由振动时，各点振幅的比值称为主振型。对应于最低固有频率的主振型称为一阶主振型，依次有二阶、三阶等主振型。机床的振动乃是各阶主振型的合成。一般只需要考虑对机床性能影响最大的几个低阶振型，如整机摇摆、一阶弯曲、扭转等振型，即可较准确地表示机床实际的振动。

（2）自激振动（颤振）

自激振动是发生在刀具和工件之间的一种相对振动，它在切削过程中出现，由切削过程和机床结构动态特性之间的相互作用而产生的，即由于内部具有某种反馈机制而产生的自激振动。其频率与机床系统固有频率相接近。自激振动一旦出现，它的振幅由小到大增加很快。在一般情况下，切削用量增加，切削力越大，自激振动就越剧烈；但切削过程停止，振动立即消失，故自激振动也称为切削稳定性。

（3）振动的影响因素

机床振动会降低加工精度、工件表面质量和刀具耐用度，影响生产率并加速机床的损坏，而且会产生噪声，使操作者疲劳等。故提高机床抗振性是机床设计中一个重要的课题。

影响机床振动的主要原因如下：

1）机床的刚度，如构件的材料选择、截面形状、尺寸、肋板分布、接触表面的预紧力、表面粗糙度、加工方法、几何尺寸等。

2）机床的阻尼特性。提高阻尼是减小振动的有效方法。机床结构的阻尼包括构件材料的内阻尼和部件结合部的阻尼。结合部的阻尼往往占总体的 70% ~ 90%，故在结构设计中正确处理结合部对抗振性的影响很大。结合部的摩擦阻尼又取决于接触面积、表面状态和预紧力等因素。

3）机床系统的固有频率。若激振频率远离固有频率，将不出现共振。在设计阶段应通过分析计算来预测所设计机床的各阶固有频率是很有必要的。

为了提高机床的抗振性能，应采取下列必要的措施：

1）提高机床主要零部件及整机的刚度，提高其固有频率，使其远离机床内部和外部振源的频率。

2）改善机床的阻尼性能，特别注意机床零件结合面之间的接触刚度和阻尼，对滚动轴承及滚动导轨进行适当的预紧。

3）改善旋转零部件的动平衡状况，减少不平衡激振力，这一点对高精度机床尤为重要。

5. 热变形

机床在工作时受到内部热源和外部热源的影响，使机床各部分温度发生变化。因不同材料的热膨胀系数不同，机床各部分的变形也不同，从而导致机床产生热变形。据统计，由于热变形而使加工工件产生误差最大可占全部误差的 70% 左右；特别是对于精密机床、大型机床以及自动化机床，热变形的影响是不容忽视的。

机床工作时，一方面产生热量，另一方面又要向周围发散热量，如果机床热源单位时间产生的热量一定，由于开始时机床的温度较低，与周围环境之间的温差小，散发出的热量少，机床温度升高较快。随着机床温度的升高，温差加大，散热增加，所以机床温度的升高将逐渐减慢。当达到某一温度时，单位时间内发热量等于散出的热量，即达到热平衡。达到稳定温度的时间一般称为热平衡时间。机床各部分的温度不可能相同，热源处最高，离热源越远则温度越低，这就形成了温度场。通常，温度场是用等温曲线来表示的。通过温度场可分析机床热源并了解热变形的影响。温度场的分布可通过实测和电模拟方法确定，近年来发展了模型试验法和有限元法来确定温度场和热变形。

在设计机床时应特别注意机床内部热源的影响，一般可采用下列措施减少热源的发热量：将热源置于易散热的位置；增加散热面积；强迫通风冷却；将热源的部分热量移至构件温升较低处以减少构件的温差，或是机床部件的热变形方向不影响加工精度处；也可设计机床预热、自动温度控制、温度补偿装置；采取隔热措施等。

6. 噪声

机床在工作中的振动还会产生噪声，这不仅是一种环境污染，而且能反映机床设计与制造的质量。随着现代机床切削速度的提高、功率的增大、自动化功能的增多，噪声污染问题越来越严重，因此降低噪声是机床设计者的重要任务之一。根据有关规定，普通机床和精密机床不能超过 85 dB，高精度机床不超过 75 dB，对于要求严格的机床，前者应压缩到 78 dB，后者应降低到 70 dB。除声压级以外，对噪声的品质也有严格要求，不能有尖叫声和冲击声。机床噪声源包括机械噪声、液压噪声、电磁噪声和空气动力噪声等不同成分，在机床设计中要提高传动质量，减少摩擦、振动和冲击，减少机械噪声。

7. 低速运动平稳性

机床上有些运动部件，需要做低速或微小位移。当运动部件低速运动时，主动部件匀速运动，被动件往往出现明显的速度不均匀的跳跃式运动，即时走时停或者时快时慢的现象，这种现象称为爬行。机床抵抗爬行的能力称为低速运动平稳性。

机床运动部件产生爬行，影响工件的加工精度和表面粗糙度。如精密机床和数控机床加工中的定位运动速度很低或位移极小，若产生爬行，则影响定位精度。在精密、自动化及大型机床上，爬行危害极大，是评价机床质量的一个重要指标。

爬行是个很复杂的现象，目前一般认为它是摩擦自激振动现象，产生这一现象的主要原因是摩擦面上摩擦系数的变化和传动机构的刚度不足。

8. 生产率和自动化程度

机床的生产率通常是指单位时间内机床所能加工的工件的数量，即：

$$Q = \frac{1}{t} = \frac{1}{t_1 + t_2 + \dfrac{t_3}{n}}$$

式中　　Q——机床生产率；

t——单个工件的平均加工时间；

t_1——单个工件的切削加工时间；

t_2——单个工件加工过程中的辅助时间；

t_3——加工一批工件的准备与结束工作时间：

n——一批工件的数量。

要提高机床的生产率可以采用先进刀具来提高切削速度。采用大切深、大进给、多刀、多件、多工位加工等可以缩短切削时间；采用空行程机动快速移动、自动工件夹紧、自动测量和快速换刀等可以缩短辅助时间。

机床自动化加工可以减少人对加工的干预，减少失误，保证加工质量；减轻劳动强度，改善劳动环境；减少辅助时间，有利于提高劳动生产率。机床的自动化可分为大批量生产自动化和单件小批量生产自动化。大批量生产自动化，通常采用自动化单机（如自动机床、组合机床或经过改造的通用机床）和由它们组成的自动生产线。对于单机小批量生产自动化，则必须采用数控机床等柔性自动化设备，在数控机床及加工中心的基础上，配上计算机控制的物料输送和装卸装备，可构成柔性制造单元和柔性制造系统。

9. 柔性

随着多品种小批量生产的发展，对机床的柔性要求越来越高。机床的柔性，是指其适应加工对象变化的能力，包括空间上的柔性和时间上的柔性。所谓空间上的柔性也就是功能柔性，指的是在同一个时期内，机床能够适应多品种小批量的加工，即机床的运动功能和刀具数目多，工艺范围广，一台机床具备几台机床的功能，因此在空间上布置一台高柔性机床，其作用等于布置了几台机床。所谓时间上的柔性也就是结构柔性，指的是在不同时期，机床各部件重新组合构成新的机床的功能，即通过机床重构，改变其功能，以适应产品更新变化的要求。又如，有的单件或极小批量 FMS 作业线上，经过识别装置对下一个待加工的工件进行识别，根据其加工要求，在作业线上就可自动进行机床功能重构，有些重构几秒钟内即可完成，这就要求机床的功能部件具有快速分离与组合的功能。

10. 成本和生产周期

成本概念贯穿在产品的整个生命周期内，包括设计、制造、包装、运输、使用维修和报废处理等的费用，是衡量产品市场竞争能力的重要指标，应在尽可能保证机床性能要求的前提下，提高其性能价格比。一般来说，机床成本的 80% 左右在设计阶段就已经确定，为了尽可能地降低机床的成本，机床设计工作应在满足用户要求的前提下，努力做到结构简单，工艺性好，方便制造、装配、检验与维护；机床产品结构要模块化，品种要系列化，尽量提高零部件的通用化和标准化水平。为了快速响应市场需求变化，生产周期（包括设计和制造）是衡量产品市场竞争力的重要指标，应尽可能缩短机床的生产周期。这就要求机床设计应尽可能采用现代设计方法，如 CAD、模块化设计等。

11. 可靠性

应保证机床在规定的使用条件下，在规定时间内，完成规定的加工功能，无故障运行的概率要高。

衡量可靠性的主要尺度有可靠度、平均故障间隔和故障率 3 种。

（1）可靠度

可靠度是指机床或零件在规定条件下、规定时间内，执行所规定的功能无故障运行的概率。用以时间 t 为随机变量的分布函数 $R(t)$ 表示，即：

$$R(t) = 1 - F(t) = 1 - \int_0^t f(t)\,\mathrm{d}t = \int_t^\infty f(t)\,\mathrm{d}t$$

式中　$F(t)$ ——不可靠度；

　　$f(t)$ ——故障概率密度分布函数。

（2）平均故障间隔

平均故障间隔是指发生故障但经修理能继续使用的机床，其相邻故障之间工作时间的平均值。

（3）故障率

故障率是指机床工作到某一时刻时，在连续的单位时间内发生故障的概率。可用发生故障的条件概率密度函数表示，其单位是单位时间内的百分数。

衡量机床的可靠性是在使用阶段，但决定机床的可靠性却主要是在设计和研制阶段，所以必须把提高可靠性的重点放在机床设计阶段。

12. 宜人性

宜人性是指为操作者提供舒适、安全、方便、省力的劳动条件的程度。机床设计要求布局合理、操作方便、造型美观、色彩悦目，符合人体工程学原理和工程美学原理，使操作者有舒适感、轻松感，以便减少疲劳，避免事故，提高劳动生产率。机床的操作不仅要求安全可靠、方便省力，还要有误动作防止、过载保护、极限位置保护、有关动作的连锁、切屑防护等安全措施，切实保护操作者和设备的安全。机床工作中要低噪声、低污染、无泄漏、清洁卫生、符合绿色工程要求。应该指出，在当前激烈的市场竞争中，机床的宜人性具有先声夺人的效果，在产品设计中应该给予高度重视。

13. 与物流系统的可亲性

可亲性就是指机床与物流系统之间进行物料（工件、刀具、切屑等）交接的方便程度。对于单机工作形式的普通机床，是由人进行物料交接的，要求机床使用、操作、清理、维护方便。对于自动化柔性制造系统，机床与物料系统（如输送线）是自动进行物料交接的，要求机床结构形式开放性好，物料交接方便。

机床总体设计是机床设计的关键环节，它对机床所能达到的技术性能和经济性能有着决定性的作用。

3.1.2 机床的设计步骤

机床设计大致包括总体设计、技术设计、零件设计及资料编写、样机试制和试验鉴定4个阶段。

1. 总体设计

（1）掌握机床的设计依据

根据设计要求，进行调查研究，检索有关资料。这些资料包括：技术信息、实验研究成果、新技术的应用成果等，类似机床的使用情况，要设计的机床的先进程度、国际水平等。另外，可通过市场调研、搜集资料，掌握机床设计的依据。

（2）工艺分析

将获得的资料进行工艺分析，拟订出几个加工方案，进行经济效果预测对比，从中找出性能优良、经济实用的工艺方案（加工方法、多刀多刃等），必要时画出加工示意图。

（3）总体布局

按照确定的工艺方案，进行机床总体布局，进而确定机床刀具和工件的相对运动，确定各部件的相互位置。其步骤是：分配机床运动，选择传动形式和机床的支承形式，安排操作位置，拟定提高动刚度的措施，造型设计与色彩选择；另外，应画出传动原理图、主要部件的结构草图、液压系统原理图、电气控制电路图、操纵控制系统原理图；还要画出机床联系尺寸图，图中应包括各部件的轮廓尺寸和各部件间的相互关系尺寸，以检查部件正确的空间位置及协调地运动。

总体设计阶段应采用可靠性设计原理，进行预防故障设计，即按下述六原则进行设计：

1）采用成熟的经验或经分析试验验证了的方案。

2）结构简单，零部件数量少。

3）多用标准化、通用化零部件。

4）重视维修性，便于检修、调整、拆换。

5）重视关键零件的可靠性和材料选择。

6）充分运用故障分析成果，及时反馈，尽早改进。利用概率设计，将所设计零件的失效概率限制在允许的很小范围内，以满足可靠性定量的要求。

（4）确定主要的技术参数

主要技术参数包括尺寸参数、运动参数和动力参数。尺寸参数主要是对机床加工性能影响较大的一些尺寸。运动参数是指机床主轴转速或主运动速度，以及移动部件的速度等。动力参数包括电动机的功率、伺服电动机的功率或转矩、步进电动机的转矩等。

2. 技术设计

根据已确定的主要技术参数设计机床的运动系统，画出传动系统图。设计时，可采用计算机辅助设计、可靠性设计以及优化设计，绘制部件装配图、电气系统接线图、液压系统和操纵控制系统装配图。修改完善机床联系尺寸图，绘制总装配图及部件装配图。

3. 零件设计及资料编写

绘制机床的全部零件图，并及时反馈信息，修改完善部件装配图和总图。整理编写零件明细表、设计说明书，制定机床的检验方法和标准、使用说明书等有关技术文件。

4. 样机试制和试验鉴定

零件设计完成后，应进行样机试制。设计人员应根据设计要求，采购标准件、通用件。在试制过程中，设计人员应跟踪试制全过程，特别要重视关键零件，及时指导修正其加工工艺，及时指导加工装配，确保样机制造质量。

样机试制后，进行空车试运转。随后进行工业性试验，即在额定载荷下进行试验工作，按规定使其工作一段时间后，检测其精度，并写出工业性试验报告。然后进行样机鉴定。根据工业性试验报告、鉴定意见改进完善设计，并进行批量生产。

3.1.3　机床的总体结构方案设计

根据已确定的运动功能分配进行机床的结构布局设计。

1. 分配机床的运动

机床运动的分配应掌握 4 个原则：

（1）将运动分配给质量小的零部件

运动件质量小，惯性小，需要的驱动力就小，传动机构体积小，一般来说，制造成本就低。例如铣削小型工件的铣床，铣刀只有旋转运动，工件的纵向、横向、垂直运动分别由工作台、床鞍、升降台实现；加工大型工件的龙门铣床，工件、工作台质量之和远大于铣削动力头的质量，铣床主轴有旋转运动和垂直、横向两个方向的移动，工作台带动工件只做纵向往复运动；大型镗铣中心，工件不动，全部进给运动都由镗铣床主轴箱完成。

（2）运动分配应有利于提高工件的加工精度

运动部件不同，其加工精度不同。如工件钻孔，钻头旋转并轴向进给，钻孔精度较低；深孔钻床上钻孔时，工件旋转，专用深孔钻头轴向进给移动，切削液从钻杆周围进入冷却钻头，并将切屑从空心钻杆中排出，这类深孔钻床加工的孔，其精度高于一般钻孔。

（3）运动分配应有利于提高运动部件的刚度

运动应分配给刚度高的部件，如小型外圆磨床，工件较短，工作台结构简单、刚度较高，纵向往复运动则由工作台完成；而大型外圆磨床，工件较长，工作台相对较窄，往复移动时，支承导轨的长度大于工件长度的两倍，刚度较差，而砂轮架移动距离短，结构刚度相对较高，故纵向进给由砂轮架完成。

（4）运动分配应视工件形状而定

不同形状的工件，需要的运动部件也不一样。如圆柱形工件的内孔常在车床上加工，工件旋转，刀具做纵向移动；箱形体的内孔则在镗床上镗孔，工件移动，刀具旋转。因此应根据工件形状确定运动部件。

2. 结构布局设计

结构布局形式有立式、卧式及斜置式等，其中基础支承件的形式又有底座式、立柱式、龙门式等；基础支承件的结构又有一体式和分离式等。因此，同一种运动分配又可以有多种结构布局形式，这样在运动分配设计阶段评价后，保留下来的运动分配方案的全部结构布局方案就有很多。因此，需要再次进行评价，去除不合理方案。该阶段评价的依据主要是定性分析机床的刚度、占地面积、与物流系统的可接近性等因素，该阶段设计结果得到的是机床总体结构布局形态图。

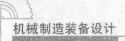
影响机床总体布局的基本因素包括以下几点：

（1）表面成形方法

不同形状的加工表面往往采用不同的刀具、不同的表面成形方法和不同的表面成形运动来完成，因而导致机床总体布局上的差异。即使是相同形状的加工表面亦可采用不同的刀具、不同的表面成形运动和不同的加工方法来实现，从而形成不同的机床布局，例如齿轮的加工可用锐削、拉削、插齿和滚齿等方法。

（2）机床运动的分配

工件表面成形方法和运动相同，而机床运动分配不同，机床布局也不相同。图3-1所示为数控镗铣床布局，其中图3-1（a）所示为立式布局，适用于对工件的顶面进行加工；如果要对工件的多个侧面进行加工，则应采用卧式布局，使工件在一次装夹后，完成多侧面的铣、镗、钻、铰、攻螺纹等加工，如图3-1（b）、（c）所示。

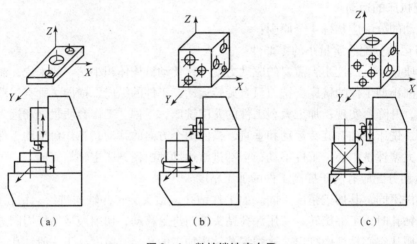

图3-1 数控镗铣床布局
（a）立式布局；（b），（c）卧式布局

在分配运动时，必须注意使运动部件的质量尽量小，使机床有良好的刚度，有利于保证加工精度，并使机床占地面积小。

（3）工件的尺寸、质量和形状

工件的表面成形运动与机床部件的运动分配基本相同，但是工件的尺寸、质量和形状不同，也会使机床布局不尽相同。图3-2所示为车削不同尺寸和质量的盘类工件时机床的不同布局。

（4）工件的技术要求

工件的技术要求包括加工表面的尺寸精度、几何精度和表面粗糙度等。技术要求高的工件，在进行机床总体布局设计时，应保证机床具有足够的精度和刚度，小的振动和热变形等。对于某些有内联系要求的机床，缩短传动链可以提高其传动精度；采用框架式结构可以提高机床刚度；高速车床采用分离式传动可以减小振动和热变形。

（5）生产规模和生产率

生产规模和生产率的要求不同，也必定会对机床布局提出不同的要求，如考虑主轴数目、刀架型式、自动化程度、排屑和装卸等问题，从而导致机床布局的变化。以车床上车削

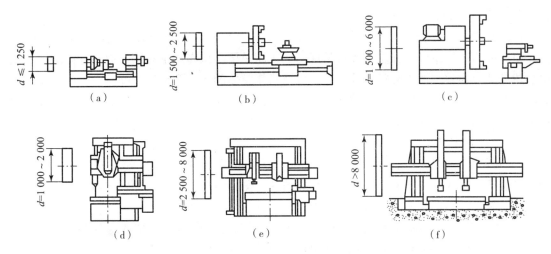

图 3 - 2 工件尺寸对车床总体布局的影响

(a) 卧式车床；(b) 端面车床（有床身）；(c) 端面车床（无床身）；
(d) 单柱立式车床；(e) 双柱立式车床；(f) 龙门移动式立式车床

盘类零件为例，单件小批加工时，可采用卧式车床；中批生产时，可采用转塔车床；大批量生产时，就要考虑安放自动上下料装置，采用多主轴、多刀架同时加工，其控制系统可实现半自动或全自动循环等措施，同时还应考虑排屑方便。

（6）其他

机床总体布局还必须充分考虑人的因素，机床部件的相对位置安排、操纵部位和安装工件部位应便于观察和操作，并和人体基本尺寸及四肢活动范围相适应，以减轻操作者的劳动强度，保障操作者的身心健康。

其他如机床外形美观，调整、维修、吊运方便等问题，在总体布局设计时，也应综合全面地进行考虑。

3. 机床运动功能的描述

（1）坐标系

机床坐标系一般采用直角坐标系，沿 X、Y、Z 轴的直线运动分别用 X、Y、Z 来表示，绕 X 轴的回转运动用 A 表示，绕 Y 轴的回转运动用 B 表示，绕 Z 轴的回转运动用 C 表示。

（2）机床运动功能式

运动功能式表示机床的运动个数、形式、功能及排列顺序。左边写工件，用 W 表示；右边写刀具，用 T 表示；中间写运动，按运动顺序排列，用"/"分开。

例如，车床的运动功能式为 W/c_p，Z_f，X_f/T；三轴铣床的运动功能式为 W/c_p，Y_f，Z_f/T。

（3）运动功能分配设计

机床运动功能式描述了刀具与工件之间的相对运动，但基础支承设在何处尚未确定，即相对于大地来说，哪些运动式由刀具一侧来完成，哪些运动式由工件一侧来完成还不清楚。运动功能分配设计是确定运动功能式中接地的位置，用符号"."表示。符号左侧的运动由工件完成，形成的功能式即称为运动分配式。

4. 机床总体结构的概略形状与尺寸设计

该阶段主要进行功能（运动或支承）部件的概略形状和尺寸设计，设计的主要依据包括：机床总体结构布局设计阶段评价后保留的机床总体结构布局形态图、驱动与传动设计结果、机床动力参数及加工空间尺寸参数，以及机床整体的刚度及精度分配。设计中在兼顾成本的同时，应尽可能选择商品化的功能部件，以提高性能、缩短制造周期。其设计过程大致如下：

1）首先确定末端执行件的概略形状和尺寸。

2）设计末端执行件与其相邻的下一个功能部件的结合部的形式、概略尺寸。若为运动导轨结合部，则执行件一侧相当滑台，相邻部件一侧相当滑座，考虑导轨结合部的刚度及导向精度，选择并确定导轨的类型和尺寸。

3）根据导轨结合部的设计结果和该运动的行程尺寸，同时考虑部件的刚度要求，确定下一个功能部件（即滑台侧）的概略形状与尺寸。

4）重复上述过程，直到基础支承件（底座、立柱、床身等）设计完毕。

5）若要进行机床结构模块设计，则可将功能部件细分为子部件，根据制造厂的产品规划，进行模块提取与设置。

6）初步进行造型与色彩设计。

上述设计完成后，得到的设计结果是机床总体结构方案图，然后对所得到的各个总体结构方案进行综合评价比较，评价的主要因素有：性能预测、制造成本、制造周期、生产率、与物流系统的接近性、外观造型。

7）机床总体结构方案的设计修改与确定。根据综合评价，选择一两种较好的方案，进行方案的设计修改、完善或优化，确定方案。

3.1.4 机床主要参数的设计

机床的主要技术参数用来表示机床本身的工作能力。例如，对于加工类的专机，它主要表示被加工工件的直径、长度，以及所需电动机的功率等。主要技术参数包括主参数与尺寸参数、运动参数和动力参数。

1. 主参数与尺寸参数

机床的主参数是最为重要的，是代表机床规格大小的一种参数。主参数必须满足以下要求：

1）直接反映出机床的加工能力和特性。

2）能决定其他基本参数值的大小。

3）作为机床设计和用户选用机床的主要依据。

对于通用机床，主参数通常都以机床的最大加工尺寸来表示。对各种类型机床，GB/T 15375—2008 标准统一规定了主参数的内容。摇臂钻床的主参数（最大钻孔直径/mm）为：25、40、63、80、100、125；卧式车床以床身上被加工工件的最大回转直径作为主参数；齿轮加工机床是最大工件直径；外圆磨床和无心磨床是最大磨削直径；龙门刨床、龙门铣床、升降台铣床和矩形工作台的平面磨床是工作台的工作面宽度；卧式铣镗床是主轴直径；立式钻床和摇臂钻床是最大钻孔直径；牛头刨床和插床是最大刨削和插削长度（以上单位均为 mm）；也有的机床不用尺寸作为主参数，如拉床的主参数是额定拉力等。专用机床的主参数，一般以与通用机床相对应的主参数表示。

第二主参数是为了更完整地表示机床的工作能力和加工范围，在主参数后面标出另一参数值，称为第二主参数。如最大工件长度、最大跨度和最大加工模数等，车床的第二主参数是最大工件长度，铣床和龙门刨床是工作台的工作面长度，摇臂钻床是最大跨距等。

尺寸参数包括与工件，工、夹、量具，机床结构有关的参数。与工件主要的有关参数，如摇臂钻床还要确定主轴下端面到底座间的最大和最小距离，其中包括摇臂的升降距离和主轴的最大伸出量等；龙门铣床还应确定横梁的最高和最低位置等。与工、夹、量具有关的参数，如卧式车床的主轴锥孔。与机床结构有关的参数，如床身宽度等。

2. 运动参数

运动参数指机床的主运动和进给运动的执行件的运动速度，如主轴、工作台、刀架等执行件的运动速度。

（1）主运动参数

对于主运动是回转运动的机床，它的主运动参数是主轴转速。对于切削加工的机床而言，主运动参数要根据切削速度 v 来确定，即

$$n = \frac{1\ 000v}{\pi d}$$

式中　n——转速，r/min；

　　　v——切削速度，m/min；

　　　d——加工工件的直径，mm。

对于主运动是直线运动的机床，主运动参数是刀具或工件每分钟的往复次数（次/min）。

对于不同的机床，主运动参数有着不同的要求。例如，一些机床（包括组合机床）是为某一特定工序而设计的，每根主轴一般只有一个根据最有利的切削速度而确定的转速，故没有变速要求；又有些机床，其加工范围大些，工艺方法也多些，如在机床上要求钻孔、攻螺纹等，则要求主轴有多种转速，需要确定主轴的转速范围及最低、最高转速，或根据工艺要求确定主轴转速和级数等。

最低转速和最高转速的确定：应根据工艺要求，再与同类型机床相比较，同时考虑技术发展，然后经分析研究后确定最低转速和最高转速的值，两者之间的比值称为机床的转速范围 R_n，即

$$R_n = \frac{n_{max}}{n_{min}}$$

确定切削速度时，应考虑多种工艺的需要。切削速度与刀具材料、工件材料、进给量和背吃刀量都有关。其中主要是与刀具材料和工件材料有关。切削速度可通过切削试验、查切削用量手册或进行生产调查后得到。

若确定了 n_{min} 和 n_{max} 后，如果采用分级变速，则必须将转速分级。

若机床主轴变速共有 z 级，其中 $n_1 = n_{min}$，$n_z = n_{max}$，则各级转速分别为：

$$n_1,\ n_2,\ n_3,\ \cdots,\ n_j,\ n_{j+1},\ \cdots,\ n_z$$

当主轴转速数列按等比级数排列时，相邻转速的比值称为公比 φ，其关系为：

$$n_{j+1} = n_j \varphi$$

若数列中只有一个比值时，各级转速应为：

$$n_1 = n_{min}$$

$$n_2 = n_1 \varphi$$

$$n_3 = n_2 \varphi = n_1 \varphi^2$$

$$n_z = n_{z-1} \varphi = n_1 \varphi^{z-1} = n_{max}$$

转速范围为：

$$R_n = \frac{n_{max}}{n_{min}} = \frac{n_1 \varphi^{z-1}}{n_1} = \varphi^{z-1}$$

两边取对数可得：

$$z = 1 + \frac{\lg R_n}{\lg \varphi}$$

当主轴转速数列采用等比级数排列时，在设计中，选择齿轮的传动比、齿数就较为简单方便。因此，在运动系统中主轴转速基本上都采用等比级数排列，而其他数列排列（如对数级数、等差级数等）在实际应用中则很少采用。

当主轴转速按等比级数排列时，由于各级转速难以恰好与最佳转速相配，故必然会造成转速的损失，影响生产率等。当主轴转速根据工艺要求选定时，这时转速数列呈无规律变化的排列，即无公比存在，转速无损失为最佳值。等比级数同样适用于直线往复主运动的双行程数列中。

（2）进给运动参数

机床进给量的变换可以采用无级变速和有级变速两种方法。采用有级变速方法，进给运动的运动参数（如直线运动的移动速度、回转运动的转速等）的数列也同样存在着等比级数排列、等差级数排列、无规律变化的排列 3 种。进给量一般都采用等比数列。但对于各种螺纹加工的机床，如卧式车床、螺纹车床，因被加工螺纹的导程是分段成等差级数，因此，进给量也必须分段成等差级数排列。对于刨床和插床，若采用棘轮结构，由于受结构限制，进给量也设计成等差数列。

3. 动力参数

动力参数包括电动机的功率、液压缸的牵引力、液压马达或步进电动机的额定转矩等。各传动件的参数（如轴或丝杠的直径，齿轮、蜗轮的模数等）都是根据动力参数设计计算的。如果动力参数定得过大，将使机床过于笨重，浪费材料和电力；如果定得过小，又将影响机床使用性能，达不到设计要求；而且电动机经常工作在过载状态，容易烧毁电动机，损坏电气元件。

机器的种类繁多，实际工作情况又很复杂，因此，目前难以用一种精确的计算方法来确定机器的电动机功率，目前，一般通过调查类比法、试验法和计算法加以确定。

1）调查类比法。对国内外同类型、同规格机床的动力参数进行统计分析，对用户使用或加工情况进行调查分析，作为选定动力参数的依据。

2）试验法。利用现有的同类型、同规格机床进行若干典型的切削加工试验，测定有关电动机及动力源的输入功率，作为确定新产品动力参数的依据，这是一种简便、可靠的方法。

3）计算法。对动力参数可进行估算或近似计算。专用机床由于工况单一，通过计算可得到比较可靠的结果。通用机床工况复杂，切削用量变化范围大，计算结果只能作为参考。

（1）主电动机功率的估算

在主传动结构尚未确定之前，主电动机功率可按下式估算：

$$P_{\mathrm{E}} = \frac{P_{\mathrm{m}}}{\eta_{\mathrm{m}}}$$

式中　P_{E}——主电动机功率，kW；

　　　P_{m}——切削功率，kW；

　　　η_{m}——主传动系统结构传动效率的估算值。

对于通用机床，$\eta_{\mathrm{m}} = 0.70 \sim 0.85$，结构简单、速度较低时，取大值；反之取小值。切削功率 P_{m} 应通过工艺分析来确定。

（2）主电动机功率的近似计算

在主传动系统的结构确定之后，可进行主电动机功率的近似计算：

$$P_{\mathrm{E}} = P_0 + \frac{P_{\mathrm{m}}}{\eta}$$

式中　P_0——主传动系统的空载功率，kW；

　　　η——主传动系统的机械效率，等于各传动副机械效率的乘积，即 $\eta = \eta_1 \eta_2 \eta_3 \cdots$。

空载功率 P_0 是指消耗于机床空转时的功率损失，其主要影响因素是各传动件空转时的摩擦、搅油、空气阻力等，与传动件的预紧状态及装配质量有关。中型机床可用下列实验公式进行计算：

$$P_0 = k \left(3.5 d_{\mathrm{a}} \sum n_i + n c d_{\mathrm{m}} \right) \times 10^6$$

式中　d_{m}——主轴前后轴颈的平均直径，mm；

　　　n——主轴转速，r/min（应取切削功率 P_{m} 计算条件下的主轴转速，如果求 $P_{0\max}$，则取主轴最高转速 $n_{\max}$）；

　　　d_{a}——主传动系统中除主轴外所有传动轴的轴颈的平均直径，mm；

　　　$\sum n_i$——当主轴转速为 n 时，除主轴外所有运转的传动轴转速之和，r/min；

　　　c——轴承系数，滚动滑动两支承主轴 $c = 8.5$，滚动三支承主轴 $c = 10$；

　　　k——润滑油黏度影响系数，30 号机油 $k = 1.0$，20 号机油 $k = 0.9$，10 号机油 $k = 0.75$。

（3）进给运动电动机功率的确定

确定进给运动电动机功率时，可按下述 3 种情况考虑。

1）进给运动与主运动共用电动机。进给运动所需功率远小于主运动，如卧式车床、六角车床仅占 3% ~ 4%，钻床占 4% ~ 5%，铣床占 10% ~ 15%。

2）进给运动与快速移动共用电动机。因快速移动所需功率远大于进给运动，且二者不同时工作，可只考虑快速移动所需功率或转矩，如数控机床伺服进给电动机。

3）进给运动采用单独电动机。因所需功率很小，可根据主电动机功率估算进给电动机的功率。也可按下式计算：

$$P_f = \frac{Q v_f}{6\,000 \eta_f}$$

式中　P_f——进给电动机的功率，kW；

Q——进给牵引力，N；

v_f——进给速度，m/min；

η_f——进给传动系统的机械效率。

进给牵引力等于进给方向上切削分力和摩擦力之和，进给牵引力的估算公式见表 3 - 1。

表 3 - 1 进给牵引力的估算公式

进给形式 导轨形式	水平进给	垂直进给
三角形或三角形与矩形组合导轨	$KF_Z + f'(F_X + G)$	$K(F_Z + G) + f'F_X$
矩形导轨	$KF_Z + f'(F_X + F_Y + G)$	$K(F_Z + G) + f'(F_X + F_Y)$
燕尾形导轨	$KF_Z + f'(F_X + 2F_Y + G)$	$K(F_Z + G) + f'(F_X + 2F_Y)$
钻床主轴		$\approx F_f + f\dfrac{2T}{d}$

表 3 - 1 中，G 为移动件的重力，N。F_Z，F_Y，F_X 为切削力 3 个方向的分力，N；其中 F_Z 为进给方向的分力，F_X 为垂直导轨面的分力，F_Y 为横向力。F_f 为钻削进给抗力。f' 为当量摩擦因数，在正常润滑条件下，铸铁对铸铁三角形导轨的 $f' = 0.17 \sim 0.18$，矩形导轨的 $f' = 0.12 \sim 0.13$，燕尾形导轨的 $f' = 0.2$；铸铁对塑料的 $f' = 0.03 \sim 0.05$；滚动导轨的 $f' = 0.01$。f 为钻床主轴套筒上的摩擦因数。K 为考虑颠覆力矩影响的系数，三角形和矩形导轨的 $K = 0.1 \sim 1.15$，燕尾形导轨的 $K = 1.4$。d 为主轴直径，mm。T 为主轴转矩，N·mm。

（4）快速移动电动机功率和转矩的确定

快速移动电动机启动时所需功率和转矩最大，要同时克服移动部件的惯性力和摩擦力，即：

$$P_k = P_1 + P_2$$

式中 P_k——快速移动电动机功率，kW；

P_1——克服惯性力所需功率，kW；

P_2——克服摩擦力所需功率，kW，可参考进给运动计算。

$$P_1 = \frac{M_1 n}{9\,500\eta}$$

式中 M_1——系统折算到电动机轴上的转矩，N·m；

n——电动机转速，r/min；

η——传动系统的机械效率。

$$M_1 = \frac{J\omega}{t} = \frac{J\pi n}{30t}$$

式中 J——折算到电动机轴上的当量转动惯量（包括电动机转子的转动惯量），kg·m²；

ω——电动机的角速度，rad/s；

t——电动机的启动时间，s（中型普通机床，$t = 0.5$ s；大型普通机床，$t = 1.0$ s；数控机床，可取伺服电动机机械时间常数的 3 ~ 4 倍）。

其中，J 按下式计算：

$$J = \sum_k J_k \left(\frac{\omega_k}{\omega}\right)^2 + \sum_i m_i \left(\frac{v_i}{\omega}\right)^2$$

式中　ω_k——各旋转体的角速度，rad/s；

　　　J_k——各旋转体的转动惯量，kg·m²；

　　　v_i——各直线移动件的速度，m/s；

　　　m_i——各直线移动件的质量，kg。

应该指出，P_1 仅在启动过程中存在，当电动机正常运行时则消失。交流异步电动机的启动转矩约为额定转矩的 1.6~1.8 倍；此外，快速移动的时间一般很短，而电动机工作中允许短时间过载，输出转矩可为额定转矩的 1.8~2.2 倍。为了减小快移电动机的功率，一般不按功率 P_k 选择电动机，而是根据启动转矩来选择，即：

$$M_q > \frac{9\,500 P_k}{\eta}$$

式中　M_q——交流电动机的启动转矩，N·m。

3.2　主传动系统设计

3.2.1　主传动系统的功用与组成

实现机床主运动的传动（动力源—执行件）称为主传动，机床主传动属于外联系传动链，它对机床的使用性能、结构和制造成本都有明显的影响。因此，在设计机床的过程中必须给予足够的重视。

1. 主传动系统的功用

1）将一定的动力由动力源传递给执行件（如主轴、工作台）。

2）保证执行件具有一定的转速（或速度）和足够的变速范围。

3）能够方便地实现运动的启停、变速、换向和制动等。

2. 主传动系统的组成

目前，多数通用机床及专门化机床的主传动是有变速要求的回转运动，主传动系统由从动力源到机床工作执行件几部分组成。

（1）动力源

动力源即为电动机或液压马达。

（2）定比传动机构

定比传动机构是指具有固定传动比的传动机构，用来实现升速、降速或运动换接，一般采用齿轮传动、带传动及链传动等，有时也可采用联轴节直接传动。

（3）变速装置

变速装置是指用于实现主轴各级转速的变换，机床中的变速装置有齿轮变速机构、机械无级变速机构以及液压无级变速装置等。

（4）主轴组件

主轴组件是指机床的主轴组件是执行件，它由主轴、主轴支承和安装在主轴上的传动件等组成。

（5）启停装置

启停装置是指用来控制机床的主运动执行件的启动和停止，通常可直接启停电动机或者采用离合器来接通、断开主轴和动力源间的传动联系。

（6）制动装置

制动装置是指用于实现主轴的制动，通常可直接制动电动机或者采用机械的、液压的、电气的制动方式。

（7）换向装置

换向装置是指用于改变主轴的转向，通常可直接使电动机换向或者采用机械换向装置。

（8）操纵机构

机床主运动的启停、变速、换向及制动等都需要通过操纵机构来实现。

（9）润滑和密封装置

为了保证主传动的正常工作和使用寿命，必须具有良好的润滑和可靠的密封。

（10）箱体

各种机构和传动件的支承等都装在箱体中，以保证其相互位置的准确性，封闭式箱体不仅能保护传动机构免受尘土、切屑等侵入，而且还可减小这些机构发出的噪声。

3.2.2 主传动系统的设计要求

主传动系统是机床的主要组成部分之一，它与机床的经济指标有着密切的联系。因此，对机床主传动系统的设计必须给以充分重视。

1）机床的主轴需有足够的变速范围和转速级数（对于主传动为直线往复运动的机床，则为直线运动的每分钟往复行程数范围及其变速级数），以便满足实际使用的要求。

2）主电动机和传动机构能供给和传递足够的功率和扭矩，并具有较高的传动效率。

3）执行件（如主轴组件）须有足够的精度、刚度、抗振性和小于许可限度的热变形和温升。

4）噪声应在允许的范围内。

5）操纵要轻便灵活、迅速、安全可靠，并须便于调整和维修。

6）结构简单，润滑与密封良好，便于加工和装配，成本低。

机床主传动系统的设计内容和程序包括：确定主传动的运动参数和动力参数，选择传动方案，进行运动设计、动力设计和结构设计。

3.2.3 主传动系统方案的选择

机床主传动的运动参数和动力参数确定之后，即可选择传动方案，其主要内容包括：选择传动布局，选择变速、启停、制动及换向方式。应根据机床的使用要求和结构性能综合考虑，通过调查研究，参考同类型的机床，初拟出几个可行方案的主传动系统示意图，以备分

析讨论。传动方案对主传动的运动设计、动力设计及结构设计有着重要的影响。

1. 传动布局

对于有变速要求的主传动，其布局方式可分为集中传动式和分离传动式两种，应根据机床的用途、类型和规格等加以合理选择。

（1）集中传动式布局

把主轴组件和主传动的全部变速机构集中安装于同一个箱体内，称为集中传动式布局，一般将该部件称为主轴变速箱。

目前，多数机床（如 CA6140 型卧式车床、Z3040 型摇臂钻床、X62W 型铣床等）采用这种布局方式。其优点是结构紧凑，便于实现集中操纵；箱体数少，在机床上安装、调整方便。缺点是传动件的振动和发热会直接影响主轴的工作精度，降低加工质量。因此集中传动式布局一般适用于普通精度的中型和大型机床。

（2）分离传动式布局

把主轴组件和主传动的大部分变速机构分离安装于两个箱体内，两个部件分别称为主轴箱和变速箱，中间一般采用带传动，称为分离传动式布局。

某些高速或精密机床采用这种传动布局方式。其优点是：变速箱中产生的振动和热量不易传给主轴，从而减小了主轴的振动和热变形；当主轴箱采用背轮传动时，主轴通过带传动直接得到高转速，故运转平稳，加工表面质量提高。缺点是：箱体数多，加工、装配工作量较大，成本较高；位于传动链后面的带传动，低转速时传递转矩较大，容易打滑；更换传动带不方便等。因此，分离传动式布局适用于中小型高速或精密机床。

2. 变速方式

机床主传动的变速方式可分为无级变速和有级变速两种。

（1）无级变速

无级变速是指在一定速度（或转速）范围内能连续、任意地变速。其优点是：没有速度损失，生产率得到提高；可在运转中变速，减少辅助时间，操纵方便；传动平稳等，因此在机床上的应用有所增加。机床主传动采用的无级变速装置主要有以下几种。

1）机械无级变速器。机床上使用的机械无级变速器是靠摩擦来传递转矩的，多用钢球式、宽带式结构。但一般机构较复杂，维修较困难，效率低；因为摩擦所需要的正压力较大，使变速器工作可靠性及寿命受到影响；变速范围较窄（不超过 10），往往需要与有级变速箱串联使用。机械无级变速器多用于中小型机床中。

2）液压、电气无级变速装置。机床主传动所采用的液压马达、直流电动机调速，往往因恒功率变速范围较小、恒转矩变速范围较大，而不能完全满足主传动的使用要求，在主轴低转速时会出现功率不足的现象，一般也需要与有级变速箱串联使用。这种无级变速装置多用于精密、大型机床或数控机床。机床主传动采用交流变频调速电动机，今后将是发展的趋势。

（2）有级变速

有级变速是指在若干固定速度（或转速）级内不连续地变速。这是目前国内外普通机床上应用最广泛的一种变速方式。通常是由齿轮等变速元件成的变速箱来实现变速，传递功率大，变速范围大，传动比准确，工作可靠。但速度不能连续变化，有速度损失，传动不够平稳。主传动采用的有级变速装量有下述几种类型。

1）滑移齿轮变速机构。这是应用最普遍的一种变速机构，其优点是：变速范围大，得到的转速级数多；变速较方便，可传递较大的功率；非工作齿轮不啮合，空载功率损失较小。缺点是：变速箱结构较复杂；滑移齿轮多采用直齿圆柱齿轮，承载能力不如斜齿圆柱齿轮；传动不够平稳；不能在运转中变速。

滑移齿轮多采用双联和三联齿轮，结构简单、轴向尺寸小。个别也有采用四联滑移齿轮的，但轴向尺寸较大；为缩短轴向尺寸，可将四联齿轮分成两组双联齿轮。但两个滑移齿轮须互锁，机构较复杂。有的机床（如摇臂钻床）为了尽量缩短主轴变速箱的轴向尺寸，可全部采用双联齿轮。

滑移齿轮一般不采用斜齿圆柱齿轮，这是因为斜齿轮在滑进啮合位置的同时，还需要附加转动，因此变速操纵较困难。此外，斜齿轮在工作中产生轴间力，对操纵机构的定位及磨损等问题要有特殊考虑。

2）交换齿轮变速机构。采用交换齿轮（又称配换齿轮、挂轮）变速的优点是：结构简单，不需要操纵机构；轴向尺寸小，变速箱结构紧凑；主动齿轮与从动齿轮可以对调使用，齿轮数量少。缺点是：更换齿轮费时费力；装于悬臂轴端，刚性差；备换齿轮容易丢失等。因此，交换齿轮变速机构适用于不需要经常变速或者变速时间长对生产率影响不大，但要求结构简单紧凑的机床，如用于成批大量生产的某些自动或半自动机床、专门化机床等。

3）多速电动机。多速交流异步电动机本身能够变速，具有几个转速。机床上多用双速或三速电动机。这种变速装置的优点是：简化变速箱的机械结构；可在运转中变速，使用方便。缺点是：多速电动机在高、低速时的输出功率不同，设计中一般是按低速的小功率选定电动机，而使用高速时的大功率就不能完全发挥其能力；多速电动机的转速级数越多、转速越低，则体积越大，价格也越高；电气控制较复杂。

由于多速电动机的转速级数少，一般要与其他变速装置联合使用。随着电动机制造业的发展，多速电动机在机床上的应用也在逐渐增多，如自动或半自动车床、卧式车床和镗床等。

4）离合器变速机构。采用离合器变速机构，可在传动件（如齿轮）不脱开啮合位置的条件下进行变速，操纵方便省力；但传动件始终处于啮合状态，磨损、噪声较大，效率较低。主传动变速用离合器主要有以下几种。

①齿轮式离合器和牙嵌式离合器。当机床主轴上有斜齿轮（$\beta > 15°$）或人字齿轮时，就不能采用滑移齿轮变速；某些重型机床的传动齿轮又大又重，若采用滑移齿轮则拨动费力。这时都可采用齿轮式或牙嵌式离合器进行变速，如图 3 - 3 所示。其特点是：结构简单，外形尺寸小；传动比准确，工作中不打滑；能传递较大的转矩；但不能在运转中变速。另外，因制造、安装误差使实际回转中心并不重合，所产生的运动干扰引起了噪声增加。由于轮齿比端面牙容易加工，外齿半离合器脱开后还可兼做传动齿轮用，故齿轮式离合器在传动中应用较多，但在结构受限制时可采用牙嵌式离合器。

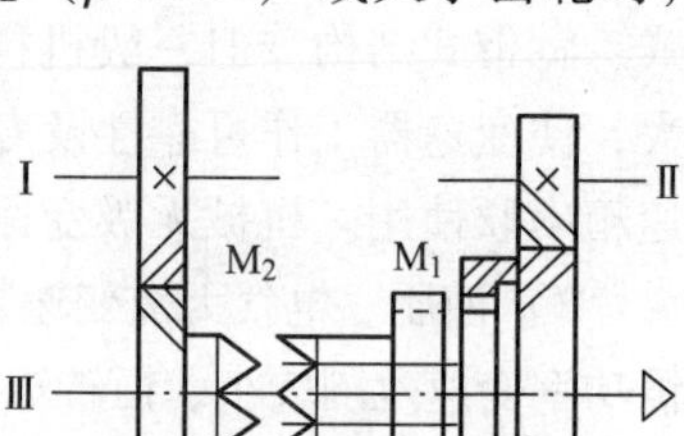

图 3 - 3 离合器

②片式摩擦离合器。这种离合器可实现在运转中变速，接合平稳，冲击小；但结构较复杂，摩擦片间存在相对滑动，发热较多，并能引起噪声。主传动多采用液压或电磁片式摩擦离合器。应注意不要把电磁离合器装在主轴上，以免因其发热、剩磁现象而影响主轴正常工

作。片式离合器多用于自动或半自动机床中。

变速用离合器在主传动链中的安放位置应注意两个问题：第一，尽量将离合器放在高速轴上，可减小传递的转矩，缩小离合器尺寸；第二，应避免超速现象。当变速机构接通一条传动路线时，在另一条传动路线上出现传动件（如齿轮、传动轴）高速空转的现象，称为"超速"现象，这是不能允许的，它将加剧传动件、离合器的磨损，增加空载功率损失，增加发热和噪声。如图 3－4（a）所示，Ⅰ轴为主动轴，转速为 n_1；Ⅱ轴为从动轴，转速为 n_2。当接通 M_1、脱开 M_2 时，小齿轮 Z_{24} 的转速等于 $\frac{80}{40} \times \frac{96}{24} n_1 = 8n_1$，与Ⅰ轴的转速差为 $8n_1 - n_1 = 7n_1$，则小齿轮 Z_{24} 出现超速现象。同理，图 3－4（b）中 Z_{24} 也出现超速现象，图 3－4（c）、图 3－4（d）则避免了超速。当两对齿轮的传动比相差悬殊时，特别要注意检查小齿轮是否产生超速现象（小齿轮装摩擦离合器外片时将出现超速现象）。

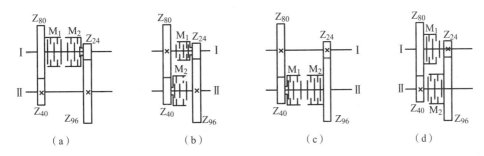

图 3－4　摩擦离合器变速机构的超速现象

根据机床的不同使用要求和结构特点，上述各种变速装置可单独使用，也可以组合使用。例如，CA6140 型卧式车床主传动主要采用滑移齿轮变速机构，也采用了齿轮式离合器变速机构。

3. 启停方式

控制主轴启动与停止的启停方式，可分为电动机启停和机械启停两种。

（1）电动机启停

这种启停方式的优点是操纵方便省力，可简化机床的机械结构。缺点是直接启动电动机冲击较大；频繁启动会造成电动机发热甚至烧损；若电动机功率大且经常启动时，因启动电流较大会影响车间电网的正常供电。电动机启停适用于功率较小或启动不频繁的机床，如铣床、磨床及中小型卧式车床等。若几个传动链共用一个电动机且又不要求同时启停时，不能采用这种启停方式。在国外机床上采用电动机启停（以及换向和制动）比较普遍，即使功率较大也有较多应用，随着国内电动机工业的发展，机床上采用电动机启停也逐渐增多。

（2）机械启停

在电动机不停止运转的情况下，可采用机械启停方式使主轴启动或停止。

1）启停装置的类型。锥式和片式摩擦离合器可用于高速运转的离合，离合过程平稳，冲击小，特别适用于精加工和薄壁工件加工（因夹紧力小，可避免启动冲击所造成的错位）；容易控制主轴回转到需要的位置上，以便于加工测量和调整，国内应用较为普遍；离合器还能兼起过载保护作用。但因尺寸受限制，摩擦片的转速不宜过低，传递转矩不能过大；但转速也不宜过高（通常 700 r/min ≤ n ≤ 1 000 r/min），否则因摩擦片的转动不平衡和相对滑动，会加剧发热和噪声。这种离合器应用较多，如卧式车床、摇臂钻床等的启停装置。

齿轮式和牙嵌式离合器仅能用于低速（$v \leqslant 10 \text{ m/min}$）运转的离合。其结构简单，尺寸较小，传动比准确，能传递较大的转矩；但在离合过程中，齿（牙）端有冲击和磨损。某些立式多轴半自动车床的主传动采用这种启停装置。

根据机床的使用要求和上述离合器的特点，有时将它们组合使用能够扬长避短。如卧式多轴自动车床采用锥式摩擦离合器和齿轮式离合器，先用摩擦离合器在运转中接合，然后再接通牙嵌式或齿轮式离合器（要注意解决顶齿现象），用于传递较大的转矩。

总之，在能够满足机床使用性能的前提下，应优先考虑采用电动机启停方式，对于启停频繁、电动机功率较大或有其他要求时，可采用机械启停方式。

2）启停装置的安放位置。将启停装置放置在高转速轴上，传递转矩小，结构紧凑；放置在传动链的前面，则停车后可使大部分传动件停转，减少空载功率损失。因此，在可能的条件下，启停装置应放置在传动链前面且转速较高的传动轴上。

4. 制动方式

有些机床的主运动不需要制动，如磨床、一般组合机床等，但多数机床需要制动，如卧式车床、摇臂钻床、镗床等。在装卸及测量工件、更换刀具和调整机床时，要求主轴尽快停止转动。由于传动件的惯性，主轴是逐渐减速而停止的。为了缩短空转滑行时间，对于频繁启动与停止、传动件惯量大且转速较高的主运动，必须能够制动（刹车）。另外，在机床发生故障或事故时，能够及时制动可避免更大的损失。

主传动的制动方式可分为电动机制动和机械制动两种。

（1）电动机制动

制动时，让电动机的转矩方向与其实际转向相反，使之减速而迅速停转，通常多采用反接制动、能耗制动等。电动机制动操纵方便省力，可简化机械结构，但在制动频繁的情况下，容易造成电动机发热甚至烧损。特别是常见的反接制动，其制动时间更短，制动电流大，且制动时的冲击力大。因此，反接制动适用于直接启停的中小功率电动机，制动不频繁、制动平稳性要求不高以及具有反转的主传动。

（2）机械制动

1）制动装置的类型。闸带式制动器如图 3-5 所示，其结构简单、轴向尺寸小、能以较小的操纵力产生较大的制动力矩，径向尺寸较大，制动时在制动轮上产生较大的径向单侧压

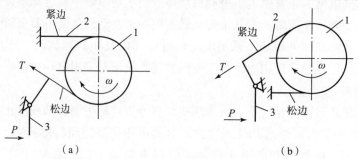

（a）　　　　　　　　　　　　　（b）

图 3-5　闸带式制动器

（a）松边为操纵端，紧边为固定端；（b）紧边为操纵端，松边为固定端

1—制动轮；2—制动带；3—操纵杠杆；P—操纵力；T—切向应力

力，对所在传动轴有不良影响，多用于中小型机床、惯量不大的主传动（如 CA6140 型卧式车床）。闸带式制动装置，操纵力通过操纵杠杆作用于闸带的松边，使操纵力小，且制动平稳，作用于紧边则力大且不平稳。

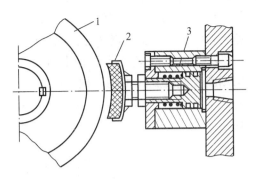

图 3 - 6　闸瓦式制动器
1—闸轮；2—闸瓦；3—油缸

闸瓦式制动器如图 3 - 6 所示，其单块闸瓦式制动器的结构简单，操纵方便，但制动时对制动轮有很大的径向单侧压力，所产生的制动力矩小，闸块磨损较快，故多用于中小型机床、惯量不大且制动要求不高的主传动中。为了避免产生单侧压力，可采用双块闸瓦式制动器，但其结构尺寸大，一般只能放在变速箱的外面。

片式摩擦制动器制动时对轴不产生径向单侧压力，制动灵活平稳，但结构较复杂，轴向尺寸较大，可用于各种机床的主传动（如 Z3040 型摇臂钻床、CW6162 型卧式车床等）。

综上所述，在能够满足机床使用性能的前提下，应优先考虑采用电动机制动方式，对于制动频繁、传动链较长、惯性较大的主传动，可采用机械制动方式。

2）制动器的安放位置。若要求电动机停转后制动，制动器可装于传动链中任何传动件上；若要求电动机不停转进行制动，则应由启停装置断开主轴与电动机的运动联系后再制动，其制动器只能装于被断开的传动链中的传动件上。

制动器放置在高转速传动件（如传动轴、带轮及齿轮）上，需要的制动力矩小，故结构紧凑。此外，放置在传动链的前面时，因制动器之后传动件的惯性作用和间隙影响，制动时的冲击力大。因此，为了结构紧凑、制动平稳，应将制动器放在接近主轴且转速变化范围较小、转速较高的传动件上。

5. 换向方式

有些机床的主运动不需要换向，如磨床、多刀半自动车床及一般组合机床等。但多数机床需要换向，例如卧式车床、钻床等在加工螺纹时，主轴正转用于切削，反转用于退刀；此外，卧式车床有时还用反转进行反装刀切断或切槽，以使切削平稳。又如，铣床为了能够使用左刃或右刃铣刀，主轴应有正、反两个方向的转动。由此可见，换向有两种不同目的：一种是正、反向都用于切削，工作过程中不需要变换转向（如铣床），则正反向的转速、转速级数及传递动力应相同；另一种是正转用于切削而反转主要用于空行程，并且在工作过程中需要经常变换转向（如卧式车床、钻床），为了提高生产率，反向应比正向的转速高、转速级数少、传递动力小。需要注意的是，反转的转速高，则噪声也随之增大，为了改善传动性能，可使其比正转转速略高（至多高一级）。

主传动的换向方式可分为电动机换向和机械换向两种。

（1）电动机换向

电动机换向的特点与电动机启停类似。但因交流异步电动机的正反转速相同，因此也可得到较高的反向转速。在满足机床使用性能的前提下，应优先考虑这种换向方式。不少卧式车床，为了简化结构而采用了电动机换向。

（2）机械换向

在电动机转向不变的情况下需要主轴换向时，可采用机械换向装置。

1）换向装置的类型。主传动多采用圆柱齿轮 - 多片摩擦离合器式换向装置，可用于高速运转中换向，换向较平稳，但结构较复杂。如图 3 - 7 所示，Z_2 使 Ⅱ 轴正向旋转，则经 Z_3、Z_0（或 Z_{01}、Z_{02}）、Z_4 使 Ⅱ 轴以高速反向转动。可见通过不同的齿轮传动路线换向，采用离合器控制（可用机械、电磁或液压方式操纵）。为了换向迅速而无冲击，减少换向的能量损失，换向装置应与制动装置联动，即换向过程中先经制动，然后再接通另一转向。

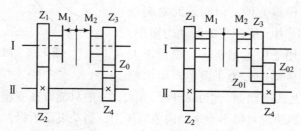

图 3 - 7　圆柱齿轮 - 多片摩擦离合器换向机构

2）换向装置的安放位置。换向装置的正向传动链应比反向传动链短，以便提高其传动效率。

将换向装置放在传动链前面，因转速较高，传递转矩小，故结构尺寸小。但传动链中需要换向的元件多，换向时的能量损失较大，直接影响机构寿命；此外因传动链中存在间隙，换向时冲击较大，传动链前面的传动轴容易扭坏。若将换向装置放在传动链后面，即靠近主轴时，能量损失小、换向平稳，但因转速低，结构尺寸加大。因此，对于传动件少、惯量小的传动链，换向装置宜放在传动链前面；对于平稳性要求较高的，换向装置宜放在传动链后面。但也应具体分析，若离合器兼起启停、换向两种作用（如 CA6140 型卧式车床）时，而且换向过程中又先经制动，能量损失和冲击均已减小，通过全面考虑将其放在前面还是适当的。

3.2.4　分级变速主传动系统的设计

1. 转速图

（1）转速图的概念及组成

对机床进行传动分析，仅有传动系统图还是不够的，因为它不能直观地表明主轴的每一级转速是如何传递的，也不能显示出各变速组之间的内在联系。因此，对于转速（或进给量）是等比数列的传动系统，还要采用一种特殊的线图——转速图。实践证明，转速图是分析和设计机床传动系统的重要工具。

转速图由一些相互平行和垂直的格线组成。其中，距离相等的一组竖线代表各轴，轴号写在上面。从左到右依次标注电、Ⅰ、Ⅱ、Ⅲ、Ⅳ等分别表示电动机轴、Ⅰ轴、Ⅱ轴、Ⅲ轴、Ⅳ轴。竖线间距离不代表各轴间的实际中心距。距离相等的一组水平线代表各级转速，与各竖线的交点代表各轴的转速。

图 3 - 8（a）所示为某机床主传动系统，其传动路线表达式为：

$$
主电动机\begin{pmatrix} 1\ 440\ \text{r/min} \\ 4\ \text{kW} \end{pmatrix} - \dfrac{\phi 126}{\phi 256} - \text{I} - \left.\begin{array}{c} \dfrac{36}{36} \\ \dfrac{30}{42} \\ \dfrac{24}{48} \end{array}\right\} - \text{II} - \left.\begin{array}{c} \dfrac{36}{36} \\ \\ \dfrac{22}{62} \end{array}\right\} - \text{III} - \left.\begin{array}{c} \dfrac{60}{30} \\ \\ \dfrac{18}{72} \end{array}\right\} - \text{IV（主轴）}
$$

电动机 – I 轴间为 V 带传动（定比传动）；I – II 轴间采用三联滑移齿轮变速（传动副数为 3），按照传动顺序为第一变速组；II – III 轴间采用双联滑移齿轮变速（传动副数为 2），按照传动顺序为第二变速组；III – IV 轴间也采用双联滑移齿轮变速，为第三变速组。通过这 3 个变速组可使主轴得到 12 级变速，即 $Z = 3 \times 2 \times 2$，公比 $\varphi = 1.41$，主轴转速为 $31.5 \sim 1\ 400\ \text{r/min}$。

图 3 – 8（b）所示为某机床的传动系统转速图，转速图由"三线一点"组成，即转速线、传动轴线、传动线、转速点。

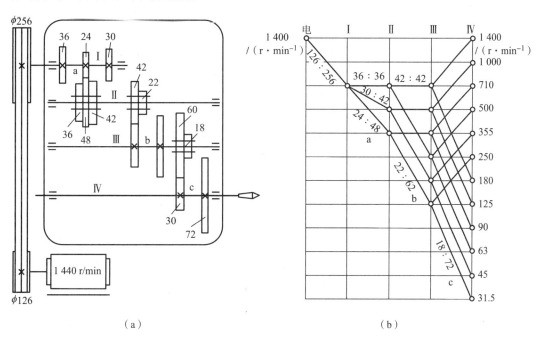

（a）　　　　　　　　　　　　　　　　　　（b）

图 3 – 8　某机床的主传动系统及转速图

（a）主传动系统；（b）转速图

1）转速线。由于主轴（IV轴）的转速数列是等比数列，所以转速线是间距相等的水平线，相邻转速线的间距为：

$$
\lg n_j - \lg n_{j-1} = \lg \varphi
$$

$$
\frac{n_j}{n_{j-1}} = \varphi
$$

2）传动轴线。距离相等的铅垂线，从左到右按传动的先后顺序排列，轴号写在上面。铅垂线之间距离相等是为了图示清楚，不表示传动轴间距离。

3）传动线。传动轴线间的转速点之间的连线称为传动线。

传动线有 3 个特点：

①传动线的倾斜程度反映传动比的大小。由图可见，传动线的倾斜方向和倾斜程度反映了传动比的大小。若传动线水平，则表示等速传动；若传动线向下方倾斜，则表示降速传动；若传动线向上方倾斜，则表示升速传动。

②两条传动轴线间相互平行的传动线表示同一个传动副的传动比。如第三变速组内，当Ⅲ轴转速为 710 r/min 时，通过升速传动副（60∶30）可使主轴得到 1 400 r/min 的转速，因Ⅲ轴共有 6 级转速，故通过该变速组可使主轴得到 6 级转速（250～1 400 r/min），所以上斜的 6 条平行传动线，都表示同一个升速传动比的传动副。

③由一个主动转速点引出的传动线数目表示该变速组中不同传动比的传动副数。如第一变速组，由Ⅰ轴的主动转速点（710 r/min）向Ⅱ轴引出 3 条传动线，表示该变速级有 3 对传动副。电－Ⅰ轴间只有一条传动线，则表示仅有一对传动副，为定比传动。

4）转速点。主轴和各传动轴的转速值，用小圆圈或黑点表示。

如图 3 – 8（b）中，Ⅳ轴（主轴）上的 12 个圆点，间距为一格，均落在水平格线上，表示主轴具有 12 级转速（31.5～1 400 r/min）。由于主轴的各级转速值已经标出，则其他各轴的转速就有了参照。例如，Ⅲ轴上的 6 个圆点，表示具有 6 级转速（125，180，…，710 r/min）。Ⅰ轴上的圆点，表示具有一个固定转速（710 r/min）。电动机轴上的圆点，也表示具有一个固定转速 $n_0 = 1\ 440$ r/min，因不能落在相应的水平格线上，可标于适当位置。转速图中的转速值是对数值。

转速图可表示传动轴的数目，主轴及各传动轴的转速级数、转速值及其传动路线，变速组的个数及传动顺序，各变速组的传动副数及其传动比数值、变速规律等。

（2）转速图的基本规律

为了合理拟定转速图，必须会分析转速图，并从中掌握其变速规律。

图 3 – 8 中，机床主轴的 12 级转速（$\varphi = 1.41$）是由 3 个变速传动组（简称变速组或传动组）串联起来的变速系统实现的。这是主传动变速系统的一种最基本型式，故称为基型变速系统，是以单速电动机驱动，由若干变速组串联起来的，使主轴得到的转速既不重复又排列均匀（指单一公比）的等比数列的变速系统。在此变速系统中，各个变速组有下列变速特性。

1）基本组的变速特性。图 3 – 8 中第一变速组有 3 对齿轮副，其传动比分别为：

$$i_{a1} = \frac{36}{36} = 1, i_{a2} = \frac{30}{42} \approx \frac{1}{\varphi}, i_{a3} = \frac{24}{48} \approx \frac{1}{\varphi^2}$$

通过相应的 3 条传动线，使Ⅱ轴得到 3 级转速：355 r/min、500 r/min 和 710 r/min。它们在转速图上均相差 1 格，同样是公比 φ 的等比数列。在其他变速组不改变传动比的条件下，该变速组可使主轴得到 3 级公比为 φ 的转速。可见，这个变速组是实现主轴等比转速数列基本的、必不可少的变速组，称为基本变速组，简称为基本组。

变速组中两大小相邻传动比的比值称为级比，用符号 ψ 来表示。级比一般写成 φ^X 形式，其中 X 为级比指数。

第一变速组的级比为 $\psi_a = \dfrac{i_{a1}}{i_{a2}} = \dfrac{i_{a2}}{i_{a3}} = \varphi$，因此基本组的级比 $\varphi^{X_0} = \varphi^1$，级比指数 $X_0 = 1$

基型变速系统必有一个基本组，级比指数 $X_0 = 1$。转速图上的基本组其相邻两条传动线拉开 1 格。

2）各级扩大组的变速特性。第一扩大组变速组的传动副数为 $P_1 = 2$，其传动比为：

$$i_{b1} = \frac{42}{42} = 1, i_{b2} = \frac{22}{62} \approx \frac{1}{\varphi^3}$$

该变速组的级比为 $\dfrac{i_{b1}}{i_{b2}} = \varphi^3$，级比指数为 3，即两条传动线拉开 3 格，使Ⅲ轴得到 6 级转速（125～710 r/min）。若后面的变速组不改变传动比，该变速组可使主轴的转速扩大到 6 级连续的等比数列（公比为 φ）。这说明在基本组的基础上，该变速组起到了第一次扩大变速的作用，称为第一扩大组，第一扩大组的级比指数用 X_1 表示，图 3-8 中 $X_1 = 3$。

由此可见，第一扩大组的级比指数 X_1 刚好等于基本组的传动副数 $P_0 = 3$，即 $X_1 = P_0$。X_1 的数值过小或过大，将会造成主轴转速重复或转速排列不均匀的现象。

第二扩大组变速组的传动副数为 $P_2 = 2$，其传动比为：

$$i_{c1} = \frac{60}{30} = 2 \approx \varphi^2, i_{c2} = \frac{18}{72} \approx \frac{1}{\varphi^4}$$

该变速组的级比为 $i_{c1} : i_{c2} = \varphi^2 : \dfrac{1}{\varphi^4} = \varphi^6$，级比指数为 6，即两条传动线拉开 6 格。通过这个变速组使主轴转速进一步扩大为 12 级连续的等比数列，它起到了第二次扩大变速的作用，称为第二扩大组。第二扩大组的级比指数用 X_2 表示，即 $X_2 = 6$，刚好等于基本组的传动副数和第一扩大组传动副数的乘积 $P_0 P_1$，即 $X_2 = P_0 P_1$。

如果变速系统还有第三扩大组、第四扩大组等，可依此推知各扩大组的变速特性。在转速图上寻找基本组和各扩大组时，可根据其变速特性，先找基本组，再依其扩大顺序找第一扩大组、第二扩大组等。

变速组的最大传动比 i_{max} 与最小传动比 i_{min} 的比值，称为该变速组的变速范围，即：

$$R = \frac{i_{max}}{i_{min}} = \varphi^{X_i(P_i-1)}$$

变速组变速范围 R 值中 φ 的指数，等于该变速组的级比指数 X_i 与其传动副数 P_i 减 1 的乘积；也就是该变速组中最高传动线与最低传动线所拉开的格数。基型变速系统中各变速组的变速范围见表 3-2。由表可见，最后扩大组的变速范围 R 为最大。

表 3-2　基型变速系统中各变速组的变速范围

项目　　组别	传动副	级比指数	级比	变速范围
基本组	P_0	$X_0 = 1$	$\psi_a = \varphi^1$	$R_a = \varphi^2$
第 1 扩大组	P_1	$X_1 = P_0 = 3$	$\psi_b = \varphi^3$	$R_b = \varphi^3$
第 2 扩大组	P_2	$X_2 = P_0 P_1 = 6$	$\psi_c = \varphi^6$	$R_c = \varphi^6$
$\vdots$	$\vdots$	$\vdots$	$\vdots$	$\vdots$
第 k 扩大组	P_k	$X_k = P_0 P_1 \cdots P_{k-1}$	$\psi_k = \varphi^{X_k}$	$R_k = \varphi^{X_k(P_k-1)}$
总变速范围	$R_n = R_0 R_1 R_2 \cdots R_j = \varphi^{Z-1}$, $Z = P_0 P_1 P_2 \cdots P_k$			

主轴的变速范围 R_n 等于各变速组的变速范围的乘积，即：

$$R_n = R_0 R_1 R_2 \cdots R_k$$

主轴的转速级数为：

$$Z = P_0 P_1 P_2 \cdots P_k$$

3）转速图的拟定原则。拟定转速图是设计传动系统的重要内容，它对整个机床设计质量，如结构的繁简、尺寸的大小、效率的高低、使用与维修方便性等均有较大的影响。因此，必须根据机床性能要求和经济合理的原则，在各种可能实现的方案中，选择较合理的方案。

转速图设计的步骤是：根据转速图的拟定原则，确定结构式，画出结构网，然后分配各传动组的最小传动比，拟定出转速图。设计中除应符合前述级比规律外，还应掌握以下设计要点。

①齿轮变速组中极限传动比、极限变速范围的原则。为防止传动比过小造成从动齿轮太大而增加变速箱的径向尺寸，一般限制最小传动比为 $i_{min} \geqslant 1/4$；为降低振动与噪声，减少冲击载荷和传动误差，需要限制升速传动比不能过大，直齿轮的最大传动比 $i_{max} \leqslant 2$，斜齿圆柱齿轮 $i_{max} \leqslant 2.5$。

②减少传动件结构尺寸的原则。传动件的传递扭矩 M 为：

$$M = 9\,550 \frac{P_d \eta}{n_j} \,(\text{N} \cdot \text{mm})$$

式中　P_d——主电动机的功率，kW；

　　　n_j——该传动件的计算转速，r/min；

　　　η——从主电动机到该传动件间的传动效率。

由上式可知，当传递功率一定时，提高传动件的转速，可降低其传递扭矩，减少结构件的结构尺寸，节约材料，使变速箱结构紧凑。为此，应遵循下列原则：

a. 变速组的传动副要"前多后少"。实现一定的主轴转速级数的传动系统，可由不同的变速组来实现。例如，主轴为 12 级转速的传动系统有以下几种可能的方案：ⓐ12 = 3 × 2 × 2；ⓑ12 = 2 × 3 × 2；ⓒ12 = 2 × 2 × 3；ⓓ12 = 4 × 3；ⓔ12 = 3 × 4；ⓕ12 = 6 × 2；ⓖ12 = 2 × 6。

首先应该确定，欲使主轴得到 12 级转速需要几个变速组，以及它们各需要几个传动副。由于机床的传动系统通常是采用双联或三联滑移齿轮进行变速，所以每个变速组的传动副数最好是 $P = 2$ 或 $P = 3$，这样可使总的传动副数量最少，如果采用方案ⓐ～ⓒ时，需要 3 + 2 + 2 = 7 对齿轮，4 根轴；采用方案ⓓ或ⓔ时，需要 3 + 4 = 7 对齿轮，3 根轴；采用方案ⓕ或ⓖ时，需要 6 + 2 = 8 对齿轮。若取 $P = 6$ 或 $P = 4$，不仅使变速箱的轴向尺寸增加，而且使操纵机构变得复杂。根据机床性能的要求，一般主轴的最低转速要比电动机的转速低得多，需进行降速才能满足主轴最低转速的要求，如果采用 $P = 2$ 或 $P = 3$，较之 $P = 4$ 或 $P = 6$，达到同样的变速级数，变速组的数量相应增加，这样，可利用变速组的传动副兼起降速作用，以减少专门用于降速的定比传动副。综上所述，主轴为 12 级的传动系统，应采用由 3 个变速组所组成的方案，即选用上述方案中的ⓐ～ⓒ。

由于主传动系统为减速传动，传动链前面（靠近电动机）的转速较高，而传动链后面（靠近主轴）的转速较低。因此，希望把传动副数较多的变速组安置在传动链的前面，把传动副数少的变速组安置在传动链的后面，这就是传动副"前多后少"的原则，即：

$$P_a \geqslant P_b \geqslant P_c \geqslant \cdots$$

式中　P_a，P_b，P_c……——第一、第二、第三变速组……的传动副数。

　　所以，ⓐ～ⓒ方案中应选取方案ⓐ12 = 3 × 2 × 2。

　　b. 变速组的传动线要"前密后疏"。如果变速组的扩大顺序与传动顺序一致，即按传动顺序依次为基本组、第一扩大组、第二扩大组……最后扩大组，可提高中间传动轴的转速，如图 3 - 9（a）所示；反之，若扩大顺序与传动顺序不一致，则中间传动轴的转速就会降低，如图 3 - 9（b）中 Ⅱ 轴的最低转速要比图 3 - 9（a）的低。

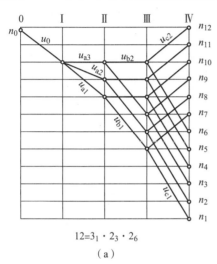
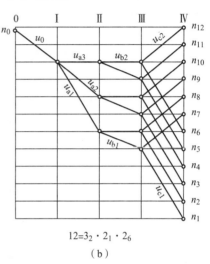

图 3 - 9　转速图比较

（a）扩大顺序与传动顺序一致；（b）扩大顺序与传动顺序不一致

　　扩大顺序与传动顺序一致时，在结构网与转速图上，前面变速组的传动线分布得紧密些，后面变速组的传动线分布得疏松些，故称为传动线"前密后疏"的原则。即：

$$X_a < X_b < X_c < \cdots$$

式中　X_a，X_b，X_c……——第一变速组、第二变速组、第三变速组……的级比指数。

　　c. 变速组降速要"前慢后快"。主传动变速系统通常是降速传动，希望传动链前面的变速组降速要慢些，后面的变速组降速可快些，即：

$$i_{a\min} \geqslant i_{b\min} \geqslant i_{c\min} \geqslant \cdots$$

式中　$i_{a\min}$，$i_{b\min}$，$i_{c\min}$……——第一变速组、第二变速组、第三变速组……的最小传动比。

　　③改善传动性能的注意事项。提高传动件的转速，可减小结构尺寸，但转速过高又会恶化传动性能，增大空载功率损失、噪声、振动和发热等。为了改善传动性能，应注意下列事项：

　　a. 传动链要短。减少传动链中齿轮、传动轴和轴承数量，不仅制造、维修方便，降低成本，还可提高传动精度、传动效率，减小振动和噪声。主轴最高转速区内的机床空载功率损失和噪声最大，需特别注意缩短高速传动链，这是设计高效率、低噪声变速系统的重要途径。

　　b. 转速和要小。减小各轴的转速和，可降低空载功率损失和噪声。要避免传动件有过高的转速，应避免过早、过大地升速。

c. 齿轮线速度要低。齿轮线速度是影响噪声的重要因素，通常限制 $v < 5$ m/s。

d. 空转件要少。空转的齿轮、传动轴等元件要少，转速要低，这样能够减小噪声和降低空载功率损失。

变速系统运动设计要点小结：一个规律，即级比规律；两个限制，即齿轮传动比限制 $i_{max} = 2$，$i_{min} = 1/4$；三项原则，即传动副要"前多后少"、传动线要"前密后疏"、降速要"前慢后快"。四项注意，即传动链要短、转速和要小、齿轮线速度要低、空转件要少。

2. 结构网及结构式

设计主传动变速系统时，为了便于分析、比较各变速组的变速特征，还常常运用形式简单的结构网或结构式。

图 3 – 10 所示为图 3 – 8 所示变速系统的结构网。可见，结构网也是由一点三线组成的。但它的转速点并不表示转速的绝对数值，仅表示轴上各转速点之间的相对值；其传动线也不表示传动比的绝对数值，仅表示变速组内各传动比之间的相对数值。结构网的传动线按对称分布画出，见图 3 – 10（a）。也可按不对称分布画出，"上平下斜"式结构网见图 3 – 10（b）。在一个结构式中，只允许选用一种表示方式。

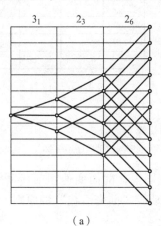 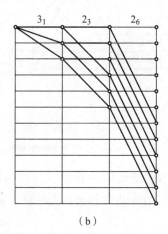

（a） （b）

图 3 – 10　结构网

（a）对称分布；（b）不对称分布

结构式能够表达变速系统最主要的 3 个变速参量，即主轴转速级数 Z、各传动组的传动副数 P_i 和各变速组的级比指数 X_i，结构式表达为：

$$Z = P_{a()} \cdot P_{b()} \cdot P_{c()} \cdots$$

按传动顺序列出各变速组的传动副数，括号内为各变速组的级比指数。

图 3 – 8 所示变速系统的结构式可写成：

$$12 = 3_{(1)} \cdot 2_{(3)} \cdot 2_{(6)}$$

还可写成：

$$12 = 3_1 \cdot 2_3 \cdot 2_6 \text{ 或 } 12 = 3_{[1]} \cdot 2_{[3]} \cdot 2_{[6]}$$

结构网或结构式与转速图具有一致的变速特性，但转速图表达得具体、完整，转速和传动比是绝对数值，而结构网和结构式表达变速特性较简单、直观，转速和传动比是相对数值。

结构网比结构式更直观，结构式比结构网更简单。结构式与结构网的表达内容相同，二者是对应的。

3. 具有多速电动机的主变速传动系统的设计

采用多速异步电动机和其他方式联合使用，可以简化机床的机械结构，使其使用方便，并可以在运转中变速，适用于半自动、自动机床及普通机床。机床上常用双速或三速电动机，其同步转速为 750/1 500、1 500/3 000、750/1 500/3 000 r/min，电动机的变速范围为 2 ~ 4，级比为 2，也有采用同步转速为 1 000/1 500 r/min 和 750/1 000/1 500 r/min 的双速和三速电动机。双速电动机的变速范围为 0 ~ 1.5，三速电动机的变速范围为 0 ~ 2，级比为 1.33 ~ 1.5。多速电动机总是在变速传动系的最前面，作为电变速组。当电动机变速范围为 2 时，变速传动系的公比 φ 应是 2 的整数次方根。例如，公比 $\varphi = 1.26$，是 2 的 3 次方根，基本组的传动副数应为 3，把多速电动机当作第一扩大组；又如 $\varphi = 1.41$，是 2 的 2 次方根，基本组的传动副数应为 2，多速电动机同样当作第一扩大组。不过采用多速电动机的缺点之一就是当电动机在高速时，没有完全发挥其能力。

4. 具有交换齿轮的变速传动系

对于成批生产用的机床，如自动或半自动车床、专用机床、齿轮加工机床等，加工中一般不需要变速或仅在较小范围内变速；但换一批工件加工，有可能需要变换成别的转速或在一定的转速范围内进行加工。为简化结构，常采用交换齿轮变速方式，或将交换齿轮与其他变速方式（如滑移齿轮、多速电动机等）组合应用。交换齿轮用于每批工件加工前的变速调整，其他变速方式则用于加工中变速。为了减少交换齿轮的数量，相啮合的两齿轮可互换位置，即互为主、从动齿轮。交换齿轮变速可以用少量齿轮得到多级转速，不需要操纵机构，使变速箱结构大大简化。缺点是更换交换齿轮较费时费力，如果装在变速箱外，润滑密封较困难；如果装在变速箱内，则更麻烦。

（1）采用公比齿轮的变速传动系

在变速传动系统中既是前一变速组的从动齿轮，又是后一变速组的主动齿轮，这种齿轮称为公用齿轮。采用公用齿轮可以减少齿轮的数目，简化结构，缩短轴向尺寸。按相邻变速组内公用齿轮的数目，常用的有单公用和双公用齿轮。

采用公用齿轮时，两个变速组齿轮的模数必须相同。因为公用齿轮轮齿受的弯曲应力属于对称循环，弯曲疲劳许用应力比非公用齿轮要低，因此，应尽可能选择变速组内较大的齿轮作为公用齿轮。在图 3 – 11 中，采用了双公用齿轮传动，图中画斜线的齿轮 $z_2 = 23$ 和 $z_5 = 35$ 为公用齿轮。

（2）扩大传动系统变速范围的方法

主变速传动系统最后一个扩大组的变速范围为 $R_j = \varphi^{p_0 p_1 p_2 \cdots p_{j-1} p_j}$，设主变速传动总变速级数为 Z，当然 $Z = P_0 P_1 P_2 \cdots P_{j-1} P_j$，通常最后扩

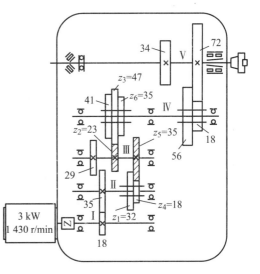

图 3 – 11　铣床主变速传动系统图

大组的变速级数 $P_j = 2$，则最后扩大组的变速范围为 $R_j = \varphi^{z/2}$。由于极限传动比限制，$R_j \leqslant 8 = 1.26^9$，即当 $\varphi = 1.41$ 时，主变速传动系的总变速级数 $\leqslant 12$；最大可能达到的变速范围 $R_n = 1.41^{11} \approx 45$；当 $\varphi = 1.26$ 时，总变速级数 $\leqslant 18$，最大可能达到的变速范围 $R_n = 1.26^{17} \approx 50$。

上述的变速范围常不能满足通用机床的要求，一些通用性较高的车床和镗床的变速范围一般为 $140 \sim 200$，甚至超过 200。可用下述方法来扩大变速范围：

1）增加变速组，在原有的变速传动系内再增加一个变速组，是扩大变速范围最简便的方法。

2）采用背轮机构，背轮机构又称回曲机构。

3）采用双公比传动，主轴的转速数列有两个公比，转速范围中经常使用的中段采用小公比，不经常使用的高、低段采用大公比。

4）分支传动，在串联形式变速传动系的基础上，增加并联分支以扩大变速范围。

（3）齿轮齿数的确定

1）确定齿轮齿数的方法。当各变速组的传动比确定之后，可确定齿轮齿数。确定齿轮齿数时选取合理的齿数和中心距 S_z 很关键。齿轮的中心距取决于传递的转矩。一般来说，主变速传动系是降速传动系，越靠后面的变速组，传递的转矩越大。因此，中心距也越大。齿数和不应过大，一般推荐 $S_z \leqslant 100 \sim 120$。齿数和也不应过小，但需从下列条件中选取较大值。其一，最小齿轮的齿数要尽可能小，要保证最小齿轮不产生根切现象，以及主传动具有较好的运动平稳性。机床变速箱中对于标准直齿圆柱齿轮一般取最小齿数 $z_{\min} \geqslant 18 \sim 20$。主轴上小齿轮 $z_{\min} = 20$，高速齿轮取 $z_{\min} = 25$。其二，受齿轮结构限制的最小齿数的各齿轮，尤其是最小齿轮，应能可靠地安装在轴上或进行套装。齿轮的齿槽到孔壁或键槽的壁厚 $a \geqslant 2m$，m 为模数，以保证有足够的强度，避免出现变形、断裂。$z_{\min} \geqslant 6.5 + D/m$，其中，$D$ 为齿轮花键孔的大径，m 为齿轮模数。其三，两轴间最小中心距应取得适当。若齿数和 S_z 过小，将导致两轴的轴承及其他结构之间的距离过近或相碰。

确定齿轮齿数时，传动比应符合转速图上传动比的要求。机床的主传动属于外联系传动链，实际传动比（齿轮齿数之比）与理论传动比（转速图上要求的传动比）之间允许有误差，但需限制在一定的范围内，一般不应超过 $10(\varphi - 1)\%$。

2）查表法确定变速组齿轮齿数。齿轮副传动比是标准公比的整数次方，变速组内的齿轮模数相等。按照表 3-3 查出齿轮齿数。第一变速组 Ⅰ - Ⅱ 轴间有 3 个传动副，传动比分别为 $u_{a1} = 36/36$、$u_{a2} = 30/42$、$u_{a3} = 24/48$。第二变速组 Ⅱ - Ⅲ 轴间有两个传动副，传动比分别为 $u_{b1} = 1.41^0 = 1$，$u_{b2} = 1.41^{-3} = 1/2.8$。经过计算和查表筛选，最后得出两个传动副的齿轮齿数分别为 $u_{b1} = 42/42$、$u_{b2} = 22/62$。第三变速组 Ⅲ - Ⅳ 轴间 $u_{c1} = \varphi^{-4} = 1.41^2 \approx \mathrm{sqrt}(2)$。经过计算和查表筛选，最后得出两个传动副的齿轮齿数分别为 $u_{c1} = 18/72$、$u_{c2} = 60/30$。

表 3-3　常用传动比适用的齿数

i \ S_z	40	50	56	60	62	64	66	68	70	72	74	75	76
1.00	20	25	28	30	31	32	33	34	35	36	37		38
1.06			27	29	30	31	32	33	34	35	36		37

续表

i \ S_z	40	50	56	60	62	64	66	68	70	72	74	75	76
1.12	19				29	30	31	32	33	34	35		36
1.25		22	25				29	30	31	32	33	33	
1.41				25					29	30		31	
1.50	16	20		24					28	29		30	
1.68	15		21		23	24			26	27		28	
1.78		18	20			23			25	26		27	
1.88	14			21		22	23			25		26	
2.00				20			22			24		25	

（4）计算转速

1）机床的功率转矩特性。由切削理论得知，在背吃刀量和进给量不变的情况下，切削速度对切削力的影响较小。因此，主运动是直线运动的机床，如刨床的工作台，在背吃刀量不变的情况下，不论切削速度多大，所承受的切削力基本是相同的，驱动直线运动工作台的传动件在所有转速下承受的转矩当然也是基本相同的，这类机床的主传动属恒转矩传动。主运动是旋转运动的机床，如车床，在背吃刀量和进给量不变的情况下，主轴在所有转速下承受的转矩与工件的直径基本上成正比，但主轴的转速与工件直径基本上成反比。可见，主运动是旋转运动的机床基本上是恒功率传动。

主变速传动系统中各传动件究竟按多大的转矩进行计算，推导出计算速度。不同类型机床主轴计算转速的选取是不同的。对于大型机床，由于应用范围很广，调速范围很宽，计算转速可取得高些。对于精密机床、滚齿机，由于应用范围较窄，调速范围小，计算转速可取得低一些。

2）变速传动系统中传动件计算转速的确定。变速传动系统中的传动件包括轴和齿轮，它们的计算转速可根据主轴的计算转速和转速图确定。确定的顺序通常是先定出主轴的计算转速，再依次由后往前定出各传动轴的计算转速，最后确定齿轮的计算转速。

5. 无级变速主传动系

（1）无级变速装置的分类

无级变速指在一定范围内转速（或速度）能连续地变换，从而获取最有利的切削速度。机床主传动中常采用的无级变速装置有变速电动机、机械无级变速装置和液压无级变速装置 3 大类。

1）变速电动机。机床上常用的变速电动机有直流复励电动机和交流变频电动机，在额定转速以上为恒功率变速，通常调速范围较小，仅 2～3；额定转速以下为恒转矩变速，调速范围很大，可达 30，甚至更大。上述功率和转矩特性一般不能满足机床的使用要求。为了扩大恒功率调速范围，在变速电动机和主轴之间串联一个分级变速箱，这种方法广泛用在数控机床、大型机床中。

2）机械无级变速装置。机械无级变速装置有 Koop 型、行星锥轮型、分离锥轮钢环型、宽带型等多种结构，它们都是利用摩擦力来传递转矩的，通过连续地改变摩擦传动副工作半径来实现无级变速。由于它们的变速范围小，多数是恒转矩传动，通常较少单独使用，而是与分级变速机构串联使用，以扩大变速范围。机械无级变速器应用于要求功率和变速范围较小的中小型车床、铣床等机床的主传动系，更多地应用于进给变速传动。

3）液压无级变速装置。液压无级变速装置通过改变单位时间内输入液压缸或液动机中的液压油量来实现无级变速。它的特点是变速范围较大、变速方便、传动平稳、运动换向时冲击小，易于实现直线运动和自动化，常应用在主运动为直线运动的机床中，如刨床、拉床等。

(2) 无级变速主传动系统的设计原则

1）尽量选择功率和转矩特性符合传动系统要求的无级变速装置。执行件做直线主运动的主传动系统，对变速装置的要求是恒转矩传动，如龙门刨床的工作台，就应该选择恒转矩传动为主的无级变速装置（直流电动机）；主传动系统要求恒功率传动（车床或铣床）的主轴，就应选择恒功率无级变速装置，如 Koop B 型和 K 型机械无级变速装置、变速电动机串联机械分级变速箱等。

2）无级变速系统装置单独使用时，其调速范围较小，满足不了要求，尤其是恒功率调速范围，往往远小于机床实际需要的恒功率变速范围。为此，常把无级变速装置与机械分级变速箱串联在一起使用，以扩大恒功率变速范围和整个变速范围。

3.3　进给传动系统设计

3.3.1　概述

1. 进给传动系统的特点

进给传动系统有如下特点：

1）进给运动的速度比较低，进给力也比较小，所需功率也小。

2）进给运动数目多，如卧式铣床。

3）进给运动为恒转矩传动，进给运动系统的负荷与主传动不一样。

2. 进给传动系统的组成

进给传动系统用来实现机床的进给运动和辅助运动，包括运动源、变速系统、换向机构、运动分配机构、安全机构、运动转换机构、执行件和手动操作机构等。

进给运动与主运动共用运动源时，进给运动一般以主轴为起始端，进给量单位为 mm/r，如车床、钻床、镗床。进给运动有单独的运动源时，进给运动则以电动机为始端，进给量单位为 mm/r，如铣床。

进给运动中的变速系统用来改变进给量的大小，当有几条进给传动链带动几个执行件时，此变速系统为各传动链所共用，变速系统应设置在运动分配机构之前，以简化机构。

通用机床的工艺范围广，要求进给量范围大、有级变速的级数要多，一般采用等比数列，也有采用等差数列的。进给运动可以采用机械、液压与电气等方式。目前在机床上应用较多的是机械传动方式而采用机械变速方式也有多种形式。采用滑移齿轮，变速方便，可以传递较大的转矩和采用较大的进给量范围，但结构复杂。交换齿轮传动结构简单，适用于成批大量生产。棘轮机构用于刨床、磨床等需要间歇进给运动和切入运动；此外还采用拉链机构、曲回机构。在专用机床和自动化机床中还采用凸轮机构来实现进给和快速运动，或采用液压传动实现无级变速。

3.3.2　机械进给传动系统的设计

1. 机械进给系统设计必须满足的基本要求

机械进给系统设计必须满足的基本要求有：

1）保证实现规定的进给量。

2）能传递要求的扭矩。

3）有足够的静刚度和动刚度。

4）保证要求的进给传动精度。

5）在低速、微量进给时，系统要保证运动的平稳性和灵敏度。

6）结构紧凑，便于操纵，容易维护，加工及装配工艺性好。

2. 机械进给传动变速机构的类型

进给传动方式有机械、液压与电气伺服等方式。

（1）机械传动机构

机械传动机构包括直线运动机构和变速机构。变速机构可分为滑移齿轮、交换齿轮和棘轮机构等。

滑移齿轮和交换齿轮的变速机构与主传动的相似，可传递较大的扭矩和实现较大的进给范围，变速方便，传动效率也较高，广泛地应用在机床之中。

棘轮机构用在间歇性的进给运动之中。因为棘轮上的齿是在圆周上等分的，进给量的大小由每次转过的齿轮数决定，所以这种变速机构的变速数列是按等差级数排列的。棘轮机构的棘爪可以在较短的时间内使棘轮得到周期性的回转，因而这种机构适用于往复运动中的越程或空程时进行间歇的进给运动的传动系统。

此外，由于进给传动传递功率不大，速度较低，因此，还可以采用拉链机构、背轮机构、机械无级变速器等。在自动或半自动机床以及专用机床上，还比较广泛地应用凸轮机构来实现执行件的工作进给和快速运动。

（2）液压传动装置

由于液压传动工作平稳，在工作过程中能无级变速，因此便于实现自动化，能很方便地实现频繁往复运动。在相同功率的情况下，液压传动装置体积小，质量小，结构紧凑，惯性小，动作灵敏，因此，在进给运动中得到了广泛的应用。

（3）电气伺服传动装置

在数控机床上，数控装置的进给信号一般经伺服系统和传动件驱动机床的工作台或刀架等执行件实现进给运动和快速运动等。伺服系统的驱动可采用功率步进电动机、电液步进电动机等。

3. 进给运动传动系统的设计原则

机械进给传动系统虽然结构较复杂，制造及装配工作量较大，但由于工作可靠，便于检查和维修，仍有很多机床采用。

（1）进给传动

切削加工中，当进给量较大时，一般采用较小的背吃刀量；当背吃刀量较大时，多采用较小的进给量。所以，在各种不同进给量的情况下，产生的切削力大致相同。进给力是切削力在进给方向的分力，也大致相同。所以进给传动与主传动不同，驱动进给运动的传动件不是恒功率传动，而是恒扭矩传动。

（2）进给传动系统中各传动件的计算转速

因为进给系统是恒扭矩传动，在各种进给速度下，末端输出轴上受的扭矩是相同的，设为 $T_末$。进给传动系中各传动件（包括轴和齿轮）所受的扭矩可由下式算出：

$$T_i = \frac{T_末 n_末}{n_i} = T_末 u_i$$

式中　T_i——第 i 个传动件承受的扭矩，N·m；

　　　$n_末$，n_i——末端输出轴和第 i 轴的转速，r/min；

　　　u_i——第 i 个传动件传至末端输出轴的传动比，如有多条传动路线，取其中最大的传动比。

u_i 越大，传动件承受的扭矩越大。在进给传动系统的最大升速链中，各传动件至末端输出轴的传动比最大，承受的扭矩也最大。故各传动件的计算转速是其最高转速。

（3）进给传动系统的转速图为"前疏后密"结构

如上所述，传动件至末端输出轴的传动比越大，传动件承受的扭矩越大，进给传动系统转速图的设计刚好与主传动系统相反，是前疏后密的，即采用扩大顺序与传动顺序不一致的结构式。如 $Z = 16 = 2_8 \times 2_4 \times 2_2 \times 2_1$。这样可以使进给系统内更多的传动件至末端输出轴的传动比较小，承受的扭矩也较小，从而减小各中间轴和传动件的尺寸。

（4）进给传动系统的变速范围

进给传动系统速度低，受力小，消耗功率小，齿轮模数较小，因此，进给传动系统变速组的变速范围比主变速组大，即 $0.2 \leqslant u_进 \leqslant 2.8$，变速范围 $R_n \leqslant 14$。为缩短进给传动链，减小进给箱的受力，提高进给传动的稳定性，进给传动系统的末端常采用降速很大的传动机构，如蜗轮蜗杆、丝杠螺母、行星机构等。

（5）进给传动系统采用传动间隙消除机构

对于精密机床、数控机床的进给传动系统，为保证传动精度和定位精度，尤其是换向精度，要有传动间隙消除机构，如齿轮传动间隙消除机构和丝杠螺母传动间隙消除机构等。

（6）快速空行程传动的采用

为缩短进给空行程时间，要设计快速空行程传动，快速与工进需在带负载运行中变换，如常采用超越离合器、差动机构或电气伺服进给传动等。

（7）微量进给机构的采用

有时进给运动极为微量，例如每次进给量小于 2 μm，或进给速度小于 10 mm/min，需采用微量进给机构。微量进给机构有自动和手动两类。自动微量进给机构采用各种驱动元件使进给自动地进行；手动微量进给机构主要用于微量调整精密机床的一些部件，如坐标镗床的工作台和主轴箱、数控机床的刀具尺寸补偿等。

常用的微量进给机构中最小进给量大于 1 μm 的机构有蜗杆传动、丝杠螺母、齿轮齿条传动等，适用于进给行程大、进给量和进给速度变化范围宽的机床。小于 1 μm 的进给机构有弹性力传动、磁致伸缩传动、电致伸缩传动、热应力传动等，这些都是利用材料的物理性能实现微量进给，其特点是结构简单，位移量小，行程短。

1）弹性力传动是利用弹性元件（如弹簧片、弹性模片等）的弯曲变形或弹性杆件的拉压变形实现微量进给，适用于作补偿机构和小行程的微量进给。

2）磁致伸缩传动是靠改变软磁材料（如铁钴合金、铁铝合金等）的磁化状态，使其尺寸和形状产生变化，以实现步进或微量进给，适用于小行程微量进给。

3）电致伸缩是压电效应的逆效应。当晶体带电或处于电场中时，其尺寸发生变化，将电能转换为机械能以实现微量进给。其进给量小于 0.5 μm，适用于小行程微量进给。

4）热应力传动是利用金属杆件的热伸长驱使执行部件运动，来实现步进式微量进给，进给量小于 0.5 μm，其重复定位精度不太稳定。

对微量进给机构的基本要求是灵敏度高，刚度好，平稳性好，低速进给时速度均匀，无爬行，精度高，重复定位精度好，结构简单，调整方便，操作方便灵活等。

3.3.3　电气伺服进给系统的设计

1. 电气伺服进给系统的分类

电气伺服系统是数控装置和机床之间的联系环节，是以机械位置或角度作为控制对象的自动控制系统，其作用是接收来自数控装置发出的进给信号，经变换和放大，驱动工作台按规定的速度和距离移动。电气伺服进给系统按有无检测和反馈装置分为开环、闭环和半闭环系统。

2. 电气伺服进给系统的驱动部件

电气伺服进给系统由伺服驱动部件和机械传动部件组成。伺服驱动部件有步进电动机、直流伺服电动机、交流伺服电动机等，而机械传动部件有齿轮、滚珠丝杠螺母副等。

（1）对进给驱动部件的基本要求

调速范围要宽，以满足使用不同类型刀具对不同零件加工所需要的切削条件。低速运行平稳，无爬行。快速响应性好，即跟踪指令信号响应要快，无滞后。电动机具有较小的转动惯量。抗负载振动能力强，切削中受负载冲击时，系统的速度基本不变。在低速下有足够的负载能力。可承受频繁启动、制动和反动。振动和噪声小，可靠性高，寿命长。调整、维修方便。

（2）进给驱动部件元件

进给驱动部件类型很多，用于机床上的驱动电动机有步进电动机、直流伺服电动机、交流伺服电动机、直线伺服电动机等。

1）步进电动机。步进电动机又称脉冲电动机，是将电脉冲信号变换成角位移（或线位移）的一种机电式数模转换器。它每接收数控装置输出的一个电脉冲信号，电动机轴就转过一定的角度，称为步距角，一般为 0.5° ~ 30°。角位移与输入脉冲个数成严格的比例关系，步进电动机的转速与控制脉冲的频率成正比。电动机的步距角用 α 表示：

$$\alpha = \frac{360}{PZK}$$

式中　P——步进电动机的相数；

　　　Z——步进电动机转子的步数；

　　　K——通电方式（当三相三拍导电方式时，$K=1$；当三相六拍导电方式时，$K=2$）。

转速可以在很宽的范围内调节。通过改变绕组通电的顺序，可以控制电动机的正转或反转。步进电动机的优点是：没有累积误差，结构简单，使用、维修方便，制造成本低。步进电动机带动负载惯性的能力大，适用于中小型机床和速度精度要求不高的地方。其缺点是：效率较低，发热多，有时会"失步"。

2）直流伺服电动机。机床上常用的直流伺服电动机主要有小惯量直流电动机和大惯量直流电动机。

小惯量直流电动机的优点是：转子直径较小、轴向尺寸大，长径比约为5，故转动惯量小，仅为普通直流电动机的1/10左右，因此，响应速度快。其缺点是：额定扭矩较小，一般必须与齿轮降速装置相匹配。它常用于高速轻载的小型数控机床。

大惯量直流电动机又称宽调速直流电动机，有电励磁和永久磁铁励磁两种类型。电励磁直流电动机的特点是励磁量便于调整，成本低。永久磁铁励磁直流电动机能在较大过载扭矩下长期工作，并能直接与丝杠相连而不需要中间传动装置，还可以在低速下平稳地运转，输出扭矩大。大惯量直流电动机可以内装测速发电机，还可以根据用户需要，在电动机内部加装旋转变压器和制动器，为速度环提供较高的增益，能获得优良的低速刚度和动态性能。大惯量直流电动机的频率高，定位精度好，调整简单，工作平稳，其缺点是转子温度高，转动惯量大，响应速度较慢。

3）交流伺服电动机。自20世纪80年代中期开始，以异步电动机和永磁同步电动机为基础的交流伺服进给驱动得到迅速发展。它采用新型的磁场矢量变换控制技术，对交流电动机做磁场的矢量控制；将电动机定子的电压矢量或电流矢量作为操作量，控制其幅值和相位。它没有电刷和换向器，因此，可靠性好，结构简单，体积小，质量小，动态响应好。在同样的体积下，交流伺服电动机的输出功率比直流电动机可提高10%~70%。交流伺服电动机与同容量的直流电动机相比，质量约小一半，价格仅为直流电动机的二分之一，效率高，调速范围广，响应频率高。其缺点是本身虽有较大的扭矩和惯量比，但它带动惯性负载能力差，一般需用齿轮减速装置，多用于中小型数控机床。

交流伺服电动机发展很快，特别是新的永磁材料的出现和不断完善，更推动了永磁电动机的发展，如第三代稀土材料——钕铁硼的出现，其具有更高的磁性能。永磁电动机结构上的改进和完善，特别是内装永磁交流伺服电动机的出现，可使磁铁长度再缩短，具有更小的电动机外形尺寸，使结构更合理可靠，允许在更高转速下运行。

20世纪80年代末，出现了与机床部件一体化式的电动机。由日本FANUC公司试制出的一种新型的永磁交流伺服电动机，其伺服电动机的转轴是空心的，也称空心轴交流伺服电动机。进给丝杠的螺母可以装在电动机的空心转轴内，使进给丝杠能在电动机内来回移动。这种结构的特点是使移动的重物重心与丝杠运动在同一直线上，使弯曲和倾斜都达到最小，而且不需要联轴器，与机床部件一体化，这样使伺服系统具有很高的刚度和极高的控制精度。这种电动机具有广泛的应用前景。

4) 直线伺服电动机。直线伺服电动机是一种能直接将电能转化为直线运动机械能的电力驱动装置,是适应超高速加工技术发展的需要而出现的一种新型电动机。直线伺服电动机驱动系统替换了传统的由回转型伺服电动机加滚珠丝杠的伺服进给系统,从电动机到工作台之间的一切传动都没有了,可直接驱动工作台进行直线运动(见图 3 - 12),使工作台的加减速提高到传统机床的 10 ~ 20 倍,速度提高 3 ~ 4 倍。图 3 - 12 所示为直线伺服电动机的传动示意图。

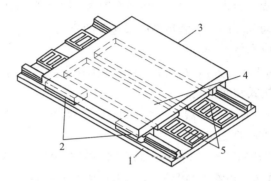

图 3 - 12　直线伺服电动机的传动示意图
1—床身;2—滚动导轨;3—工作台;4—直线步进电动机转子;5—直线步进电动机定子

(3) 滚珠丝杠螺母副

1) 工作原理与特点。滚珠丝杠螺母副的结构如图 3 - 13 所示。在丝杠 4 和螺母 5 上加工有半圆弧形的螺旋槽,把螺母装到丝杠上则形成滚珠的螺旋滚道。螺母上有滚珠回路管道,将几圈螺旋滚道的两端连接起来构成封闭的循环滚道,并在滚道内装满滚珠 6。当丝杠旋转时,滚珠在滚道内既自转又沿滚道循环转动,因而迫使螺母(或丝杠)轴向移动。

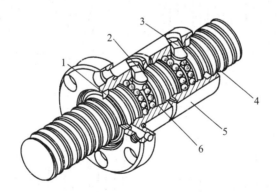

图 3 - 13　滚珠丝杠螺母副的结构
1—密封环;2,3—回珠器;4—丝杠;5—螺母;6—滚珠

滚珠丝杠螺母副又称滚动螺旋传动,它具有以下特点:
①摩擦损失小,传动效率可达 0.90 ~ 0.96。
②丝杠螺母经预紧后,可以完全消除间隙,提高了传动刚度。
③静、动摩擦因数差异很小,运动灵敏度高,不易产生爬行。
④不能自锁,运动具有可逆性,丝杠垂直安置时,通常应采取安全制动措施。

2）轴向间隙的调整和预紧。数控机床上常采用两个螺母的滚珠丝杠螺母副，通过使两个螺母产生轴向相对位移，以消除与丝杠之间的间隙，并产生预紧力。调整轴向间隙的方法有：螺纹调隙式、垫片调隙式和齿差调隙式。其中齿差调隙式在数控机床中应用较多。

（4）位移检测装置

1）位移检测装置的要求。位移检测装置的主要作用是检测运动部件的位移量，它是保证机床工作精度和效率的关键，应满足以下要求：

①工作可靠，抗干扰能力强，受温度和湿度等环境因素的影响小。

②在机床执行件移动范围内，能满足精度和速度的要求。

③使用维修方便，成本低。

2）位移检测装置的工作方式。位移检测装置的工作方式有：数字式和模拟式、增量式测量和绝对式测量、直接式和间接式。

3）光栅传感器介绍。光栅传感器有长光栅和圆光栅两类。长光栅用于长度或直线位移测量，圆光栅用于角度或转角位移测量。

光栅传感器的工作原理如图3－14所示。将一对栅距 C 相等的光栅互相叠合，并使两块光栅的栅线形成很小的夹角 θ，并置于如图3－14（b）所示的光路中，这时显现出如图3－14（c）所示的明暗相间的莫尔条纹。当两光栅沿垂直于栅线方向（向左或向右）相对移动一个栅距，莫尔条纹则在平行栅线（向上或向下）方向准确移动一个莫尔条纹间距 B，光强按明暗周期变化，这时光路中的光电元件输出的电信号变化一个周期。光电流经处理后，转换为数字脉冲信号，因而可准确测量并显示被测部件的位移大小、方向和速度。为了提高测量精度，光栅传感器具有精密的电子细分电路，可以将光栅传感器的分辨率提高很多倍。光栅传感器的测量精度可达 $\pm 0.1~\mu m$。

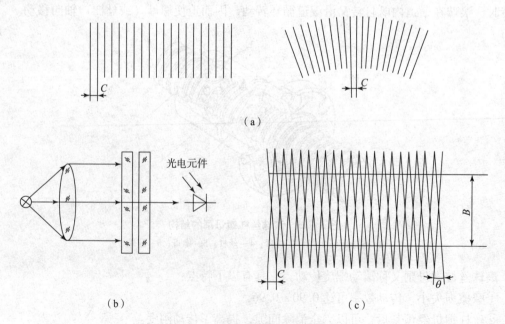

（a）

光电元件

（b）   （c）

图3－14 光栅传感器的工作原理

4）脉冲编码器介绍。我们目前生产和使用的数控机床大多采用的是半闭环控制方式，大多数的系统生产厂家均将位置编码器内置于驱动电动机端部，间接测量执行部件的实际位置或位移。

　　脉冲编码器是一种光学式位置检测元件，编码盘直接安装在电动机的旋转轴上，以测出轴的旋转角度位置和速度变化，其输出信号为电脉冲。这种检测方式的优点是：非接触式，无摩擦和磨损，驱动力矩小，响应速度快。缺点是：抗污染能力差，容易损坏。

　　按照工作原理编码器可分为增量式编码器和绝对式编码器两类。

　　①增量式编码器。增量式编码器是将位移转换成周期性的电信号，再把这个电信号转变成计数脉冲，用脉冲的个数表示位移的大小。

　　增量式编码器的工作原理如图 3 - 15 所示。在图中，E 为等节距的辐射状透光窄缝圆盘，Q_1、Q_2 为光源，D_A、D_B、D_C 为光电元件（光敏二极管或光电池），D_A 与 D_B 错开 90° 相位角安装。当圆盘旋转一个节距时，在光源照射下，光电元件 D_A、D_B 上得到图 3 - 15（b）所示的光电波形输出，A、B 信号为具有 90° 相位差的正弦波，这组信号经放大器放大与整形，得到图 3 - 15（c）所示的输出方波，A 相比 B 相导前 90°，其电压幅值为 5 V。设 A 相导前 B 相时为正方向旋转，则 B 相导前 A 相时即为负方向旋转，利用 A 相与 B 相的相位关系可以判别编码器的旋转方向，C 相产生的脉冲为基准脉冲，又称零点脉冲，它是轴旋转一周在固定位置上产生一个脉冲，

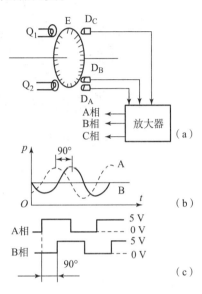

图 3 - 15　增量式编码器的工作原理

在数控车床上切削螺纹时，可将它作为车刀进刀点和退刀点的信号使用，以保证切削的螺纹不会乱扣。在加工中心上可作为主轴准停信号，以保证主轴和刀库间的可靠换刀。A、B 相脉冲信号经频率 - 电压变换后，得到与转轴转速成比例的电压信号，便可测的速度值及位移量。

　　②绝对式编码器。绝对式编码器的每一个位置对应一个确定的数字码，因此它的示值只与测量的起始和终止位置有关，而与测量的中间过程无关。

　　旋转增量式编码器转动时输出脉冲，通过计数设备来知道其位置，当编码器不动或停电时，依靠计数设备的内部记忆来记住位置。这样，当停电后，编码器不能有任何的移动，当来电工作时，编码器在输出脉冲的过程中，也不能有干扰而丢失脉冲，不然，计数设备记忆的零点就会偏移，而且这种偏移的量是无从知道的，只有错误的生产结果出现后才能知道。

　　绝对式编码器是通过读取编码盘上的图案来表示数值的。图 3 - 16（a）所示为二进制编码盘，图中空白的部分透光，表示"0"；加点（阴影）的部分不透光，表示"1"。按照圆盘上形成的二进位的每一环配置光电变换器，即图中用黑点所示位置，隔着圆盘从后侧用光源照射。此编码盘共有 4 环，每一环配置的光电变换器对应为 2^0、2^1、2^2、2^3。图中，里侧是二进制的高位，即 2^3；外侧是二进制的低位，如"1101"，读出的是十进制"13"的角度坐标值。二进制编码器的主要缺点是图案变化无规律，在使用中多位同时变化时，易产生较多的误读。经改进后的结构如图 3 - 16（b）所示的葛莱编码盘，它的特点是，每相邻十进制数之间只有一位二进制码不同。因此，图案的切换只用一位数（二进制的位）进行，这样能把误读控制在一个数单位之内，从而提高了其可靠性。

图 3-16（b）所示为葛莱编码盘，图中空白的部分透光，用"0"表示；涂黑的部分不透光，用"1"表示。此码盘共有 4 环，由里向外每一环配置的光电变换器对应 2 的 3 次方、2 的 2 次方、2 的 1 次方、2 的 0 次方。图中的码盘共分为 16 份，要提高检测精度，可多分。

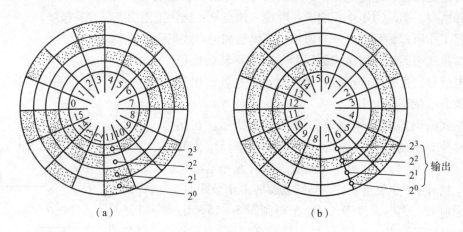

（a）　　　　　　　　　（b）

图 3-16　绝对式编码盘

（a）二进制编码盘；（b）葛莱编码盘

（5）伺服进给系统方案的选择

数控进给伺服系统是一个位置控制系统，按有无位置检测和反馈装置进行分类，可分为：开环、半闭环和闭环进给系统。

开环进给系统由数控系统发出进给指令脉冲，经驱动电路控制和功率放大后，使步进电动机转动，通过齿轮副和滚珠丝杠螺母副驱动执行件。此系统不检测执行件的实际位移量，故位移精度较低，定位精度一般在 ±0.01 mm 左右，进给速度不超过 5 m/min。一般用在精度要求不太高的经济型数控机床中。

半闭环和闭环进给系统采用位移检测装置并将实际位移量转换成电脉冲后，反馈到输入端与输入位置指令信号进行比较，将两者的差值放大和变换，控制伺服驱动装置驱动执行件向减小偏差的方向运动，直至偏差值为零。位移检测装置装在伺服电动机的轴上或丝杠轴上，不直接测量执行件的位移，称为半闭环系统。若位移检测装置装在执行件上，直接测出执行件的实际位移，称为闭环系统。半闭环系统若采用大惯量直流伺服电动机或永磁同步交流伺服电动机驱动，则进给系统中无须考虑位移检测装置的安装。闭环进给系统的定位精度一般可达 ±0.001 ~ ±0.003 mm。采用直流或交流伺服电动机的闭环进给系统，电动机最高转速可达 1 500 ~ 3 000 r/min，最低转速可达 0.1 r/min。

电动机和丝杠的连接形式有：①通过柔性联轴器连接，其特点为成本低，安装、调整方便，无间隙传动；②通过齿轮连接，主要用于步进电动机、小惯量直流伺服电动机与丝杠的连接；③通过同步齿形带连接，齿形带应用场合和齿轮一样，它成本低，噪声小，但运行精度低于齿轮传动。

（6）伺服进给系统机械传动装置设计简述

1）影响伺服性能的主要因素。

①传动间隙的影响。在伺服进给系统中，传动间隙主要是由进给传动链中的齿轮副、丝

杠螺母副、联轴器等所产生的。传动间隙影响系统的动态特性并影响加工精度。为此，在设计时应合理选用各种消隙装置。

②系统的伺服刚度。在伺服进给系统中，由于切削力、摩擦力等因素的影响，执行件实际位置与指令位置有偏差，为了纠正这种偏差，伺服电动机必须提供一定的输出转矩进行修正，这个转矩与偏差之比称为系统的伺服刚度。伺服刚度对于数控机床动态特性和定位精度影响较大，而提高伺服刚度也就可以提高定位精度。

③系统的传动刚度。系统的传动刚度是整个系统折算到执行件上的当量刚度。对于大多数数控机床而言，该当量刚度主要取决于系统的最后传动机构，即滚珠丝杠螺母机构的传动刚度：传动副的刚度、丝杠的刚度、支承的刚度和移动件的摩擦。

2）机械传动装置的传动比计算。现以图 3 - 17 所示的步进电动机开环进给系统为例进行说明。驱动元件为步进电动机，步距角为 α；定比机构（齿轮副 Z_1、Z_2），传动比为 u；滚珠丝杠的导程为 S；执行件是工作台，做直线运动，脉冲当量为 δ（单位为 mm）。运动平衡式为：

$$\frac{\alpha u S}{360°} = \delta$$

所以：

$$u = \frac{360° \delta}{\alpha S}$$

式中，步进电动机选定后，α 为定值；丝杠确定后，S 成为定值；而脉冲当量则由工艺要求确定。设计时，齿轮的选用应按最小惯量的原则来选择齿轮啮合对数和各级齿轮的传动比，尽量采用电动机直连方式。

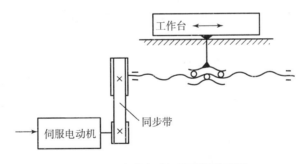

图 3 - 17 步进电动机开环进给系统

3）伺服电动机的选择及负载计算。伺服电动机的选择，主要应考虑系统的惯量匹配以及根据负载计算确定伺服电动机的转矩。

①惯量匹配。电动机的转动惯量应与折算到电动机轴上的全部负载惯量有一合理的比例关系。根据有关资料推荐，应满足下面关系：

$$0.25 \leq \frac{J_L}{J_M} \leq 1$$

式中 J_M——伺服电动机的转动惯量，$kg \cdot m^2$；

J_L——机械传动装置折算到伺服电动机轴上的转动惯量，$kg \cdot m^2$。

其中，

$$J_L = \sum_i J_i \left(\frac{\omega_i}{\omega}\right)^2 + \frac{1}{4\pi^2}\sum_i m_j \left(\frac{v_j}{\omega}\right)^2$$

式中　J_i——各转动件的转动惯量，$kg \cdot m^2$；

　　　ω_i——各转动件的角速度，rad/s；

　　　ω——伺服电动机的角速度，rad/s；

　　　m_j——各直线运动件的质量，kg；

　　　v_j——各直线运动件的速度，m/s。

②负载转矩计算。在伺服进给系统中，空载快速启动的加速度很大，由此产生的快速空载转矩比切削负载转矩大得多，因此，伺服电动机所需的转矩 T 通常是用快速空载启动时所需的转矩来计算，即：

$$T = T_a + T_r + T_0$$

式中　T_a——空载启动时折算到电动机轴上的加速转矩，$N \cdot m$；

　　　T_r——折算到电动机轴上的摩擦力矩，$N \cdot m$；

　　　T_0——折算到电动机轴上由丝杠预紧引起的附加摩擦力矩，$N \cdot m$。

3.4　主轴组件设计

主轴组件是机床重要部件之一，它由主轴及其支承轴承、传动件和密封件等组成。它的功用是支承并带动工件或刀具旋转，完成表面成形运动，承受切削力和驱动力等载荷。

主轴组件的工作性能直接影响整机性能、零件的加工质量和机床生产率，它是决定机床性能和技术经济指标的重要因素。因此，对主轴组件有很高的要求。

3.4.1　主轴组件的设计要求

机床主轴组件必须保证主轴在一定的载荷与转速下，能带动工件或刀具精确而可靠地绕其旋转中心线旋转，并能在其额定寿命期内稳定地保持这种性能。因此，主轴组件的工作性能直接影响加工质量和生产率。

主轴和一般传动轴都是传递运动、旋转并承受传动力，都要保证传动件和支承的正常工作条件，但主轴直接承受切削力，还要带动工件或刀具实现表面成形运动。为此，对主轴组件提出下面几个方面的基本要求。

1. 旋转精度

主轴组件的旋转精度指主轴装配后，在无载荷、低速运动的条件下，主轴前端安装工件或刀具部位的径向和轴向跳动值。

当主轴以工作转速旋转时，由于润滑油膜的产生和不平衡力的扰动，其旋转精度有所变化。这个差异对精密和高精度机床是不能忽略的。

主轴组件的旋转精度主要取决于主轴、轴承等的制造精度和装配质量。工作转速下的旋转精度还与主轴转速、轴承的设计和性能及主轴组件的平衡等因素有关。

主轴旋转精度是主轴组件工作质量的最基本指标，是机床的一项主要精度指标，直接影响被加工零件的几何精度和表面粗糙度。例如，车床卡盘的定芯轴颈与锥孔中心线的径向跳动会影响加工的圆度，而轴向窜动在螺纹加工时则会影响螺距的精度等。

2. 刚度

刚度 K 反映了机床或部件、组件、零件在承受外载荷时抵抗变形的能力。刚度 K，通常以主轴前端产生一个单位的弹性变形 y 时，在变形方向上所需施加的力 F 的比值来表示，如图 3 – 18 所示，即：

$$K = \frac{F}{y} \ (\text{N}/\mu\text{m})$$

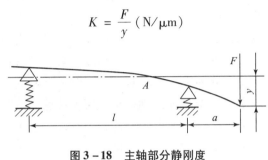

图 3 – 18　主轴部分静刚度

刚度的倒数称为柔度。

主轴组件的刚度不足，直接影响机床的加工精度、传动质量及工作的平稳性。

对于大多数机床来说，主轴的径向刚度是主要的。如果满足了径向刚度，则轴向刚度和扭转刚度基本上都能得到满足。

主轴部件的刚度与主轴结构尺寸、所选用的轴承类型和配置及其预紧、支承跨距和主轴前端悬伸量、传动件的布置方式、主轴部件的制造和装配质量等有关。

3. 抗振性

主轴组件的抗振性是指其抵抗受迫振动而保持平稳运转的能力。

主轴组件抵抗振动能力差，工作时容易产生振动，这会影响工件的表面质量，限制机床的生产率；此外，还会缩短刀具和主轴轴承的寿命，发出噪声，影响工作环境等。振动表现为强迫振动和自激振动两种形式。如果产生切削自激振动，将严重影响加工质量，甚至使切削无法进行下去，抵抗强迫振动则要提高强度。随着机床向高精度、高生产率发展，主轴对抗振性要求越来越高。

影响抗振性的主要因素是主轴组件的静刚度、质量分布及阻尼。主轴组件的低阶固有频率是其抗振性的主要评价指标。低阶固有频率应远高于激振频率，使其不容易发生共振。目前，抗振性的指标尚无统一标准，只有一些实验数据供设计时参考。

4. 温升和热变形

主轴部件运转时，因各相对运动处的摩擦生热、切削区的切削热等使主轴部件的温度升高，形状尺寸和位置发生变化，造成主轴部件的所谓热变形。

热变形使主轴的旋转轴线与机床其他部件的相对位置发生变化，直接影响加工质量，对高精度机床的影响尤为严重；热变形造成主轴弯曲，会使传动齿轮和轴承的工作状况恶化；热变形还会改变已调好的轴承间隙，使主轴和轴承、轴承和支承座孔之间的配合发生变化，影响轴承的正常工作，加剧磨损，严重时甚至发生轴承抱轴的现象。因此，各类机床对主轴轴承的温升都有一定的限制，主轴轴承在高速空运转至热稳定状态下允许的温升都有一定的要求：高精度机床为 8～10 ℃，精密机床为 15～20 ℃，普通机床为 30～40 ℃。

受热膨胀是材料的固有属性。高精度机床（如坐标镗床）、高精度镗铣加工中心等，要进一步提高加工精度，往往最后受到热变形的制约。

影响主轴组件温升和热变形的主要因素是轴承的类型、配置方式和预紧力的大小以及润滑方式和散热条件等。

5. 精度保持性

主轴部件的精度保持性是指长期保持其原始制造精度的能力。主轴部件丧失其原始制造精度的主要原因是磨损，如主轴轴承、主轴轴颈表面、装夹工件或刀具定位表面的磨损。磨损的速度与摩擦的种类有关，与结构特点、表面粗糙度、材料的热处理方式、润滑、防护及使用条件等许多因素有关。要长期保持主轴部件的精度，必须提高其耐磨性。对耐磨性影响较大的因素有主轴的材料、轴承的材料、热处理方式、轴承类型及润滑防护方式等。

主轴若装有滚动轴承，则支承处的耐磨性取决于滚动轴承。如果用滑动轴承，则轴颈的耐磨性对精度保持性的影响很大。为了提高耐磨性，一般机床上述部位应淬硬。

此外，对于数控机床，其工作特点是工序高度集中，一次装夹可完成大量的工序，主轴的变速范围很大，既要满足高速性能的要求，又要适应低速的要求；既要完成精加工，又要适应粗加工。因此，数控机床主轴组件对旋转精度、转速、变速范围、刚度、温升和可靠性等性能，一般都应按精密机床的要求，并结合各种数控机床的具体要求综合考虑。

3.4.2　主轴的传动方式

主轴的传动方式主要有齿轮传动、带传动、电动机直接驱动等。主轴传动方式的选择，主要取决于主轴的转速、所传递的转矩、对运动平稳性的要求，以及结构紧凑、装卸维修方便等要求。

1. 齿轮传动

齿轮传动的特点是结构简单、紧凑，能传递较大的转矩，能适应变转速、变载荷工作，应用最广。它的缺点是线速度不能过高，通常小于 12 m/s，不如带传动平稳。

2. 带传动

由于各种新材料及新型传动带的出现，带传动的应用日益广泛。常用的有平带、V 带、多楔带和同步齿形带等。带传动的特点是靠摩擦力传动（除同步齿形带外）、结构简单、制造容易、成本低，特别适用于中心距较大的两轴间传动。由于带有弹性，可吸振，故传动平稳、噪声小，适宜高速传动。带传动在过载时会打滑，能起到过载保护作用。其缺点是有滑动，不能用在速比要求准确的场合。

同步齿形带通过带上的齿形与带轮上的轮齿相啮合来传递运动和动力。同步齿形带的齿形有梯形齿和圆弧齿两种。圆弧齿受力合理，比梯形齿同步带能够传递更大的转矩。

同步齿形带传动的优点是：无相对滑动，传动比准确，传动精度高；结构中采用伸缩率小、抗拉及抗弯强度高的承载绳，如钢丝、聚酯纤维等，因此强度高，可传递超过 100 kW 以上的动力；厚度小、质量小、传动平稳、噪声小，适用于高速传动，可达到 50 m/s；无须特别张紧，对轴和轴承压力小，传动效率高；不需要润滑，耐水、耐腐蚀，能在高温下工作，维护保养方便；传动比大，可达 1:10 以上。其缺点是制造工艺复杂，安装条件要求高。

3. 电动机直接驱动

如果主轴转速不高，可采用普通异步电动机直接带动主轴，如平面磨床的砂轮主轴；如果转速很高，可将主轴与电动机轴制成一体，成为主轴单元，电动机转子就是主轴，电动机座就是机床主轴单元的壳体。由于主轴单元大大简化了结构，有效地提高了主轴部件的刚度，降低了噪声和振动，有较宽的调速范围，有较大的驱动功率和转矩，便于组织专业化生产，因此，广泛地用在精密机床、高速加工中心和数控车床中。

3.4.3　主轴组件结构设计

多数机床的主轴采用前、后两个支承。这种方式结构简单，制造装配方便，容易保证精度。为了提高主轴组件的刚度，前、后支承应消除间隙或预紧。为了提高刚度和抗振性，有的机床主轴采用三个支承。三个支承主轴有两种方式：1）前、后支承为主，中间支承为辅的方式；2）前、中支承为主，后支承为辅的方式。目前常采用后一种方式的三个支承。主支承应消除间隙或预紧。辅助支承则应保留游隙，以至选用较大游隙的轴承。由于三个轴颈和三个箱体孔不可能绝对同轴，因此决不能将三个轴承都预紧，否则会发生干涉，从而使空载功率大幅上升，导致轴承温升过高。

1. 推力轴承位置配置形式

推力轴承在主轴前、后支承的配置形式，影响主轴轴向刚度和主轴热变形的方向和大小。为使主轴具有足够的轴向刚度和轴向位置精度，并尽量简化结构，应恰当地配置推力轴承的位置。

（1）前端配置

两个方向的推力轴承都布置在前支承处，如图 3 – 19 （a）所示。这类配置方案在前支承处轴承较多，发热多，温升高，但主轴受热后向后伸长，不影响轴向精度，因而精度高，对提高主轴部件的刚度有利，用于轴向精度和刚度要求较高的高精度机床或数控机床。

（2）后端配置

两个方向的推力轴承都布置在后支承处，如图 3 – 19 （b）所示。这类配置方案支承处轴承较少，发热少，温升低，但是主轴受热后向前伸长，影响轴向精度，用于轴向精度要求不高的普通精度机床，如立铣床、车床等。

（3）两端配置

两个方向的推力轴承分别布置在前、后两个支承处，如图 3 – 19 （c）、（d）所示，这类配置方案当主轴受热伸长后，影响主轴轴承的轴向间隙；如果推力支承布置在径向支承内侧，主轴可能因受热伸长而引起纵向弯曲。为了避免松动，可用弹簧消除间隙和补偿热膨胀。两端配置常用于短主轴，如组合机床主轴。

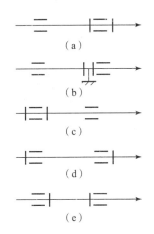

图 3 – 19　推力轴承位置

（a）前端配置；（b）后端配置；
（c），（d）两端配置；（e）中间配置

（4）中间配置

两个方向的推力轴承配置在前支承的后侧，如图 3 - 19（e）所示。这类配置方案可减小主轴的悬伸量，并使主轴受热膨胀后向后伸长，但前支承结构较复杂，温升也可能较高。

2. 滚动轴承的配置型式

（1）滚动轴承配置和选择的一般原则

大多是机床主轴采用两支承结构，其配置和选择的一般原则如下：

1）适应承载能力和刚度的要求。线接触的圆柱或圆锥滚子轴承，其径向承载能力和刚度要比点接触的球轴承好；在轴向承载能力和刚度方面，以推力球轴承最高，圆锥滚子轴承次之，角接触球轴承为最低。

2）适应转速的要求。合适的转速可以限制轴承的温升，保持轴承的精度，延长轴承的使用寿命。

3）适应结构要求。为了使主轴部件具有高的刚度，且结构紧凑，主轴直径应选大一些较好，这时轴承选用轻型或特（超）轻型，或者可在同一支承处（尤其是前支承）配置两联或多联轴承；对于中心距很小的多主轴机床（如组合机床），可采用滚针轴承，并将推力球轴承轴向错开排列（见图 3 - 20），以避免其外径干涉。

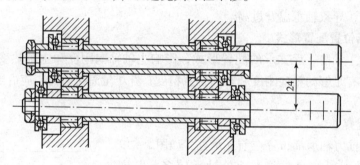

图 3 - 20　组合机床主轴部件

（2）主轴滚动轴承的精度和配合

前、后轴承内圈偏心量对主轴端部的影响如图 3 - 21 所示。图 3 - 21（a）表示前轴承轴心有偏移 δ_a，后轴承偏移为零的情况。这时反映到主轴端部的偏移 δ_{a1} 为：

$$\delta_{a1} = \frac{L + a}{L}\delta_a$$

图 3 - 21（b）表示后轴承有偏移 δ_b，前轴承偏移为零的情况。这时反映到主轴端部的偏移 δ_{b1} 为：

$$\delta_{b1} = \frac{a}{L}\delta_b$$

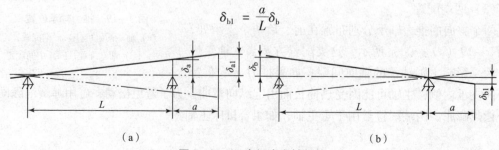

（a）　　　　　　　　　　　　　　　　　（b）

图 3 - 21　组合机床主轴部件

若 $\delta_a = \delta_b$，则 $\delta_{a1} > \delta_{b1}$，这说明前轴承的精度对主轴旋转精度的影响较大，因此，前轴承的精度通常应选得比后轴承高一级。各种精度等级的机床，可参考表 3 - 4 选用其主轴滚动轴承的精度，数控机床可按精密或高精度机床选用。

表 3 - 4　主轴滚动轴承的精度

机床精度等级	前轴承	后轴承
普通精度级	P5 或 P4 （SP）	P5 或 P4 （SP）
精密级	P4 （SP） 或 P2 （UP）	P4 （SP）
高精度级	P2 （UP）	P2 （UP）

滚动轴承的配合对主轴部件精度的影响也很大。轴承内圈与轴颈、外圈与支承孔的配合必须适当，过松时受载后会出现松动，影响主轴部件的旋转精度和刚度、缩短轴承的使用寿命；过紧则会使内外圈变形，同样会影响主轴部件的旋转精度、加速轴承的磨损、增加温升和热变形，也给装配带来困难。主轴滚动轴承的配合可参考表 3 - 5 选用。

表 3 - 5　主轴滚动轴承的配合

配合部位	配合			
主轴轴颈与轴承内圈	m5	k5	js6	k6
座孔与轴承外圈	K6	J6 或 JS6	规定一定的过盈量	

（3）主轴滚动轴承的间隙调整和预紧

主轴轴承通常采用预加载荷的方法消除间隙，并产生一定的过盈量，使滚动体与滚道之间产生一定的预压力和弹性变形，增大接触面，使承载区扩大到整圈，各滚动体受力均匀。图 3 - 22 所示为滚动轴承预紧前后的受力情况。显然，轴承合理预紧可提高其刚度和寿命，提高轴承的旋转精度和抗振性，降低噪声；超过合理的预紧量，轴承的刚度提高不明显，但发热增多，磨损加快，其寿命、承载能力和极限转速均下降。

预紧力通常分为轻预紧、中预紧和重预紧三级，代号分别为 A、B、C。轻预紧适用于高速主轴，中预紧适用于中、低速主轴，重预紧适用于分度主轴。预紧力也可按轴承厂的样本规定选取。

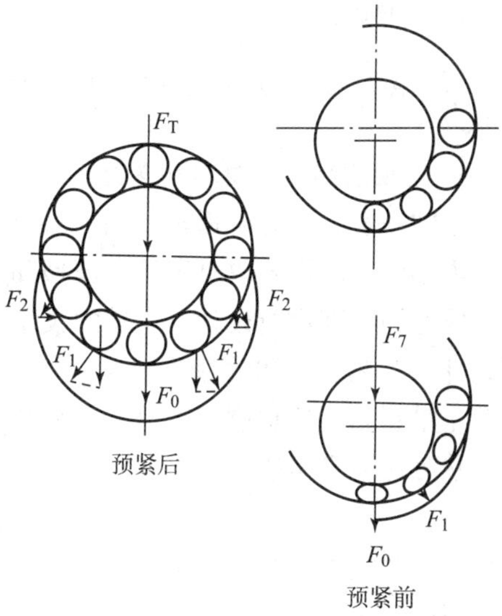

图 3 - 22　滚动轴承预紧前后的受力分析

（4）滚动轴承的润滑和密封

润滑的目的是减少摩擦与磨损，延长寿命，也起到冷却、吸振、防锈和降低噪声的作用。常用的润滑剂有润滑油、润滑脂和固体润滑剂。通常，在速度较低、工作负荷较大时，用润滑脂；在速度较高、负荷较小时，用润滑油。

密封的作用是防止润滑油外漏，防止灰尘、屑末及水分侵入，减少磨损和腐蚀，保护环境。密封主要分为接触式密封和非接触式密封。前者有摩擦磨损，发热严重，适用于低速主轴；后者制成迷宫式和间歇式，发热很小，应用广泛。

3. 主轴传动件的合理布置

合理布置传动件的轴向位置，可以改善主轴和轴承的受力情况，以及传动件和轴承的工作条件，提高主轴组件刚度、抗振性和承载能力。传动部件位于两支承之间是最常见的布置，如图 3-23 所示。为了减小主轴

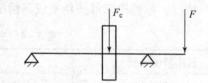

图 3-23　传动部件位于两支承之间的布置

的弯曲变形和扭转变形，传动齿轮应尽量靠近前支承处；当主轴上有两个齿轮时，由于大齿轮用于低速传动，作用力较大，应将大齿轮布置在靠近前支承处。

图 3-24 所示为传动件位于主轴后悬伸端，多用于外圆磨床和内圆磨床的砂轮主轴。带轮装在主轴的外伸尾端，便于防护和更换。图 3-25 所示为传动件位于主轴前悬伸端，使传动力和切削力方向相反，可使主轴前端位移量相互抵消一部分，减小了主轴前端位移量，同时前支承受力也减小。主轴的受扭段变短，提高了主轴刚度，改善了轴承的工作条件。但这种布置会引起主轴前端悬伸量的增大，影响主轴组件的刚度及抗振性，所以只适用于大型、重型机床。

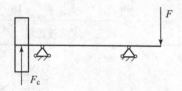

图 3-24　传动件位于后悬伸端

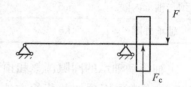

图 3-25　传动件位于主轴前悬伸端

4. 主轴的结构、材料和热处理

主轴一般为空心阶梯轴，前端径向尺寸大，中间径向尺寸逐渐减小，尾部径向尺寸最小。主轴的前端形式取决于机床类型和安装夹具或刀具的形式。主轴的形状和尺寸已经标准化，应遵照标准进行设计。主轴的技术要求，应根据机床精度标准有关项目制定。应尽量做到设计、工艺、检测的基准相统一。

主轴材料主要根据耐磨性、载荷特点和热处理后的变形大小来选择。机床主轴常用的材料及热处理可参考表 3-6。

表 3-6　主轴材料及热处理

材料	热处理	用途
45 钢	调质 22～28 HRC，局部高频淬硬 50～55 HRC	一般机床主轴、传动轴
40Cr	淬硬 40～50 HRC	载荷较大或表面要求较硬的主轴
20Cr	渗碳、淬硬 56～62 HRC	中等载荷、转速很高、冲击较大的主轴
38CrMoAlA	氮化处理 850～1 000 HV	精密和高精度机床主轴
65Mn	淬硬 52～58 HRC	高精度机床主轴

5. 主轴组件结构参数的确定

主轴组件的结构参数主要包括主轴的平均直径 D（或前、后轴颈直径 D_1 和 D_2）、内孔直径 d（对于空心主轴而言）、前端的悬伸量 a 及主轴的支承跨距 L 等。一般步骤是首先确定平均直径 D（或前轴颈 D_1），然后确定内径 d 和主轴前端的悬伸量 a，最后再根据 D、a 和主轴前支承的刚度确定支承跨距 L。

（1）主轴平均直径的确定

主轴平均直径 D 的增大能大大提高主轴的刚度，而且还能增大孔径，但也会使主轴上的传动件（特别是起升速作用的小齿轮）和轴承的径向尺寸加大。主轴直径 D 应在合理的范围内尽量选大些，达到既满足刚度要求，又使结构紧凑。主轴前轴颈直径 D_1 可根据机床的主电动机功率或机床参数来确定，见表 3 – 7。车床和铣床主轴后轴颈 $D_2 = (0.7 \sim 0.85) D_1$。

表 3 – 7　主轴前轴颈的直径 D_1　　　　　　　　　　　　　　　mm

功率/kW　　机床	2.6 ~ 3.6	3.7 ~ 5.5	5.6 ~ 7.2	7.4 ~ 11	11 ~ 14.7	14.8 ~ 18.4
车床	70 ~ 90	70 ~ 105	95 ~ 130	110 ~ 145	140 ~ 165	150 ~ 190
升降台铣床	60 ~ 90	60 ~ 95	75 ~ 100	90 ~ 115	100 ~ 115	—
外圆磨床	50 ~ 60	55 ~ 77	70 ~ 80	75 ~ 90	75 ~ 100	90 ~ 100

（2）主轴内孔直径的确定

很多机床的主轴都是空心的，为了不过多地削弱主轴刚度，一般应保证 $d/D < 0.7$。内孔直径 d 与其用途有关，如车床主轴内孔通过棒料或卸顶尖时穿入所用的铁棒，铣床主轴内孔可通过拉杆来拉紧刀柄等。卧式车床的主轴内孔直径 d 通常应不小于主轴平均直径的 55%，铣床主轴内孔直径可比刀具拉杆直径大 5 ~ 10 mm。

（3）主轴前端悬伸量的确定

主轴前端悬伸量 a 是指主轴前支承径向反力作用点到主轴前端受力作用点之间的距离。无论从理论分析还是从实际测试的结构来看，主轴前端悬伸量 a 值的选取原则是在满足结构要求的前提下，尽量取最小值。

主轴前端悬伸量 a 取决于主轴端部的结构形状和尺寸、工件或刀具的安装方式、前轴承的类型及组合方式、润滑与密封装置的结构等。为了减少 a 值可采取下列措施：

1）尽量采用短锥法兰式的主轴端部结构。

2）推力轴承布置在前支承时，应安装在径向轴承的内侧。

3）尽量利用主轴端部的法兰盘和轴肩等构成密封装置。

4）成对安装圆锥滚子轴承，应采取滚锥小端相对形式；成对安装角接触轴承，应采用类似的背对背安装。

（4）主轴支承跨距的确定

主轴支承跨距 L 是指主轴两个支承的支承反力作用点之间的距离。在主轴的轴颈 D、内孔直径 d、前端悬伸量 a 及轴承配置形式确定后，合理选择支承跨距，可使主轴组件获得最大的综合刚度。

支承跨距过小，主轴的弯曲变形较小，但因支承变形引起的主轴前端位移量尽管减小，但主轴的弯曲变形会增大，也会引起主轴前端较大的位移。所以存在一个最佳的支承跨距 L，使得因主轴弯曲变形和支承变形引起主轴前端的总位移量为最小。

有关资料对合理跨距选择的推荐值如下：

1）$L_{合理} = (4 \sim 5) D_1$。

2）$L_{合理} = (3 \sim 5) a$，用于悬伸长度较小时，如车床、铣床、外圆磨床等。

3）$L_{合理} = (1 \sim 2) a$，用于悬伸长度较大时，如镗床、内圆磨床等。

3.4.4　主轴轴承

1. 主轴轴承的选择

轴承是主轴组件的重要组成部分，它的类型、配置方式、精度、安装、调整、润滑和冷却都直接影响主轴组件的工作性能。机床主轴使用的轴承有滚动轴承和滑动轴承两大类。从旋转精度来看，两大类轴承都能满足要求。

滚动轴承与滑动轴承相比，优点如下：

1）滚动轴承能在转速和载荷变化幅度很大的条件下稳定地工作。

2）滚动轴承能在无间隙，甚至在预紧（有一定的过盈量）的条件下工作。

3）滚动轴承的摩擦系数少，有利于减少发热。

4）滚动轴承润滑很容易，可以用脂润滑。一次装填可以一直用到修理时才换脂。如果用油润滑，单位时间所需的油量也远比滑动轴承少。

5）滚动轴承是由轴承厂生产的，可以外购。

滚动轴承的缺点如下：

1）滚动体的数量有限，所以滚动轴承在旋转中的径向刚度是变化的，这是引起振动的原因之一。

2）滚动轴承的阻尼较低。

3）滚动轴承的径向尺寸比滑动轴承大。

对主轴轴承的基本要求：旋转精度高，刚度高，承载能力强，极限转速高，适应变速范围大，摩擦、噪声低，抗振性好，使用寿命长，制造简单，使用维护方便等。因此，在选用主轴轴承时，应根据该主轴组件的主要性能要求、制造条件、经济效果进行综合考虑。一般情况下，应尽量采用滚动轴承，只有当主轴速度、加工精度及工件加工表面有较高的要求时，才使用滑动轴承。

2. 主轴滚动轴承

主轴较粗，主轴轴承的直径较大。相对地说，轴承的负载较轻。因此，一般情况下，承载能力和疲劳寿命不是选择主轴轴承的主要指标。

主轴轴承应根据精度、刚度和转速选择。为了提高精度和刚度，主轴轴承的间隙应该是可调的。线接触的滚子轴承，比点接触的球轴承刚度高，但一定温升下允许的转速较低。

下面重点介绍几种主轴常用的滚动轴承。

（1）双列圆柱滚子轴承

图 3-26 所示为双列圆柱滚子轴承。这类轴承的滚子数多（50~60 个），两列滚子交错

排列，其径向刚度和承载能力较大，允许的转速较高，但它的内、外圈均较薄，对主轴颈和箱体孔的制造精度要求较高。双列圆柱滚子轴承只能承受径向载荷，一般常和推力轴承配套使用，能承受较大的径向载荷和轴向载荷，适用于载荷和刚度较高、中等转速的主轴组件前支承。

这类轴承以 NN3000K 系列轴承最为常用，它的挡边在内圈上，外圈可以分离。内圈锥孔锥度为 1 : 12，与主轴的锥形轴颈相配。内圈轴向右移使其径向胀大，从而达到消除间隙和预紧的目的。

超轻型 NNU4900K 系列轴承的挡边在外圈上，内圈可以分离，将内圈装到主轴轴颈上再精磨滚道，可

图 3 – 26　双列圆柱滚子轴承

以进一步提高滚道和主轴旋转中心的同轴度；外滚道槽易存油，润滑较好。但制造复杂，适用于内径 100 mm 以上的大规格轴承。

（2）双向推力角接触球轴承

图 3 – 27 所示为双向推力角接触球轴承。型号为 234400，接触角为 60°。它由外圈，左、右内圈，左、右两列滚珠，保持架，隔套所组成。修磨隔套的厚度就能消除间隙和预紧。滚动体直径小，极限转速高；外圆和箱体孔为间隙配合，安装方便，且不承受径向载荷。常与双列圆柱滚子轴承配套使用，能承受双向轴向载荷，用于主轴组件的前支承。

（3）角接触球轴承

图 3 – 28 所示为角接触球轴承，这种轴承既可承受径向载荷，又可承受轴向载荷。接触角常见有 α = 15° 和 α = 25° 两种，前者编号为 7000C 系列，后者编号为 7000AC 系列。7000C 系列角接触球轴承多用于轴向载荷较小、转速较高的地方，如磨床主轴；7000AC 系列角接触球轴承多用于轴向载荷较大的地方，如车床和加工中心主轴，把内、外圈相对轴向位移，可以调整间隙，实现预紧。角接触球轴承多用于高速主轴。

图 3 – 27　双向推力角接触球轴承

图 3 – 28　角接触球轴承

球轴承为点接触，刚度不高。为提高刚度，同一支承处可以多联组配，如两个（代号

为 D)、三个（代号为 T）或四个（代号为 Q）等，常有背靠背（代号为 DB）、面对面（代号为 DF）和同向即串联（代号为 DT）等安装方式（见图 3-29）。数控机床的主轴的主轴轴承应采用 DB 组配，丝杠轴承常采用 DT 组配。

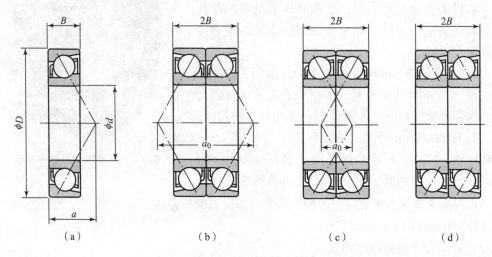

图 3-29 双轴承安装形式

（a）单列；（b）背对背配置（DB）；（c）面对面配置（DF）；（d）串联配置（DT）

（4）圆锥滚子轴承

图 3-30 所示为圆锥滚子轴承。这种轴承能承受径向和轴向载荷，承载能力和刚度都比较高。但是，滚子大端和内圈挡边之间是滑动摩擦，发热较多，故允许的转速较低。为了解决这个问题，法国加梅公司开发了空心滚子圆锥滚子轴承，滚子是空心的，保持架是铝制的，整体加工，把滚子之间的间隙填满。大量的润滑油只能从滚子的孔中流过，冷却滚子，以降低轴承的发热。但是，这种轴承必须用油润滑。

图 3-30 圆锥滚子轴承

3. 主轴滑动轴承

滑动轴承具有旋转精度高、抗振性能好、运动平稳等特点，此外，结构简单、成本低廉、可长期运转而无须加注润滑剂，主要应用于高速和低速的精密、高精密机床和数控机床的主轴。

按照流体介质不同，主轴滑动轴承可分为液体滑动轴承和气体滑动轴承。

（1）液体滑动轴承

液体滑动轴承根据油膜压力形成的方法不同，有液体动压滑动轴承和液体静压滑动轴承之分。

1）液体动压滑动轴承。图 3-31 所示为建立液体动压润滑的过程及油膜压力分布。主轴以一定的转速旋转时，液体动压滑动轴承带着润滑油从间隙大处向间隙小处流动，形成压力油楔而将主轴浮起，产生压力油膜以承受载荷。液体动压滑动轴承按油楔数分为单油楔和多油楔。多油楔因为有几个独立油楔，形成的油膜压力在几个方向上支承轴颈，轴心位置稳定性好，抗振性和冲击性能好。因此，机床主轴常用多油楔液体动压滑动轴承。

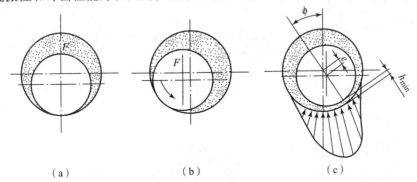

图 3-31　建立液体动压润滑的过程及油膜压力分布
(a) 静止时；(b) 启动时；(c) 形成油膜及油膜压力分布

多油楔液体动压滑动轴承又分为以下两类。

①固定多油楔液体动压滑动轴承。它利用在轴承内的工作表面上加工出偏心圆弧面或阿基米德螺旋线来实现油楔。图 3-32 (a) 所示为用于外圆磨床砂轮架主轴的固定多油楔液体动压滑动轴承的结构。主轴前端是固定多油楔液体动压轴瓦 1，后端是双列短圆柱滚子轴承。主轴的轴向定位靠前、后两个止推环 2 和 5。这种多油楔属于外柱内锥式，其径向间隙由止推环 2 和右侧的转动螺母 3 调整，使主轴相对前轴承做轴向移动。调整螺母 4 用来调整滑动推力轴承的轴向间隙。

固定多油楔轴瓦的结构如图 3-32 (b) 所示，在轴瓦内壁上开 5 个等分的油囊，形成 5 个油楔。其油压分布如图 3-32 (c) 所示。由于主轴转向固定，故油囊形状为阿基米德螺旋线，铲削而成。油楔的入口与出口的距离称为油楔宽度，入口间隙 h_1 与出口间隙 h_2 之比称为间隙比。理论上，最佳间隙比为 $h_1/h_2 = 2.2$。

固定多油楔液体动压滑动轴承是由机械加工出来的油囊形成油楔的。因此轴承的尺寸精度、接触状况和油楔参数等较稳定，拆装后变化也很小，维修也比较方便。但它在装配时前后轴承的同轴度不能调整，加之轴承间隙很小，因此对轴承及箱体孔、衬套的同轴度要求很高。

②活动多油楔液体动压滑动轴承。它由三块或五块轴瓦块组成，利用浮动轴瓦的自动调位来实现油楔。图 3-33 所示为短三轴瓦活动多油楔液体动压滑动轴承。三块轴瓦各有一球头螺钉支承，可以稍微摆动以适应转速或载荷的变化。瓦块的压力中心 O 离出口的距离 b 约为瓦块宽 B 的 0.4 倍。O 点也就是瓦块的支承点。主轴旋转时，由于瓦块上油楔压强的分布，瓦块可自行摆动至最佳间隙比 $h_1/h_2 = 2.2$ 后处于平衡状态。当主轴负荷变化时，主轴将产生位移，这时 h_2 发生变化。如果 h_2 变小，则出口处油压升高，轴瓦做逆时针方向摆动，h_1 变小。当 $h_1/h_2 = 2.2$ 时，又处于新的平衡状态。因此，这种轴承能自动地保持最佳

间隙比，使瓦块宽 B 等于油楔宽。这时，轴瓦的承载能力最大。

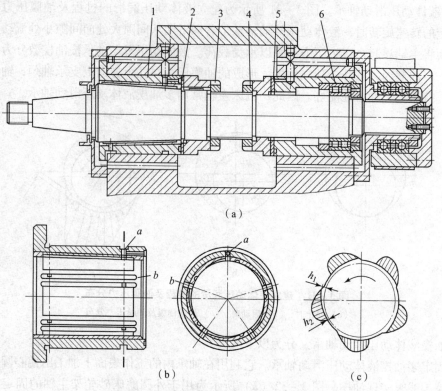

（a）

（b）　（c）

图 3-32　固定多油楔液体动压滑动轴承、轴瓦的结构及油压分布
1—轴瓦；2，5—止推环；3—转动螺母；4—调整螺母；6—轴承

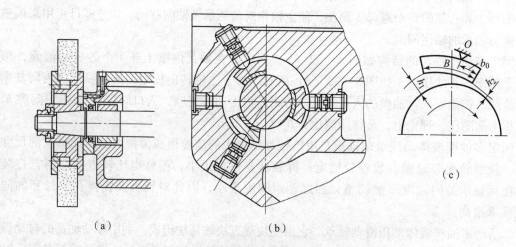

（a）　　　　（b）

图 3-33　短三轴瓦活动多油楔液体动压滑动轴承

这种轴承主轴只能朝一个方向转动，不允许反转，否则不能形成压力油楔。因为它的结构简单，制造维修方便，比滚动轴承抗振性好，运动平稳，故在各类磨床主轴组件中得到广泛的应用。

2）液体静压滑动轴承。液体动压滑动轴承在转速低于一定值时，压力油膜就形成不了，因此当主轴处于低转速或启动、停止过程中时，轴承就要与轴承表面直接接触，产生干摩擦。主轴转速变化后，压力油膜的厚度要随之变化，导致轴心位置发生变化，而液体静压滑动轴承就是克服上述缺点而发展起来的。

图 3－34 所示为液体静压滑动轴承径向承载的工作原理，它由专门的供油系统、节流器和轴承组成。轴承的内圆柱面上对称开有 4 个油腔，各油腔之间用回油槽隔开，分别形成轴向油封面和周向油封面，内孔和轴颈之间保持 0.02 ~ 0.04 mm 的间隙。供油系统提供的压力经节流器 T 进入各油腔，将轴颈推向中央，油液最后经回油槽流回油箱。

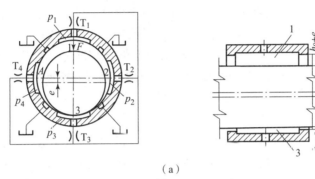

（a）

图 3－34　液体静压滑动轴承径向承载的工作原理

当主轴不受载荷且忽略自重时，各油腔的油压相等，轴颈表面与各油封面之间的间隙均为 h_0，这时主轴在轴承中保持其中心位置；当主轴受径向载荷 F 作用时，轴颈下移出现偏心量 e，这时油腔 3 处的间隙减小为 $h_0 - e$，油流阻力增大，因而流过节流器 T_3 的流量减少，压力损失也减小，则油腔 3 内的油压 p_3 升高，同时油腔 1 处的间隙增大为 $h_0 + e$，流过节流器 T_1 的流量增加，压力损失也增加，则油腔 1 处的油压 p_1 降低，这样油腔 3 和油腔 1 之间出现压力差，由此产生与载荷方向相反的支承力，以平衡外载荷。

静压轴承克服了动压轴承的缺点，静压轴承旋转精度高，抗振性好，其缺点是需要配备一套专用的供油系统，而且制造工艺较复杂。它适用于中、低速，重载的大型、重型机床主轴。

（2）气体滑动轴承

气体滑动轴承的轴与轴瓦被气体隔开，使轴在轴承中无接触地旋转或呈悬浮状态。

气体滑动轴承形成承载气膜的机理与液体润滑轴承相同，故分为气体动压滑动轴承和气体静压滑动轴承。气体动压滑动轴承是利用气体在楔形空间产生的流体动压力来支承载荷的。常在轴颈或轴瓦的表面做出浅螺纹槽，利用槽的泵唧作用提高承载能力。气体静压滑动轴承的供气压力一般不超过 0.06 MPa，气体通过供气孔进入气室，然后分数路流经节流器进入轴承和轴颈的间隙，再从两端流出轴承，在间隙内形成支承载荷的静压气膜。气体静压滑动轴承的内孔表面一般不开气腔，以增大气膜刚度，提高稳定性。

气体滑动轴承按承受载荷的方向不同，又可分为气体径向滑动轴承、气体推力滑动轴承和气体径向推力组合滑动轴承。

气体滑动轴承具有以下一些优点：

1）摩阻极低。由于气体黏度比液体低得多，在室温下空气黏度仅为 10 号机械油的五千分之一，而轴承的摩阻与黏度成正比，所以气体滑动轴承的摩阻比液体润滑轴承低。

2）适用速度范围大。气体滑动轴承的摩阻低，温升低，在转速高达 50 000r/min 时不超过 20 ~ 30 ℃，转速甚至有高达 1 300 000r/min 的。气体静压滑动轴承还能用于极低的速度，甚至零速。

3）适用温度范围广。气体能在极大的温度范围内保持气态，其黏度受温度影响很小（温度升高时黏度还稍有增加，如温度从 20 ℃ 升至 100 ℃，空气黏度增加23%），因此，气体滑动轴承的适用温度范围可达 –265 ~ 1 650 ℃。

4）承载能力低。动压滑动轴承的承载能力与黏度成正比，气体动压滑动轴承的承载能力只有相同尺寸液体动压滑动轴承的千分之几。由于气体的可压缩性，气体动压滑动轴承的承载能力有极限值，一般单位投影面积上的载荷只能加到 0. 36 MPa。

5）加工精度要求高。为提高气体滑动轴承的承载能力和气膜刚度，通常采用比液体润滑轴承小的轴承间隙（小于 0. 015 mm），需要相应地提高零件精度。

气体滑动轴承的缺点是承载能力小、刚性差、稳定性差，对工作条件和材料要求严格，气体轴承还要求有稳定过滤气源等。

气体滑动轴承在精密仪器、精密机床、高速离心机、高低温环境及反应堆等设备中应用日益广泛。在某些情况下，气体滑动轴承甚至是唯一可用的支承形式。

磁力轴承是一种新型轴承，它利用磁场力使轴悬浮，故又称为磁悬浮轴承。如图 3 – 35 所示，它由转子、定子、电磁铁、位置传感器组成。转子和定子均为铁磁材料，转子压入回转轴承的回转筒中，工作时定子线圈产生磁场，将转子悬浮起来，4 个位置传感器连续检测转子的位置，如果转子中心发生偏离，则位置传感器将测得的偏差信号输送给控制装置，通过控制装置调整定子线圈的励磁功率，以保证转子中心回到理想中心位置。

磁力轴承的特点是：无机械磨损，理论上无速度限制；运转时无噪声，温升低、能耗小；不需要润滑，不污染环境，省掉一套润滑系统和设备；能在超低温和高温下正常工作，也可用于真空、蒸气腐蚀性的环境。磁力轴承可达到极高的速度，因而适用于高速、超高速加工，多用在超高速离心机中。

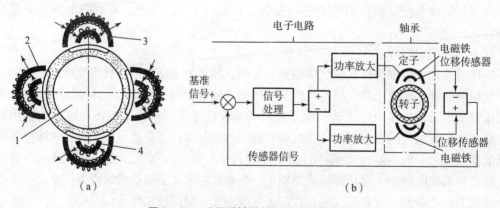

图 3 – 35 磁悬浮轴承的结构及工作原理

（a）结构；（b）工作原理

1—转子；2—定子；3—电磁铁；4—位置传感器

3.4.5　提高主轴组件性能的措施

1. 提高旋转精度

在保证主轴制造精度和轴承精度的同时，采用定向误差装配法可进一步提高主轴组件的旋转精度。

主轴组件装配后，插入主轴锥孔测量芯轴的径向圆跳动值 δ_z，是主轴轴承的径向圆跳动量引起的主轴端部的径向圆跳动值 δ_{z1}、δ_{z2} 和主轴锥孔相对于前后支承轴颈的径向圆跳动值 δ_{zc} 的综合反映。δ_{z1}、δ_{z2} 和 δ_{zc} 都是矢量，因此，按一定方向装配，可使这三项误差相互抵消。

首先，测出前后轴承内圈的径向圆跳动值及其方向，计算出 δ_{z1}、δ_{z2}；将主轴放在 V 形架上，测出锥孔的径向圆跳动值 δ_{zc}。将这三项误差矢量首尾连接，形成封闭三角形，利用余弦定理，求出 α、β 值，按此角度装配，可基本抵消误差，从而提高主轴的旋转精度，如图 3 - 36（a）所示。为简化装配，或三个误差矢量不能形成封闭三角形时，可将数值小的两误差矢量朝向一个方向，而较大的误差矢量朝相反方向，使矢量值和 δ_1 减小，如图 3 - 36（b）所示。

2. 提高静刚度

除提高主轴自身刚度外，可采用以下措施：

1）角接触轴承为前支承时，接触线与主轴轴线的交点应位于轴承前面。

2）传动件应位于后支承外侧，且传动力使主轴端部变形的方向不能和切削力造成的主轴端部的变形方向相同，两者的夹角应大一些，最佳为 180°，

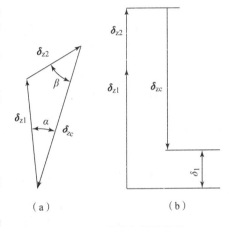

图 3 - 36　误差矢量装配法
（a）矢量封闭法；（b）矢量定向法

以部分补偿切削力造成的变形；主轴为带传动时，应采用卸荷式机构，避免主轴承受传动带的拉力；齿轮也可采用卸荷式机构。

3）适当增加一个支承内的轴承数目，适度预紧，采用辅助支承，以提高支承刚度。

3. 提高动刚度

除提高主轴组件的静刚度，使固有频率增高，避免共振外，还可采用如下措施来提高动刚度。

1）用圆锥液压胀套取代螺纹等轴向定位件，径向定位采用小锥度过盈配合或渐开线花键，滑移齿轮采用渐开线花键配合。

2）采用三支承主轴。

3）旋转零件的非配合面全部进行较精密的切削加工，并做动平衡。

4）设置消振装置，增加阻尼。可在较大的齿轮上切削出一个圆环槽，槽内灌注铅，主轴转动时，铅就会产生相对微量运动，消耗振动能量，从而抑制振动；如果是水平主轴，可采用动压滑动轴承，提高轴承阻尼；圆锥滚子轴承的滚子大端有滑动摩擦，阻尼比其他滚动轴承高，因而在极限转速许可的情况下，优先采用圆锥滚子轴承，增加滚动轴承的预紧力，

也可增加轴承的阻尼。

5）采用动力油润滑轴承，控制温升，减小热变形。

3.5 支承件设计

支承件是机床的基础构件，包括床身、立柱、横梁、摇臂、底座、刀架、工作台、箱体和升降台等。这些支承件一般都比较大，称为大件。它们相互固定，连接成机床的基础和框架，机床上其他零部件可以固定在支承件上，或者工作时在支承件的导轨上运动。在切削时，刀具与工件之间相互作用的力沿着大部分支承件逐个传递并使之变形，机床的动态力使支承件和整机振动。支承件的主要功能是承受各种载荷及热变形，并保证机床各零件之间的相互位置和相对运动精度，从而保证加工质量。

3.5.1 支承件的设计要求

支承件有如下设计要求：

1）支承件应有足够的静刚度和较高的固有频率。支承件的静刚度包括整体刚度、局部刚度和接触刚度。如卧式车床床身，载荷通过支承导轨面施加到床身上，使床身产生整体弯曲扭转变形，且使导轨产生局部变形和导轨面产生接触变形。

支承件的整体刚度又称为自身刚度，与支承件的材料以及截面形状、尺寸等影响惯性矩的参数有关。局部刚度是指支承件载荷集中的局部结构处抵抗变形的能力，如床身导轨的刚度、主轴箱在主轴轴承孔处附近部位的刚度、摇臂钻床的摇臂在靠近立柱处的刚度以及底座安装立柱部位的刚度等。接触刚度是指支承件的结合面在外载作用下抵抗接触变形的能力，用符号 K_j 表示。其大小用结合面的平均压强 p（MPa）与变形量 δ（μm）之比来表示。由于结合面在加工中存在平面度误差和表面精度误差，当接触压强很小时，结合面只有几个高点接触，实际接触面积很小，接触变形大，接触刚度低；当接触压强较大时，结合面上的高点产生变形，接触面积扩大，变形量的增加比率小于接触压强的增加比率，因而接触刚度较高，即接触刚度是压强的函数，随接触压强的增加而增大。接触刚度还与结合面的结合形式有关，活动接触面（结合面间有相对运动）的接触刚度小于等接触面积固定接触面（结合面间无相对运动）的接触刚度。由此可知，接触刚度取决于结合面的表面粗糙度和平面度、结合面的大小、材料硬度、接触面的压强等因素。

支承件的固有频率是刚度与质量比值的平方根，即 $K = m\omega_0^2$，固有频率的单位为 rad/s。当激振力（断续切削力、旋转零件的离心力等）的频率 ω 接近固有频率时，支承件将产生共振。设计时，应使固有频率高于激振频率30%，即 $\omega_0 > 1.3\omega$。由于激振力多为低频，故支承件应有较高的固有频率。在满足刚度的前提下，应尽量减小支承件质量。另外，支承件的质量往往占机床总质量的80%以上，固有频率在很大程度上反映了支承件的设计合理性。

2）良好的动态特性。支承件应有较高的静刚度、固有频率，使整机的各阶固有频率远离激振频率，在切削过程中不产生共振；支承件还必须有较大的阻尼，以抑制振动的振幅；

薄壁面积应小于 400 mm × 400 mm，避免薄壁振动。

3）支承件应结构合理。成形后应进行时效处理，充分消除内应力，形状稳定，热变形小，受热变形后对加工精度的影响较小。

4）支承件应排屑畅通，工艺性好，易于制造，成本低，且吊运安装方便。

3.5.2　支承件的材料和热处理

支承件的材料有铸铁、钢板和型钢、铝合金、预应力钢筋混凝土、非金属等，其中常用材料为铸铁和钢。

1. 铸铁

一般支件用灰铸铁制成，在铸铁中加入少量合金元素可提高其耐磨性。如果导轨与支承件为一体，则铸铁的牌号根据导轨的要求选择。如果导轨是镶装上去的，或者支承件上没有导轨，则支件的材料一般可用 HT100、HT150、HT200、HT250、HT300 等，还可用球墨铸铁 QT450 - 10、QT800 - 02 等。

铸铁铸造性能好，容易获得复杂结构的支承件。同时铸铁的内摩擦力大，阻尼系数大，使振动衰减性能好，成本低。但铸造时需要型模，制造周期长，仅适用于成批生产。在铸造或者焊接过程中会产生残余应力，因此，必须进行时效处理，时效最好在粗加工后进行。铸铁在 450 ℃ 以上内应力的作用下开始变形，超过 550 ℃ 则硬度将降低。因此，热时效处理应在 530 ~ 550 ℃ 内进行，这样既能消除内应力，又不降低硬度。

2. 钢板和型钢

用钢板和型钢等焊接的支承件，其制造周期短，可做成封闭件，不像铸件那样要留出沙孔而且可根据受力情况布置肋板和肋条来提高抗扭和抗弯刚度。由于钢的弹性模量约为铸铁的两倍，当刚度要求相同时，钢焊接件的壁厚仅为铸件的一半，使质量减小，固有频率提高。如果发现结构有缺陷，如发现刚度不够，焊接件可以补救。但焊接结构在成批生产时，成本比铸件高。因此，多用在大型、重型机床及自制设备等小批生产中。

钢板焊接结构的缺陷是钢板材料内摩擦阻尼约为铸铁的 1/3，抗振性较铸铁差。为提高机床抗振性能，可采用提高阻尼的方法来改善钢板焊接结构的动态性能。钢制焊接件的时效处理温度较高，为 600 ~ 650 ℃。普通精度机床的支承件进行一次时效处理就可以了，精密机床最好进行两次时效处理，即粗加工前、后各一次。

3. 铝合金

铝合金的密度只有铁的 1/3，有些铝合金还可以通过热处理进行强化，提高铝合金的力学性能。对于有些对总体质量要求较小的设备，为了减小其质量，它的支承件可考虑使用铝合金。常用的牌号有 ZAlSi7Mg、ZAlSi2Cu2Mg1 等。

4. 预应力钢筋混凝土

预应力钢筋混凝土支承件（主要为床身、立柱、底座等）近年来有相当的发展。其优点是刚度高，阻尼比大，抗振性能好，成本低。据国外机床公司的介绍，床身内有三个方向都要配置钢筋，总预拉力为 120 ~ 150 kN。缺点是脆性大，耐蚀性差。为了防止油对混凝土的侵蚀，表面应喷涂塑料或进行喷漆处理。

5. 非金属

非金属材料主要有混凝土、天然花岗岩等。

混凝土刚度高；具有良好的阻尼性能，阻尼比是灰铸铁的 8 ~ 10 倍，抗振性好，弹性模量是钢的 1/15 ~ 1/10，热容量大，热传导率低，导热系数是铸铁的 1/40 ~ 1/25，热稳定性好，其构件热变形小。其缺点是力学性能差，但可以预埋金属或添加加强纤维，适用于受载面积大、抗振要求较高的支承件。

天然花岗岩导热系数和膨胀系数小，精度保持性好，抗振性好，阻尼系数比钢大 15 倍，耐磨性比铸铁高 5 ~ 6 倍，热稳定性好，抗氧化性强，不导电，抗磁，与金属不粘合，加工方便，通过研磨和抛光容易得到较高的精度和很低的表面粗糙度。

3.5.3　支承件的结构分析

一台机床支承件的质量占其总质量的 80% ~ 85%，同时支承件的性能对整机性能的影响很大。因此，应该准确地进行支承件的结构设计。合理的结构通常是根据其使用要求和受力情况，参考现有机床的同类型件，初步确定其形状和尺寸。然后，可以利用计算机进行有限元计算，求得其静态刚度和动态特征，并据此对设计进行修改和完善，选出最佳结构方案，使支承件能满足它的基本要求，并在这个前提下尽量节约材料。

1. 提高支承件的自身刚度和局部刚度

（1）正确选择截面的形状和尺寸

支承件主要是承受弯曲、扭矩以及弯扭复合载荷，所以自身刚度主要是考虑弯曲刚度和扭转刚度。截面积近似地皆为 10 000 mm² 的 8 种不同截面形状的抗弯和抗扭惯性矩的比较见表 3 –8。

表 3 –8　不同截面形状的抗弯和抗扭惯性矩

序号		1	2	3	4
截面形状		$\phi113$	$\phi113$ $\phi160$	$\phi160$ $\phi196$	$\phi160$ $\phi196$
抗弯惯性矩	cm⁴	800	2 416	4 027	—
	%	100	302	503	—
抗扭惯性矩	cm⁴	1 600	4 832	8 054	108
	%	100	302	503	7

续表

序号		5	6	7	8
截面形状					
抗弯 惯性矩	cm⁴	833	2 460	4 170	6 930
	%	104	308	521	866
抗扭 惯性矩	cm⁴	1 406	4 151	7 037	5 590
	%	88	259	440	350

比较后得出的结果如下：

1）空心截面的惯性矩比实心的大。因此，在工艺可能的条件下应尽量减薄壁厚。一般不用增加壁厚的办法来提高自身刚度。

2）方形截面的抗弯刚度比圆形的大，而抗扭刚度较低。若支承件所承受的主要是弯矩，则应取方形或矩形为好；若支承件所承受的主要是扭矩，则应取圆形（空心）为好。

3）不封闭的截面比封闭的截面刚度低很多，特别是抗扭刚度下降更多。因此，在可能的条件下，应尽量把支承件的截面做成封闭的形式。

（2）合理布置隔板和加强肋

在两壁之间起连接作用的内壁称为隔板。隔板的功用在于把作用于支承件局部地区的载荷传递给其他壁板，从而使整个支承件能比较均匀地承受载荷。因此，当支承件不能采用全封闭截面时，应布置隔板和加强肋来提高支承件的刚度。

隔板布置有横向、纵向和斜向等基本形式。横向隔板布置在与弯曲平面垂直的平面内，抗扭刚度较高；纵向隔板布置在弯曲平面内，抗弯刚度较高；斜向隔板的抗弯刚度和抗扭刚度均较高。隔板布置对封闭式箱体结构刚度的影响见表 3 - 9。

表 3 - 9　隔板布置对封闭式箱体结构刚度的影响

序号	模型	弯曲刚度 相对值（$X-X$）	扭转刚度 相对值
1		1.0	1.0
2		1.16	1.44

149

续表

序号	模型	弯曲刚度相对值 $(X-X)$	扭转刚度相对值
3		1.02	1.33
4		1.11	1.67
5		1.13	2.02

加强肋一般配置在内壁上，作用与隔板相同。如图3-37所示，图3-37（a）、（b）中的肋分别用来提高导轨和轴承座处的局部刚度；图3-37（c）、（d）、（e）为当壁板面积大于400 mm²×400 mm²时，为避免薄壁振动而在内表面加的肋，以提高壁板的抗弯刚度。加强肋的高度可取为壁厚的4~5倍，肋的厚度取壁厚的0.8~1倍。

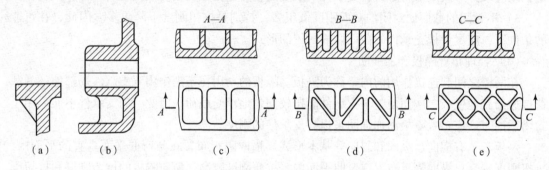

图3-37　加强肋

（3）合理开窗和加盖

铸铁支承件壁上开孔会降低刚度，但因结构和工艺要求常需开孔。当开孔面积小于所在壁面积的0.2时，对刚度影响较小。当开孔面积超过所在壁面积的0.2时，抗扭刚度会降低许多。所以，孔宽和孔径以不大于壁宽的1/4为宜，且应开在支承件壁的几何中心附近。开孔对抗弯刚度影响较小，若加盖且拧紧螺栓，抗弯刚度可接近未开孔时的水平，嵌入盖比面覆盖效果更好。

（4）合理选择连接部位的结构

图3-38所示为支承件连接部位的4种结构形式。设图3-38（a）一般凸缘连接的相对连接刚度为1.0，则图3-38（b）有加强肋凸缘连接的连接刚度为1.06，图3-38（c）凹槽式连接的连接刚度为1.80，图3-38（d）U形加强肋结构连接的连接刚度为1.85。显然后两种加强肋结构效果好，特别是用来承受弯矩的效果更好，但结构复杂。

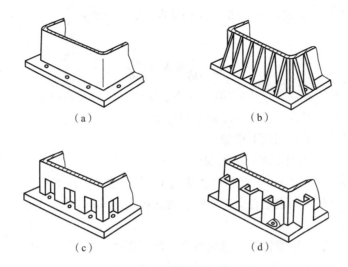

图 3 – 38　连接部位的结构形式

（a）一般凸缘连接；（b）有加强肋的凸缘连接；（c）凹槽式连接；（d）U 形加强肋结构连接

2. 提高支承件的接触刚度

实际接触面积只是名义接触面的一部分，又由于微观不平，真正接触的只是一些高点，如图 3 – 39 所示。接触刚度与构件的自身刚度有两方面的不同。

接触刚度 K_j 是平均压强 p 与变形量 δ 之比，即：

$$K_j = \frac{p}{\delta} \; (\text{MPa}/\mu\text{m})$$

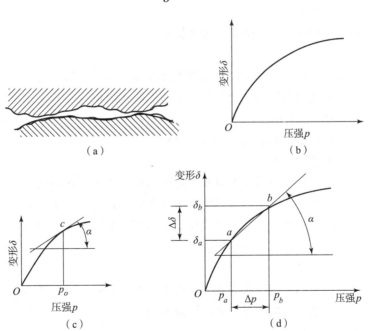

图 3 – 39　接触刚度

（a）实际接触面情况；（b）变形与压强曲线图；（c）接触刚度的导数表示法；

（d）接触刚度的近似表示法

接触刚度 K_j 不是一个固定值，即 p 与 δ 的关系是非线性的，考虑到非线性，接触刚度应定义为：

$$K_j = \frac{dp}{d\delta} \text{或} K_j = \frac{\Delta p}{\Delta \delta}$$

但在实际中，希望 K_j 是一个固定值，以便于使用。接触面的表面粗糙度、微观不平度、材料硬度、预压压强等因素对接触刚度的影响都很大。

为提高接触刚度，可采用以下措施。

（1）导轨面和重要的固定面必须配刮或配磨

刮研时，每 25 mm×25 mm，高精度机床为 12 点，精密机床为 8 点，普通机床为 6 点，并应使接触点均匀分布。固定结合面磨配时，表面粗糙度 Ra 应小于 1.6 μm。

（2）施加预载

用固定螺钉连接时拧紧螺钉使接触面间有一预压压强，这样工作时由外载荷而引起的接触面间压强变化相对较小，可有效消除微观不平度的影响，提高接触刚度。

3. 提高支承件的抗振性

改善支承件的动态特性，提高支承件抵抗受迫振动的能力主要是提高系统的静刚度、固有频率以及增加系统的阻尼。下面简要说明增加阻尼的措施。

（1）采用封砂结构

将支承件泥芯留在铸件中不清除，利用砂粒良好的吸振性能来提高阻尼比。同时，封砂结构降低了机床重心，有利于床身结构稳定，可提高抗弯扭刚度。在结构支承件内腔，也可内灌混凝土等以提高阻尼。

（2）采用具有阻尼性能的焊接结构

如采用间断焊接、焊减振接头等来加大摩擦阻尼。

（3）采用阻尼涂层

对弯曲振动结构，尤其是薄壁结构，在其表面喷涂一层具有阻尼的粘滞弹性材料，如沥青基制成的胶泥减振剂或内阻尼高、切变模量低的压敏式阻尼胶等。

（4）采用环氧树脂黏结的结构

采用环氧树脂，其抗振性超过铸造和焊接结构。

4. 减少支承件的热变形

机床工作时，由于切削、机械摩擦以及电动机和液压系统工作时都会产生热量，支承件受热以后，形成不均匀的温度场，产生不均匀的热变形。此外，由于支承件各处的温度是不同的，因此其热变形不是定值。在高精度机床上，热变形对加工精度的影响非常突出。机床热变形无法消除，只能采取一定措施予以改善。

（1）散热和隔热

隔离热源，如将主要热源与机床分离。适当加大散热面积，加设散热片，采用风扇、冷却器等来加快散热。高精度的机床可安装在恒温室内。

（2）均衡温度场

如车床床身，可以用改变传热路线的办法来减少温度不均。如图 3 - 40 所示，A 处装主轴箱，是主要的热源，C 处是导轨，在 B 处开了一个缺口，就可以使从 A 处传出的热量分散传至床身各处，床身温度就比较均匀了。当然缺口不能开得太深，否则将会降低床身刚度。

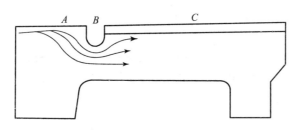

图 3－40　车床床身的均热

3）热对称结构

同样的热变形，由于构造不同，对精度的影响也不同。采用热对称结构，可使热变形后对称中心线的位置基本不变，这样可减少对工作精度的影响。如卧式车床的床身采用双山形导轨，可以减少车床溜板箱在水平面内的位移和倾斜。

3.5.4　支承件的结构设计

确定支承件的结构形状和尺寸，首先应满足工作性能的要求。由于机床性能、用途规格的不同，支承件的形状和大小也不同。

1. 卧式车床

卧式床身有以下几种结构形式：中小型车床的床身，由两端的床腿支承；大型卧式车床、镗床、龙门刨床、龙门铣床的床身，直接落地安装在基础上；有些仿形和数控车床的床身则采用框架式结构。

床身截面形状主要取决于刚度要求、导轨位置、内部需要安装的零部件和排屑等，基本截面形状如图 3－41（a）、（b）、（c）所示，主要用于有大量切屑和切削液排除的机床，如车床和六角车床。图 3－41（a）所示为前后壁之间额外加隔板的结构形式，用于中小型车床，刚度较低。图 3－41（b）所示为双重壁结构，刚度比图 3－41（a）所示的结构高些。图 3－41（c）所示的床身截面形状是通过后壁的孔排屑，这样床身的主要部分可做成封闭的箱形，刚度较高。图 3－41（d）、（e）、（f）三种截面形式，可用于无排屑要求的床身。

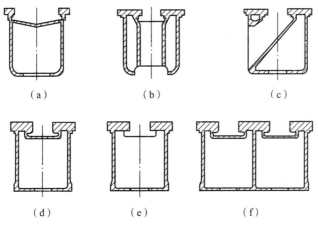

图 3－41　卧式床身的基本截面形状

图 3-41（d）主要用于中小型工作台不升降式铣床的床身，为了便于切削液和润滑液的流动，顶面要有一定的斜度。图 3-41（e）所示的床身内部可安装尺寸较大的机构，也可兼作油箱，但切屑不允许落入床身内部，这种截面的床身，因前后壁之间无隔板连接，刚度较低，常作为轻载机床的床身，如磨床。图 3-41（f）所示为重型机床的床身，导轨可多达 5 个。

2. 立柱

图 3-42 所示的立柱可看作立式床身，其截面有圆形、方形和矩形，如图 3-43 所示。立柱所承受的载荷有两类：一类是承受弯曲载荷，载荷作用于立柱的对称面，如立式钻床的立柱；另一类承受弯曲和扭转载荷，如铣床和镗床的立柱。立柱的截面由刚度决定。图 3-43（a）所示为圆形截面，抗弯刚度较差，主要用于运动部件绕其轴心旋转及载荷并不大的场合，如摇臂钻床等。图 3-43（b）所示为对称矩形截面，用于以弯曲载荷为主，

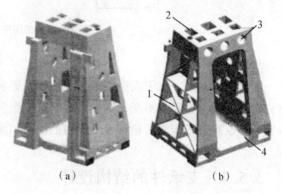

图 3-42　立柱
(a) 立柱模型；(b) 立柱内部结构
1—肋板；2—顶部肋板；3—圆形出砂孔；4—过渡圆弧

载荷作用于立柱对称面而且较大的场合，如大中型立式钻床、组合机床等。截面尺寸比例一般为 $h/b = 2 \sim 3$。图 3-43（c）所示为对称方形截面，用于受有两个方向的弯曲和扭转载荷的立柱。截面尺寸比例 $h/b \approx 1$，两个方向的抗弯刚度基本相同，抗扭刚度也较高，多用于镗床、铣床等立柱。立式车床的截面尺寸比例为 $h/b = 3 \sim 4$，龙门刨床和龙门铣床的截面尺寸比例为 $h/b = 2 \sim 3$。

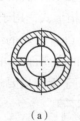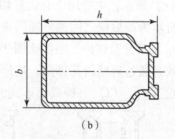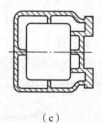

（a）　　　　　　　　（b）　　　　　　　　（c）

图 3-43　立柱的截面形状

3. 横梁和底座

横梁用在龙门式框架机床上，在受力分析时，可看作两支点的简支梁。横梁工作时，承受复杂的空间载荷。横梁的自重为均布载荷，主轴箱和刀架的自重为集中载荷，而切削力为大小、方向可变的外载荷，这些载荷使横梁产生弯曲和扭转变形，因此，横梁的刚度，尤其是垂直于工件方向的刚度，对机床性能影响很大。横梁的横截面一般做成封闭式，如图 3-44 所示。龙门刨床的中央截面高与宽基本相等，即 $h/b \approx 1$。对于双柱形立式车床，由于花盘直径较大，刀架较重，故用 h 较大的封闭截面来提高垂直面的抗弯刚度，$h/b = 1.5 \sim 2.2$，见图 3-44（a）。横梁的纵向截面形状可根据横梁在立柱上的夹紧方式确定，若在立柱的辅助轨道上夹紧，可用等截面形状，见图 3-44（b）；若横梁在立柱的主导轨上夹紧，其中间

部分可用变截面形状，见图 3 – 44 （c）。图 3 – 44 （d） 为底座的截面形状。底座是某些机床不可缺少的支承件，如摇臂钻床等，为了固定立柱，必须用底座与立柱连接。底座要有足够的刚度，地脚螺钉处也应有足够的局部刚度。

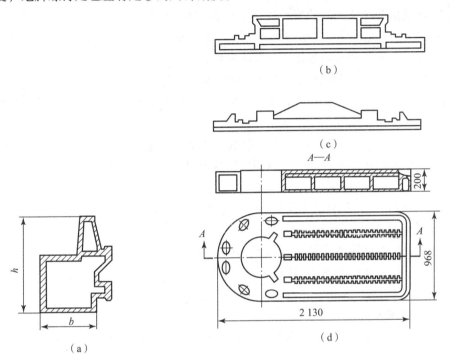

图 3 – 44　横梁和底座的截面形状

3.6　导 轨 设 计

3.6.1　导轨的功用和分类

导轨的功用是支承和引导运动部件沿一定的轨道运动。在导轨副中，运动的一方称为运动导轨，不运动的一方称为支承导轨。运动导轨相对于支承导轨的运动，通常是直线运动或回转运动。

1. 按运动性质分类

按运动性质，导轨分为主运动导轨、进给运动导轨和调位导轨。

（1）主运动导轨

动导轨是做主运动的。

（2）进给运动导轨

动导轨是做进给运动的，机床中大多数导轨属于进给运动导轨。

（3）调位导轨

这种导轨只用于调整部件之间的相对位置，在加工时没有相对运动。

2. 按摩擦性质分类

按摩擦性质，导轨分为滑动导轨和滚动导轨。

（1）滑动导轨

滑动导轨是指两导轨面间的摩擦性质是滑动摩擦，按其摩擦状态又可分为以下4类：

1）液体静压导轨。两导轨面间具有一层静压油膜，相当于静压滑动轴承，摩擦性质属于纯液体摩擦，主运动和进给运动导轨都能应用，但用于进给运动导轨较多。

2）液体动压导轨。当导轨面间的相对滑动速度达到一定值后，液体动压效应使导轨油囊处出现压力油楔，把两导轨面分开，从而形成液体摩擦，相当于液体动压滑动轴承，这种导轨只用于高速场合，故仅用于主运动导轨。

3）混合摩擦导轨。在导轨面虽有一定的动压效应或静压效应，但由于速度还不够高，油楔所形成的压力油还不足以隔开导轨面，导轨面仍处于直接接触状态。大多数导轨属于这一类。

4）边界摩擦导轨。在滑动速度很低时，导轨面间不足以产生动压效应。

（2）滚动导轨

滚动导轨是指在两导轨副接触面间装有球、滚子和滚针等滚动元件，具有滚动摩擦性质，广泛应用于进给运动和旋转运动的导轨。

3. 按受力情况分类

按受力情况，导轨分为开式导轨和闭式导轨。

（1）开式导轨

若导轨所承受的倾覆力矩不大，在部件自重和外载荷作用下，导轨面 a 和 b 在导轨全长上始终保持贴合，称为开式导轨，如图 3-45（a）所示。

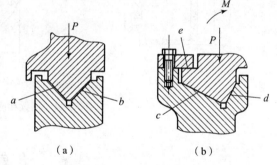

图 3-45 开式、闭式导轨
（a）开式导轨；（b）闭式导轨

（2）闭式导轨

部件上所受的颠覆力矩 M 较大时，就必须增加压板以形成辅助导轨面 e，才能使导轨面 c 和 d 都能良好地接触，称为闭式导轨，如图 3-45（b）所示。

3.6.2 导轨的设计要求

导轨是机床的关键部件之一，其性能的好坏，将直接影响机床的加工精度、承载能力和使用寿命。因此，它必须满足下列基本要求。

1. 导向精度

导向精度主要是指导轨副相对运动时的直线度（直线运动导轨）或圆度（圆周运动导轨）。导向精度是保证导轨工作质量的前提。影响导向精度的因素包括导轨的结构类型、导轨的几何精度和接触精度、导轨和基础件的刚度、导轨的油膜厚度和油膜刚度、导轨和基础件的热变形等。导轨的几何精度直接影响导向精度，因此，在国家标准中对导轨纵向直线度及横向直线度的检验都有明确规定。接触精度是指导轨副摩擦面实际接触面积占理论面积的百分比。磨削和刮研的导轨面，接触精度按 JB/T 9874—1999 标准的规定，用着色法检验，以 25.4 mm×25.4 mm 面积内的接触点数来衡量。

2. 精度保持性

精度保持性是指长期保持原始精度的能力。精度保持性是导轨设计制造的关键，也是衡量机床优劣的重要指标之一。影响精度保持性的主要因素是磨损，即导轨的耐磨性。常见的磨损形式有磨料（或磨粒）磨损、黏着磨损（或咬焊）和疲劳磨损。磨料磨损常发生在边界摩擦和混合摩擦状态，磨粒夹在导轨面间随之相对运动，形成对导轨表面的"切削"，使导轨面划伤。磨料的来源是润滑油中的杂质和切屑微粒。磨料的硬度越高，相对运动速度越高，压强越大，对导轨副的危害就越大。磨料磨损是不可避免的，因而减少磨料磨损是导轨保护的重点。黏着磨损又称为分子机械磨损。在载荷作用下，实际接触点上的接触应力很大，以致产生塑性变形，形成小平面接触，在没有油膜的情况下，裸露的金属材料分子之间的相互吸引和渗透，将使接触面形成黏结而发生咬焊。当存在薄而不匀的油膜时，导轨副相对运动，油膜就会被压碎破裂，造成新生表面直接接触，产生咬焊黏着。导轨副的相对运动使摩擦面形成黏结→咬焊→撕脱→再黏着的循环过程。由此可知，黏着磨损与润滑状态有关，在干摩擦和半干摩擦状态时，极易产生黏着磨损。机床导轨应避免黏着磨损。接触疲劳磨损发生在滚动导轨中。滚动导轨在反复接触应力的作用下，材料表层疲劳，产生点蚀。同样，接触疲劳磨损也是不可避免的，它是滚动导轨、滚珠丝杠的主要失效形式。

3. 低速运动平稳性

低速运动平稳性是指保证导轨在低速运动或微量位移时，不出现爬行现象。影响低速运动平稳性的因素包括：导轨的结构和润滑，动、静摩擦系数的差值，以及传动系统的刚度等。

4. 刚度

足够大的刚度可以保证在额定载荷作用下，导轨的变形在允许的范围内。影响刚度的因素包括导轨的结构形式、尺寸，以及基础部件的连接方式、受力情况等。

5. 结构简单、工艺性好

设计时，要注意使导轨的制造和维护方便，在可能的情况下，应尽量使导轨的结构简单，便于制造和维护。对于刮研导轨，应尽量减少刮研量；对于镶装导轨，应做到更换容易。

数控机床的导轨，除了满足以上的基本要求外，还有其特殊的要求：

1）承载大、精度高，既要有很高的承载能力，又要求精度保持性好。

2）速度范围宽，具有适应较宽的速度范围并能及时转换的能力。

3）高灵敏度，运动准确到位，不产生爬行。

3.6.3　滑动导轨

1. 滑动轨道的截面形状

（1）直线运动导轨

直线运动导轨截面的形状主要有三角形、矩形、燕尾形和圆形，并可相互组合，每种导轨副之中还有凹、凸之分。

1）三角形导轨。图3-46所示为三角形导轨。它的导向性和精度保持性都高，当其水平布置时，在垂直载荷作用下，动导轨会自动下沉，自动补偿磨损量，不会产生间隙。三角形导轨导向性随顶角 α 的大小而变化，当导轨面的高度一定时，α 越小导向性越好，但导轨的承载面积减小，承载能力降低。若要求导轨承载能力高时，可以相应增大其顶角；若要求导向精度高时，则相应减少其顶角。但是，由于超定位、加工、检验和维修都很困难，而且当量摩擦系数也高，所以多用于精度要求较高的机床，如丝杠机床等。通常取三角形导轨顶角 α 为90°。

2）矩形导轨。图3-47所示为矩形导轨。它具有刚度高、承载能力大、制造简单、加工、检验和维修都很方便等优点，但矩形导轨不可避免地存在间隙，因而导向性差。矩形导轨适用于载荷较大而导向要求略低的机床。

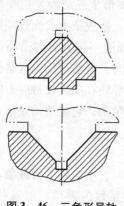

图3-46 三角形导轨

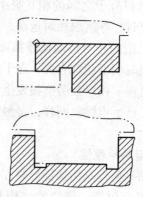

图3-47 矩形导轨

3）燕尾形导轨。图3-48所示为燕尾形导轨。它的高度较小，可以承受颠覆力矩，间隙调整方便，用一根镶条就可以调节各接触面的间隙。但是，它的刚度较差，加工、检验和维修都不是很方便。这种导轨适用于受力小、导向精度较低、要求间隙调整方便的场合。

4）圆形导轨。图3-49所示为圆形导轨。它制造方便，工艺性好，不易积存较大的切屑，但磨损后很难调整和补偿间隙，主要用于受轴向载荷的场合。

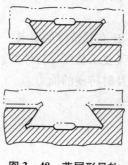

图3-48 燕尾形导轨

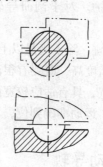

图3-49 圆形导轨

上述导轨尺寸已经标准化，可参考有关机床标准。

直线运动滑动导轨常用的组合形式如图3-50所示。

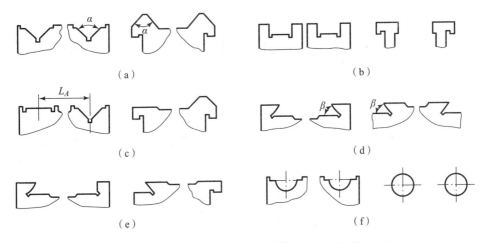

图 3 - 50　直线运动滑动导轨常用的组合形式

(a) 双三角形导轨；(b) 双矩形导轨；(c) 三角形和矩形导轨的组合；
(d) 双燕尾形导轨；(e) 燕尾形和矩形导轨的组合；(f) 双圆柱形导轨

图 3 - 50 (a) 所示为双三角形导轨，它的导向性和精度保持性好，但由于过定位，加工、检验和维修都比较困难，所以多用于精度要求较高的设备，如单柱坐标镗床。图 3 - 50 (b) 所示为双矩形导轨，它的承载能力较大，但导向性稍差，多用于普通精度的设备。图 3 - 50 (c) 所示为三角形和矩形导轨的组合，它兼有导向性好、制造方便和刚度高的优点，应用也很广泛。例如，车床、磨床、滚齿机的导轨副等。图 3 - 50 (d) 所示为双燕尾形导轨，它是闭式导轨中接触面最小的一种结构，用一根镶条就可以调节各接触面的间隙，如刨床的滑枕。图 3 - 50 (e) 所示为矩形和燕尾形导轨的组合，它调整方便并能承受较大的力矩，多用于横梁、立柱和摇臂导轨副等。图 3 - 50 (f) 所示为双圆柱形导轨，常用于只受轴向力的场合，如攻螺纹机和机械手等。

(2) 回转运动导轨

回转运动导轨的截面形状有平面、锥面和 V 形面 3 种，如图 3 - 51 所示。

图 3 - 51 (a) 所示为平面环形导轨，它具有承载能力强、结构简单、制造方便的优点，但平面环形导轨只能承受轴向载荷。这种导轨摩擦小、精度高，适用于由主轴定心的各种回转运动导轨的设备，如齿轮加工机床。

图 3 - 51 (b) 所示为锥面环形导轨，母线倾斜角常取 30°，可以承受一定的径向载荷。图 3 - 51 (c)、(d)、(e) 所示皆为 V 形面环形导轨，可以承受较大的径向载荷和一定的倾覆力矩。但它们的共同缺点是工艺性差，在与主轴联合使用时，既要保证导轨面的接触又要保证导轨面与主轴的同心是相当困难的，因此有被平面环形导轨取代的趋势。

回转运动导轨的直径根据下述原则选取：低速转动的圆工作台，为使其运动平稳，取环形导轨的直径接近于工作台的直径。高速转动的圆工作台，取导轨的平均直径 D' 与工作台外径之比为 0.6 ~ 0.7。

环形导轨面的宽度 B 应根据许用压力来选择，通常取 $B/D' = 0.11 \sim 0.17$，最常用的取 $B/D' = 0.13 \sim 0.14$。

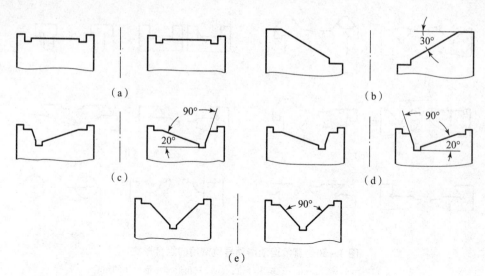

图 3 – 51 回转运动导轨

2. 导轨间隙的调整

导轨结合面配合的松紧对机床的工作性能有相当大的影响。配合过紧不仅操作费力还会加快磨损，配合过松则将影响运动精度，甚至会产生振动。因此，必须保证导轨之间具有合理的间隙，磨损后又能方便地调整，常用镶条和压板来调整导轨的间隙。

（1）镶条

镶条用来调整矩形导轨和燕尾形导轨的侧向间隙，以保证导轨面的正常接触。镶条应放在导轨受力较小的一侧。常用的有平镶条和楔形镶条两种。

平镶条如图 3 – 52 所示，它具有调整方便、制造容易等特点。但图中所示的平镶条较薄，只在与螺钉接触的几个点受力，容易变形，刚度低。

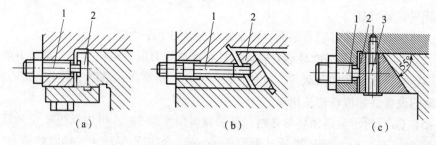

图 3 – 52 平镶条

1—调整螺钉；2—平镶条；3—螺钉

图 3 – 53 所示为楔形镶条，它的斜度为 1 : 100 ~ 1 : 40。它的两个面分别与动导轨和支承导轨均匀接触，刚度高，但制造较困难，镶条越长斜度应越小，以免两端厚度相差太大。

（2）压板

压板用于调整辅助导轨面的间隙并承受倾覆力矩，如图 3 – 54 所示。

图 3 – 54（a）所示的压板，构造简单，但调整麻烦，常用于不经常调整间隙和间隙对加工影响不太大的场合。

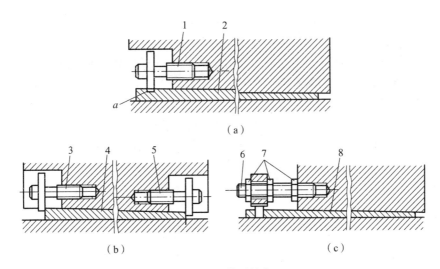

图 3 – 53　楔形镶条

1, 3, 5, 6—螺钉；2, 4, 8—镶条；7—螺母

图 3 – 54 (b) 所示的压板，比刮、磨压板方便，但调整量受垫片厚度的限制，而且降低了接合面的接触刚度。

图 3 – 54 (c) 所示的压板，调节很方便，只要拧动调节螺钉 6 就可以了，但刚度比前两种差，多用于经常调节间隙和受力不大的场合。

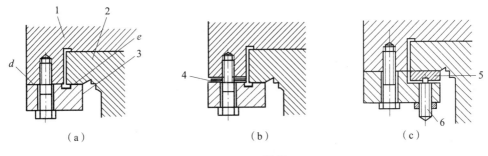

图 3 – 54　压板

1—导轨；2—支承导轨；3—压板；4—垫片；5—平镶条；6—螺钉

3. 提高滑动导轨耐磨性的措施

（1）选用合适的材料

1）对导轨材料的要求。导轨的材料有铸铁、钢、非铁金属和塑料等。对其主要要求是耐磨性好、工艺性好和成本低。对于塑料镶装导轨的材料，还应保证在温度升高（运动导轨 120 ~ 150 ℃，进给导轨 60 ℃）、空气湿度增大时的尺寸稳定性，在静载压力达到 5 MPa 时，不发生蠕变，塑料的线性膨胀系数应与铸铁接近。

2）常用的导轨材料主要有如下几种。

①铸铁。铸铁成本低，有良好的减振性和耐磨性。

②钢。采用淬火钢和氮化钢的镶装钢导轨，可大幅提高导轨的耐磨性，但镶钢导轨工艺复杂，加工较困难，成本也较高。

③非铁金属。用于镶装导轨的非铁金属板的材料主要有锡青铜和锌合金。把其镶装在动

导轨上，可防止撕伤，保证运动的平稳性和提高运动精度。

④塑料。镶装塑料导轨具有摩擦系数小、耐磨性好、抗撕伤能力强、低速时不易出现爬行、加工性能和化学稳定性好、工艺简单、成本低等特点，因而在各类设备的动导轨上都有应用。常用的塑料导轨有聚四氟乙烯（PTFE）导轨软带、环氧型耐磨导轨涂层、复合材料导轨板等。

3）导轨副材料的选用。在导轨副中，为了提高耐磨性和防止擦伤，动导轨和支承导轨应尽量采用不同材料。如果采用相同的材料，也应采用不同热处理使双方具有不同的硬度。一般来说，动导轨的硬度比支承导轨的硬度低 15～45HBS 为宜。

在直线运动导轨中，长导轨用较耐磨的或硬度较高的材料制造，有以下原因：

①长导轨各处使用机会难以均等，磨损不均匀，对加工的精度影响较大。因此，长导轨的耐磨性应高一些。

②长导轨面不容易刮研，选用耐磨材料制造可减小维修的劳动量。

③不能完全防护的导轨都是长导轨。它露在外面，容易被刮伤。

在回转运动导轨副中，应将较软的材料用于动导轨。这是因为圆工作台导轨比底座加工方便，磨损后维修也比较方便。

导轨材料的搭配有如下几种：铸铁 – 铸铁、铸铁 – 淬火铸铁、铸铁 – 淬火钢、非铁金属 – 铸铁、塑料 – 铸铁、淬火钢 – 淬火钢等，前者为动导轨，后者为支承导轨，除铸铁导轨外，其他导轨都是镶装的。

（2）提高导轨面的加工精度

提高导轨的表面精度，增加真实的接触面积，能提高导轨的耐磨性。导轨表面一般要求 $Ra \leqslant 0.8\ \mu m$。精刨导轨时，刨刀沿一个方向切削，使导轨表面疏松，易引起黏着磨损，所以导轨的精加工尽量不用精刨。磨削导轨能将导轨表层疏松组织磨去，提高耐磨性，可用于导轨淬火后的精加工。刮削导轨表面接触均匀，不易产生黏着磨损，不接触的表面可储存润滑油，提高耐磨性；但刮削工作量大。因此，长导轨面一般采用精磨，短导轨面和动导轨面可采用刮削。精密机床（如坐标镗床、导轨磨床）导轨副的导轨表面质量要求高，可在磨削后刮研。

（3）减小导轨承载的平均压强

导轨的压强是影响导轨耐磨性的主要因素之一。导轨的许用压强选取过大，会导致导轨磨损加快；若许用压强选取过小，又会增加导轨尺寸。动导轨材料为铸铁、支承导轨材料为铸铁或钢时，中型通用机床主运动导轨和滑动速度较大的进给运动导轨，平均许用压强为 0.4～0.5 MPa，最大许用压强为 0.8～1.0 MPa；滑动速度较低的进给运动导轨，平均许用压强为 1.2～1.5 MPa，最大许用压强为 2.5～3.0 MPa。重型机床由于尺寸大，许用压强可为中型通用机床的 1/2。精密机床的许用压强更小，以减少磨损，保持高精度，如磨床的平均许用压强为 0.025～0.04 MPa，最大许用压强为 0.05～0.08 MPa。专用机床、组合机床切削条件是固定的负载比通用机床大，许用压强可比通用机床小 25%～30%。动导轨粘贴聚四氟乙烯软带和导轨板时，如滑移速度 $v < 1$ m/min，则许用压强与滑移速度的乘积为 $pv \leqslant 0.2$ MPa·(m/min)；如滑移速度 $v \geqslant 1$ m/min，则许用压强为 $p = 0.2$ MPa。

为减小平均压强，卧式机床工作时，应保证两水平导轨都受压；立式机床的垂直导轨，应有配重装置来抵消移动部件的重力。常用的配重装置为链条链轮组，链轮固定在支承件上，链条两端分别连接重锤和动导轨及移动部件，重锤质量大致为运动部件质量的85%～95%，未平衡的重力由链轮轴承和导轨的摩擦阻力以及绕在链轮上的链条的阻力来补偿。

导轨运动精度要求高的机床和承载能力大的重型机床，为减小导轨面的接触压强，减小静摩擦因数，提高导轨的耐磨性和低速运动的平稳性，可采用卸荷导轨。图3-55所示为常用的机械卸荷装置，导轨上的一部分载荷由辅助导轨上的滚动轴承承受，摩擦性质为滚动摩擦。一个卸荷点的卸荷力可通过调整螺钉调节碟形弹簧来实现。如果机床为液压传动，则应采取液压卸荷。液压卸荷导轨是在导轨上加工出纵向油槽，油槽结构与静压导轨相同，只是油槽的面积较小，因而液压油进入油槽后，油槽压力不足以将动导轨及运动部件浮起，但油压力作用于导轨副的摩擦面之间，减小了接触面的压强，改善了摩擦性质。如果导轨的负载变动较大，则应在每一进油孔上安装节流器。

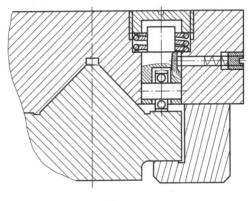

图3-55　机械卸荷导轨

（4）提高动压效应，改善摩擦状态

从摩擦性质来看，普通滑动导轨处于具有一定动压效应的混合摩擦状态。混合摩擦的动压效应不足以把导轨摩擦面隔开。提高动压效应，改善摩擦状态，可提高导轨的耐磨性。导轨的动压效应主要与导轨的滑移速度、润滑油黏度、导轨面上油槽形式和尺寸有关。导轨副相对滑移速度越高，润滑油的黏度越大，动压效应越显著。润滑油的黏度可根据导轨的工作条件和润滑方式选择，低载荷（压强$p \leqslant 0.1$ MPa）、速度较高的中小型机床进给导轨可采用N32机械润滑油；中等载荷（压强p为$0.1 \sim 0.4$ MPa）、速度较低的机床导轨（大多数机床属于此类）和垂直导轨可采用N46号机械润滑油；重型机床（压强$p \geqslant 0.4$ MPa）的低速导轨可采用N68、N100号机械润滑油。导轨面上的油槽尺寸、油槽形式对动压效应的影响，在于储存润滑油的多少。储存润滑油越多，动压效应越大。导轨面的长度与宽度之比（L/B）越大，越不容易储存润滑油。因此，在动导轨上加工横向油槽，相对于减小导轨的长宽比，提高了润滑油的能力，从而提高了动压效应。在导轨面上加工纵向油槽，相当于提高了导轨的长宽比，因而降低了动压效应。普通滑动导轨的横向油槽数K可按表3-10选择，油槽的形式如图3-56所示。图3-56（a）中只有横向油槽，整个导轨宽度都可形成动压效应。图3-56（b）、（c）中有纵向油槽，可集中注油，方便润滑。但由于纵向油槽不产生动压效应，因而减小了形成动压效应的宽度。卧式导轨应首先考虑图3-56（a）所示的结构形式，但须向每个横向油槽中注油。在不能保证向每个横向油槽注油时，可采用图3-56（b）所示的形式。垂直导轨可采用图3-56（c）所示的形式，从油槽的上部注油。在卧式三角形导轨面和矩形导轨的侧面上加工油槽时，应将纵向油槽加工在上面，见图 3 – 56（d）和图 3 – 56（e），注油孔应对准纵向油槽，使润滑油能顺利流入各横向油槽。普通滑动导轨润滑油油槽的尺寸参考表 3 – 11。

表 3 – 10　普通滑动导轨横向油槽数与导轨长宽比的关系

L/B	≤10	>10 ~ 20	>20 ~ 30	>30 ~ 40
K	1 ~ 4	2 ~ 6	4 ~ 10	8 ~ 13

表 3 – 11　普通滑动导轨润滑油油槽的尺寸　　　　　　mm

B	a	b	c	R
>20 ~ 40	1.5	3	4 ~ 6	0.5
>40 ~ 60	1.5	3	6 ~ 8	0.5
>60 ~ 80	3	6	8 ~ 10	1.5
>80 ~ 100	3	6	10 ~ 12	1.5
>100 ~ 120	5	10	14 ~ 18	2
>120 ~ 140	5	10	20 ~ 25	2
>140 ~ 160	5	14	30 ~ 50	2

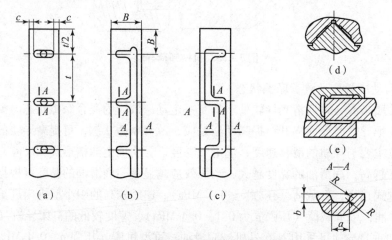

图 3 – 56　普通滑动导轨油槽的形式
（a）基本油槽的形式；（b）集中供油油槽的形式；（c）垂直导轨油槽的形式；
（d）三角导轨油槽的形式；（e）闭式导轨油槽的形式

3.6.4　滚动导轨

在两导轨之间放置滚珠、滚柱或滚针等滚动体，使导轨面之间的摩擦具有滚动摩擦性质，这种导轨称为滚动导轨。

1. 滚动导轨的特点

滚动导轨的特点如下：

1）运动灵敏度高，牵引力小，移动轻便。

2）定位精度高。

3）磨损小，精度保持性好。

4）润滑系统简单，维修方便。

5）抗振性较差，一般滚动体和导轨需用淬火钢制成，对防护要求也较高。

6）导向精度低。

7）结构复杂，制造困难，成本较高。

2. 滚动导轨的分类

（1）按滚动体的类型分类

按滚动体的类型，滚动导轨分为滚珠、滚柱和滚针等形式。

1）滚珠滚动导轨。滚珠滚动导轨结构紧凑、制造容易、成本较低，但由于接触面积小，刚度低，因而承载能力较小。滚珠滚动导轨适用于运动部件质量不大（小于 200 kg）、切削力和颠覆力矩都较小的机床。

2）滚柱滚动导轨。滚柱滚动导轨的承载能力和刚度都比滚珠滚动导轨大，适用于载荷较大的机床，是应用最广泛的一种滚动导轨。

3）滚针滚动导轨。滚针的长径比较滚柱的长径比大，因此，滚针滚动导轨的尺寸小，结构紧凑，用在尺寸受限制的地方。

（2）按运动轨迹分类

按运动轨迹，滚动导轨分为直线运动滚动导轨和圆周运动滚动导轨。

3. 滚动导轨的预紧

预紧可以提高滚动导轨的刚度，一般来说，有预紧的滚动导轨与没有预紧的滚动导轨相比，刚度可以提高 3 倍以上。

对于整体型的直线滚动导轨，可由制造厂通过选配不同直径钢球的办法来决定间隙或预紧。机床厂可根据要求的预紧订货，不需要自己调整。对于分离型的直线导轨副应由用户根据要求，按规定的间隙进行调整。

预紧的办法一般有以下两种。

（1）采用过盈配合

随着过盈量的增加，一方面导轨的接触刚度开始急剧增加，到一定值之后，刚度的增加就慢下来了；另一方面，牵引力也在增加，开始时，牵引力增加不大，当过盈量超过一定值后，牵引力便急剧增加。

（2）采用调整元件

采用调整元件的调整原理和调整方法与滑动导轨调整间隙的方法相同。它们分别采用调整斜镶条和调节螺钉的办法进行预紧。

4. 滚动体的尺寸和数目

滚动体的直径、长度和数目，可根据滚动导轨的结构进行选择，然后按许用载荷进行验算，选择时应考虑下列因素。

1）滚动体的直径越大，滚动摩擦系数越小，滚动导轨的摩擦阻力也越小，接触应力越小，刚度越高。滚动体直径过小不仅摩擦阻力加大，而且会产生滑动现象。因此，在结构不受限制时，滚动体直径越大越好，一般滚珠直径不小于 6 mm。滚柱长度过长会引起载荷不均匀，一般取 25～40 mm，长径比取 1.5～2。尽可能不选择滚针导轨，若结构限制必须使用滚针时，直径不得小于 4 mm。同时，滚动体的直径要求一致，允许误差在 0 ~ 0.5 μm 之内。

2）对滚动体进行承载能力验算时，若不能满足要求，可加大滚动体直径或增加滚动体数目。对滚珠导轨，优先加大滚珠直径，因直径的平方与承载能力成正比。对于滚柱导轨，加大直径和增加数目是等效的。

3）滚动体的数量也应选择适当。滚动体数量过少，则导轨制造误差将明显地影响滚动导轨移动精度，通常每个导轨上每排滚子数量最少为 13 个（为计算方便，可取奇数）。但载荷分布不均匀，刚度反而下降。较为合理的数量推荐按下式选取：

$$Z_{柱} \leqslant \frac{F}{4l}$$

$$Z_{珠} \leqslant \frac{F}{0.95\sqrt{d}}$$

式中 $Z_{柱}$，$Z_{珠}$——滚柱、滚珠的数目；

F——每一导轨上所分担的载荷，N；

l——滚柱长度，mm；

d——滚珠直径，mm。

在滚柱导轨中，增加滚柱的长度可降低接触面上的压力和提高刚度，但随着滚柱长度增加，由于滚柱圆柱误差引起的载荷不均匀分布也在增加，到了一定长度后，刚度提高就不大了。若强度不足，可增加滚子直径和数目。对于铸铁导轨，由于可刮研，加工误差较小，所以滚柱的长径比可大一些。

5. 滚动体许用载荷的计算

滚动体的许用载荷是按接触应力对导轨面的静强度计算的。假定在接触面上无塑性变形，一个滚动体上的许用载荷可按下式计算。

对于滚柱导轨，许用载荷为：

$$[p] = Kld\zeta$$

对于滚珠导轨，许用载荷为：

$$[p] = Kd^2\zeta$$

式中 d——滚柱或滚珠直径，mm；

l——滚柱长度，mm；

K——滚动体截面上的当量许用应力，N/cm²，其值见表 3 - 12；

ζ——导轨硬度的校正系数，其值见表 3 - 13。

表 3 - 12 当量许用应力值 K N/cm²

导轨种类	钢导轨 60 HRC			铸铁导轨
	渗碳或淬火	高频淬火	氮化	
滚珠导轨	60	50	40	2
短滚柱导轨	2 000	1 800	1 500	200
长滚柱导轨	1 500	1 300	1 000	150

注：1. 导轨及滚动体制造精度高时，可根据表选取 K 值；

2. 导轨的制造精度不太高时，K 值应减小 30% ~ 40%；

3. 导轨的制造精度很高时，或对很短的导轨，K 值可加大 50%。

表 3 – 13　导轨硬度的校正系数 ζ

铸铁导轨硬度	ζ	淬硬钢导轨硬度	ζ
170 ~ 180 HBS	0.75	50 HBS	0.52
200 ~ 220 HBS	1	55 HBS	0.7
230 HBS	1.2	57 HBS	0.8
		60 HBS	1

当作用在一个滚动体上的工作载荷 p_{max} 小于许用载荷 $[p]$ 时，静强度合格。若验算不合格，应重新选择 Z、d、l，直到满足 $p_{max} \leqslant [p]$。

3.6.5　静压导轨简介

在导轨的油腔中通入且有一定压强的润滑油以后，就能使动导轨微微抬起，在导轨面间充满润滑油所形成的油膜，工作过程中，导轨面上油腔的油压随外加载荷的变化自动调节，保证导轨面间在液体摩擦状态下工作。使导轨处于纯液体摩擦状态，这就是静压导轨。与其他导轨相比，液体静压导轨具有以下优点：

1）静压油膜使导轨面分开，导轨在启动和停止阶段没有磨损，精度保持性好。

2）静压导轨的油膜较厚，有均化误差的作用，可以提高精度。

3）摩擦系数很小，大大降低了传动功率，减小了摩擦发热。

4）低速移动准确、均匀，运动平稳性好。

5）与滚动导轨相比，静压油膜具有吸振的能力。

静压导轨的缺点：

1）结构比较复杂。

2）增加了一套液压设备。

3）调整比较麻烦。

静压导轨按结构形式分类，有开式静压导轨和闭式静压导轨。开式静压导轨如图 3 – 57（a）所示，用于运动速度比较低的重型机床。闭式静压导轨如图 3 – 57（b）所示，可以承受双向外载荷，具有较高的刚性，常用于要求承受倾覆力矩的场合。

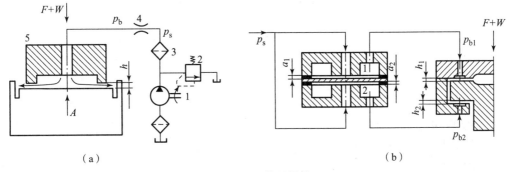

图 3 – 57　静压导轨

（a）开式静压导轨；（b）闭式静压导轨

1—液压泵；2—溢流阀；3—滤油器；4—节流阀；5—运动件

静压导轨按供油情况分类有定压式静压导轨和定量式静压导轨。

定压式静压导轨可以用固定节流器，也可以用可变节流器。定压开式静压导轨工作时，压力油经节流器进入导轨的各个油腔，使运动部件浮起，导轨面被油膜分开，油腔中的油不断地通过封油边而流回油箱。当动导轨受到外载荷作用向下产生一个位移时，导轨间隙变小，增加了回油阻力，使油腔中的油压升高，以平衡外载荷。

定量式静压导轨要保证流进油腔的润滑油的流量为定值。因此，每一油腔都需有一定量的泵供油。为了简化机构，常采用多联齿轮泵。导轨间隙随载荷的变化而变化，由于流量不变，油腔内的压强将随之变化。当导轨间隙随外载荷的增大而减小时，油压上升，载荷得到平衡。载荷的变化只会引起很小的间隙变化，因而能得到较高的油膜刚度。定量式静压导轨需要多个油泵，每个油泵流量很小，但结构复杂。

3.6.6 导轨的润滑和防护

润滑的目的是减少磨损，降低温度、摩擦力和防止锈蚀。导轨常用的润滑剂有润滑油和润滑脂，滑动导轨用润滑油，滚动导轨则两种都可用。油润滑可采用人工定期向导轨面浇油，或采用专门的润滑装置集中供油，或自动点滴式润滑等。

润滑脂润滑是将润滑剂覆盖在导轨摩擦表面上，形成黏结型润滑膜。在润滑油脂中加入添加剂可增强或改善导轨副的承载能力和高低温性能。

导轨的防护是防止或减少导轨副磨损的重要方法之一。导轨的防护方式很多，普通车床常用的有刮板式，在数控机床上常采用可伸缩的叠层式防护罩。

思 考 题

1. 机床设计应满足哪些基本要求？其理由是什么？
2. 机床设计的内容与步骤是什么？
3. 机床系列型谱的含义是什么？
4. 机床的传动原理图如何表示？
5. 机床的主参数及尺寸参数根据什么确定？
6. 机床主传动系统有哪些类型？由哪些部分组成？
7. 什么是主传动系统零传动？什么是进给传动系统零传动？
8. 进给传动系统设计需满足的基本要求是什么？
9. 进给伺服系统的驱动部件有哪几种类型？
10. 推力轴承位置配置的形式有哪些？
11. 滚动轴承有哪些优缺点？
12. 支承件应满足的基本要求有哪些？
13. 导轨应满足哪些要求？
14. 导轨常用什么方法调整间隙？
15. 直线运动导轨有几种结构形式？各有何优缺点？

第 4 章　机床夹具设计

机床夹具是机床工作时最重要的工艺装备之一，它伴随着机床的产生而产生，随着机床的发展而发展。最早使用的机床夹具附带在机床上，作为机床附件配套供应给用户，如车床上的鸡心夹头和卡盘、刨床上的虎钳等。这些机床夹具适应性广，被称为通用夹具。随着现代工业的飞速发展，特别是汽车工业的发展，在 20 世纪初，专用夹具便崭露头角。但专用夹具的经济性同样经受了历史的考验，不仅因为国民经济中小批量加工任务占有相当大的比例，制造专用夹具成本惊人，而且因为新产品的不断推出，向专用夹具制造的时间也提出了挑战。从 20 世纪 40 年代开始，人们便着手研究适合单件小批量和可重复使用的夹具，随之出现了组合夹具和各种可调夹具。组合夹具最早出现在第二次世界大战中的英国，发明于制造坦克的军工厂。由于快速组装的积木式夹具能及时满足军工生产的需求，所以受到战时英国政府的重视。20 世纪 50 年代以后，组合夹具相继在欧洲盛行。而我国的组合夹具试制于 20 世纪 50 年代后期，推广于 20 世纪 60 年代初期，大多集中在槽系组合夹具上。自 20 世纪 50 年代以来，美国致力于数控机床的研究，数控机床在机械制造业中的广泛使用，进一步推动了组合夹具的发展。数控机床和加工中心对夹具的使用性能和结构提出了新的要求，孔系组合夹具便如鱼得水。以数控机床为基础建立的现代柔性制造单元（FMC）和柔件制造系统（FMS）推动了组合夹具技术的革命，计算机集成制造系统（CIMS）又迫切需要能适应产品变化的柔性夹具。20 世纪 80 年代以后，柔性夹具的研究开发主要沿着传统夹具创新和原理与结构创新两大方向发展。传统夹具创新主要有可调整夹具和组合夹具，而原理与结构创新夹具则出现了相变和伪相变式柔性夹具、适应性夹具和模块化程序控制夹具。随着计算机技术的发展，机床夹具的设计也从手工设计向计算机辅助设计（CAFD）发展，国内已有这方面的专著。

4.1　机床夹具概述

金属切削加工时，工件在机床上的安装方式一般有直接找正安装、划线找正和采用机床夹具安装 3 种，成批、大量生产时常采用机床夹具安装。机床夹具是指机床上用以装夹工件的一种装置，它使工件相对于机床或刀具获得正确的位置，并在加工过程中保持位置不变。工件在夹具中的安装包括工件的定位和工件的夹紧。

4.1.1　机床夹具的功用

1. 保证加工精度，稳定产品质量

夹具的尺寸精度、位置精度和形状精度远高于被加工件所要求的精度，工件借助在夹具

中的正确安装，使工件加工表面的位置精度不必依赖于工人的技术水平，而主要靠夹具和机床来保证，因此，产品质量高而稳定。

2. 提高劳动生产率，降低加工成本

采用夹具后，可省去划线、找正等工作，不必试切、对刀，易于实现多件、多工位加工。尤其是采用气动、液压动力夹紧等快速高效夹紧装置，使辅助时间大大缩短，从而提高了劳动生产率。使用夹具后产品质量稳定，对操作者的技术要求降低，均有利于降低加工成本。

3. 扩大机床的工艺范围

在机床上使用夹具可以改变机床的用途和扩大机床的使用范围。如在车床或摇臂钻床上装上镗模，就可以进行单孔或孔系的加工；利用专用夹具可以改刨床为插床，改车床或铣床为加工型面的仿型机床等。有时，对一些形状复杂的工件必须使用专用夹具以实现装夹加工。

4. 改善工人劳动条件

采用夹具后，可使工件的装卸方便、省力、安全，还能采用气动、液压等机械化装置，以减轻工人的劳动强度，改善工人劳动条件，保证生产安全。

4.1.2 机床夹具的分类

机床夹具有不同的分类方法，按机床的种类可分为车床夹具、钻床夹具、铣床夹具、镗床夹具、刨床夹具等，按所采取的夹紧力源可分为手动夹具、液压夹具、气动夹具、电动夹具、电磁夹具、真空夹具、自夹紧夹具等，按机床的技术特征可分为传统机床夹具、现代机床夹具，按夹具结构与用途可分为通用夹具、专用夹具、可调夹具、成组夹具、组合夹具、随行夹具等。

为了后文叙述问题方便，现将机床夹具按结构与用途分类简单介绍如下。

1. 通用夹具

通用夹具是指已经标准化的、在一般通用机床上所附有的一些使用性能较广泛的夹具，如车床上的三爪自定心卡盘、四爪卡盘，铣床和刨床上的平口虎钳、分度头，磨床上的电磁吸盘等。这些夹具的通用化程度高，既适用于多种类型、不同尺寸工件的装夹，又能在各种不同机床上使用。这类夹具往往作为机床附件供应，亦由机床附件厂家生产。

2. 专用夹具

专用夹具是指专为某个工件某道工序设计的夹具。此类夹具一般都由使用单位根据加工工件的要求自行设计、制造，生产准备周期较长，专用夹具针对性强，一般不具有通用性，一旦修改产品设计，相关的专用夹具就有被置弃的可能，难以满足目前机械制造业向多品种、中小批量生产方向发展的需要。因此，专用夹具仅适用于产品相对稳定、批量较大的情况，以及不用夹具就难以保证加工精度的场合。

3. 可调夹具

可调夹具是指通过调节和更换装在通用夹具基础上的某些可调或可换元件，达到能适应加工若干不同种类工件的一类夹具。可调夹具比专用夹具有较强的适应产品更新的能力，在中小批量生产时，使用可调夹具往往会获得最佳的经济效益。

4. 成组夹具

成组夹具是指根据成组加工工艺的原则，针对一组形状相似、工艺相似的零件而设计的夹具。它也是由通用基础件和可更换调整元件组成的夹具。

成组夹具主要用于加工形状相似和尺寸相近的工件，因此，这类夹具或部件可预先制造好备存起来，根据所加工工件的具体形状及工艺要求，经过补充加工或添置一些零件后即可用于生产。

5. 组合夹具

组合夹具是指在模块化和标准化的基础上，由可重复使用的各种通用的标准元件和部件，按照工序加工要求，针对不同加工对象，迅速装配成易拆卸的专用夹具。这些元件和部件具有精度高、耐磨、可完全互换、组装及拆卸方便迅速等特点。夹具用完后即可拆卸存放，当重新组装时又可循环重复使用。组合夹具是柔性夹具的典型代表，具有缩短生产准备周期、降低成本、提高中小型企业的工艺装备利用率、易于计算机辅助设计等优点，是机床夹具发展的方向。组合夹具除适用于新产品试制和单件小批量生产外，还适用于柔性制造系统及批量生产中。

6. 随行夹具

随行夹具是指用于组合机床自动线上的一种移动式夹具。工件安装在随行夹具上，除了完成对工件的定位和夹紧外，还带着工件按照自动线的工艺流程由自动线的运输机构送到各台机床的机床夹具上，再由机床夹具对它进行定位和夹紧。随行夹具主要是在自动生产线、加工中心、柔性制造系统等自动化生产中，用于外形不太规则、不便于自动定位、夹紧和运送的工件。工件在随行夹具上安装定位后，由运送装置把随行夹具运送到各个工位上。随行夹具适用于结构形状比较复杂的工件，这类工件缺少可靠的输送基面，在组合机床自动线上较难用步伐式输送带直接输送；此外，对于有色金属工件，如果在自动线中直接输送时，其基面容易磨损，因而也须采用随行夹具作为定位夹紧和自动输送的附加装置。

4.1.3　机床夹具的组成

尽管机床夹具种类繁多，但一般都由以下部分组成，图 4 – 1 所示为钻夹具。

1. 定位元件及定位装置

定位元件及定位装置是指用于确定工件在夹具中的准确位置的元件及装置，如图 4 – 1 中的定位法兰 4 和定位块 5。工件完成定位后，工件的定位基面与夹具定位元件直接接触或相配合，因此，当工件定位面的形状确定后，定位元件的结构通常也就基本确定了。定位元件的定位精度也直接影响工件的加工精度。

2. 夹紧装置

夹紧装置用于夹紧工件，保证工件定位后的位置在加工过程中不变。该部分的类型很多，通常包括夹压元件（如压板、夹爪等）、增力及传动装置（如气缸、液压缸等），所采用的具体结构会影响夹具的复杂程度与性能，如图 4 – 1 中的手柄 10、螺母 9、螺杆 3 和转动垫圈 2 等均为夹紧元件。

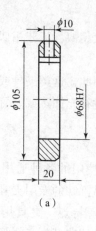

（a）

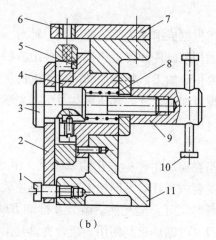

（b）

图 4 – 1　钻夹具

（a）工件简图；（b）夹具结构

1—螺钉；2—转动垫圈；3—螺杆；4—定位法兰；5—定位块；6—钻套；

7—钻模板；8—弹簧；9—螺母；10—手柄；11—夹具体

3. 对刀元件和导引元件

对刀元件和导引元件用于确定或引导刀具使其与夹具的定位元件保持正确的相对位置。如钻床夹具中的钻套（见图 4 – 1 中的 6）、镗床夹具中的镗套、铣床夹具中的对刀块等。

4. 其他装置

根据工件加工要求，所设置的一些特殊装置。另外，像分度装置、工件抬起装置等均属于此类装置。

5. 夹具体

夹具体用于连接夹具各组成部分，使之成为一个整体的基础件，并通过它将整个夹具安装在机床上，如图 4 – 1 中的夹具体 11。

6. 连接元件

用以确定夹具本身在机床的工作台或主轴上的位置的元件称为连接元件。

通常定位元件、夹紧装置和夹具体是机床夹具的基本组成部分，其他部分则需根据机床夹具所属的机床类型、工件加工表面的特殊要求等设置。

4.1.4　机床夹具应满足的基本要求

1. 保证工件的加工精度

夹具设计时，工件定位应符合定位原理，定位元件与机构应能合理地限制工件加工应限制的自由度，工件的定位精度、夹具对刀引导精度、分度精度及夹具位置精度等应满足工件加工精度要求，夹具元件，尤其是定位元件、引导元件及夹具体应具有足够的刚度及强度，夹紧装置所产生的夹紧力应足够、合适，以保证夹紧的可靠性和尽可能小的夹紧变形，并确保夹具能满足工作的加工精度要求。

2. 夹具的总体方案应与生产纲领相适应

在大批量生产时，应尽量采用各种快速、高效的结构，提高生产率；在小批量生产中，尽量使夹具结构简单、易于制造；对介于大批量和小批量生产之间的各种生产规模，则可根据经济性原则选取合理的结构方案。

夹具结构在与生产批量相适应的条件下，应尽量采用夹紧可靠、快速高效的夹紧结构与传动方式，通用可调整夹具及成组夹具元件的调整、更换应快速、准确、方便。

3. 有利于降低成本

在保证加工质量和效率的前提下，夹具结构应力求简单，尽量采用结构成熟的标准夹具元件、标准的夹紧机构，减少非标准零件，以提高夹具的标准化程度，缩短夹具设计和制造周期，降低夹具生产成本。

4. 使用维护性好，安全方便

夹具的操作应方便、安全，能减轻工人的劳动强度。例如，操作位置应符合工人的习惯，工件的装卸要方便，夹紧要省力。

夹具结构中必要时应考虑有安全防护装置（防屑、防尘、防漏油及溅液等）、良好的排屑结构、润滑方式、搬运及吊装措施。高速回转夹具应可靠，配重平衡，并防止离心力引起夹紧力的变化，同时还要考虑夹具操作维护方便等要求。

5. 具有足够的刚度、强度和良好的稳定性

为保证工件加工精度要求和夹具本身的精度不受破坏，以及加工中夹具不发生振动等，夹具结构应具有较高的刚度和强度。夹具安装在机床工作台上应具有良好的稳定性，为此需注意夹具底面轮廓尺寸与夹具高度尺寸应适当成一定的比例。

6. 具有良好的工艺性

所设计的机床夹具应便于制造、装配、检测、调整和维修。对于夹具上精度要求高的位置尺寸和位置公差，应考虑能否在装配后以组合件的方式直接加工保证，或依靠装配时用调整装配法得到保证。

4.1.5　机床夹具的设计过程

1. 明确设计要求，收集和研究有关资料

在接到夹具设计任务书后，首先，要仔细阅读加工件的零件图和与之有关的部件装配图，了解零件的作用、结构特点和技术要求；其次，要认真研究加工件的工艺规程，充分了解本工序的加工内容和加工要求，了解本工序使用的机床和刀具，研究分析夹具设计任务书上所选用的定位基准和工序尺寸。

2. 确定夹具的结构方案

确定夹具结构方案的步骤如下：

1）确定定位方案，选择定位元件，计算定位误差。

2）确定对刀或导向方式，选择对刀块或导向元件。

3）确定夹紧方案，选择夹紧机构。

4）确定夹具其他组成部分的结构形式，如分度装置、夹具和机床的连接方式等。

5）确定夹具体的形式和夹具的总体结构。

6）进行工序精度分析。经过总布局多方案比较后，确定一个最合理的方案草图，并组织制造、使用部门的有关人员进行会审，以便完善总布局方案。

在确定夹具结构方案的过程中，应提出几种不同的方案进行比较分析，选取其中最为合理的结构方案。

3. 绘制夹具装配草图和装配图样

夹具总图绘制比例除特殊情况外，一般均应按 1:1 的比例绘制，以使所设计夹具有良好的直观性。总图上的主视图，应尽量选取与操作者正对的位置。

绘制夹具装配图可按如下顺序进行：用双点画线画出工件的外形轮廓和定位面、加工面；画出定位元件和导向元件；按夹紧状态画出夹紧装置；画出其他元件或机构；最后，画出夹具体，把上述各部分组合成一体，形成完整的夹具。在夹具装配图中，被加工件视为透明体。

（1）夹具总装配图上应标注设计的尺寸

1）工件与定位元件间的联系尺寸，如工件基准孔与夹具定位销的配合尺寸。

2）夹具与刀具的联系尺寸，如对刀块与定位元件之间的位置尺寸及公差，钻套、镗套与定位元件之间的位置尺寸及公差。

3）夹具与机床连接部分的尺寸。对于铣床夹具，是指定位键与铣床工作台 T 形槽的配合尺寸及公差；对于车床、磨床夹具，是指夹具到机床主轴端的连接尺寸及公差。

4）夹具内部的联系尺寸及关键件配合尺寸，如定位元件间的位置尺寸、定位元件与夹具体的配合尺寸等。

5）夹具外形轮廓尺寸。

（2）确定夹具技术条件

在装配图上需要标出与工序尺寸精度直接有关的下列各夹具元件之间的相互位置精度要求：

1）定位元件之间的相互位置要求。

2）定位元件与连接元件（夹具以连接元件与机床相连）或找正基面间的相互位置精度要求。

3）对刀元件与连接元件（或找正基面）间的相互位置精度要求。

4）定位元件与导向元件的位置精度要求。

4. 绘制夹具零件图

完成夹具体总体设计并经审核批准后，方可绘制元件的零件图（指所有的非标准件）。零件图的主视图方位，尽可能与装配图上的位置一致。

由于机床夹具属于单件生产类型，故其总装精度通常是采用调整法或修配法保证的。因此，在标注零件技术要求时，除与总装技术要求协调外，往往采用注解法说明，如在某尺寸上注明"装配时与×件配作""调整时磨"或"见总图技术要求"字样等。

夹具元件的尺寸、公差和技术要求必须与总装技术要求相协调。通常采用如下两种方法保证装配精度：

1）当夹具的某装配精度要求不高，且影响这个装配精度的链环不多时，可用解尺寸链，确定各有关元件相应的精度来直接保证该装配精度。

2）当夹具的某装配精度要求很高，且影响该装配精度的链环又较多时，宜采用装配时直接加工或用调整法来保证装配精度，此方法在经济上也是合算的。

5. 编写夹具设计说明书

机床夹具设计的各步骤既有一定的顺序，又可以在一定的范围内交叉进行，一般来说，图样完成后应整理出符合要求的说明书。机床夹具设计图样完成并投入制造后，设计工作的全过程尚未全部完成。只有待处理完制造、装配、调整及使用过程中发现的全部问题，直至使用该夹具加工出合格的工件并达到预定的生产率为止，才算完成夹具设计的全过程。

4.1.6　机床夹具的发展方向

现代机床夹具的发展方向主要表现为标准化、精密化、高效化、通用化和柔性化等。

1. 标准化

机床夹具的标准化是简化夹具设计、制造和装配工作的有力手段，有利于缩短夹具的生产准备周期，降低生产总成本。我国夹具的标准化工作已经有一定的基础，目前我国已有夹具零件及部件的国家标准 GB/T 2148—1991 及各种通用夹具、组合夹具标准等。机床夹具的标准化可为夹具计算机辅助设计与组装打下基础。应用 CAD 技术，可建立元件库、典型库、标准和用户使用档案库，进行夹具优化设计。

2. 精密化

由于产品的机械加工精度日益提高，不仅要求采用高精密的机床，同样也要求机床夹具越来越精密。目前，高精度自动定心夹具的定心精度可以达到微米级甚至亚微米级，高精度分度台的分度精度可达 ±0.1″。在孔系组合夹具基础板上，采用调节粘接法，定位孔距精度高达 ±5 μm，夹具支承面的垂直度可达到 0.01 mm/300 mm，平行度高达 0.01 mm/500 mm。精密平口钳的平行度和垂直度在 0~5 μm 以内，夹具重复安装的定位精度高达 ±5 μm。

3. 高效化

高效化夹具主要用来减少工件加工的辅助时间，以提高劳动生产率，减轻工人的劳动强度。为了减少工件的安装时间，各种自动定心夹紧、精密平口钳、杠杆夹紧、凸轮夹紧、气动和液压夹紧、快速夹紧等功能部件不断地推陈出新。例如，在铣床上使用电动虎钳装夹工件，效率可提高 5 倍左右；在车床上使用高速三爪自定心卡盘，可保证卡爪在试验转速为 9 000 r/min 的条件下仍能牢固地夹紧工件，从而使切削速度大幅度提高。目前，除了在生产流水线、自动线配置相应的高效、自动化夹具外，在数控机床上，尤其在加工中心上出现了各种自动装夹工件的夹具以及自动更换夹具的装置，充分发挥了机床夹具的高效率。

夹具的高效化可通过在定位、夹紧、分度、转位、翻转、上下料和工件传送等各种动作上的自动化来实现。

（1）磁性夹具

与传统的机械夹持方法相比，磁性夹具在性能方面有明显的优点。磁性吸盘能在最短的调整时间内使工件达到较高的定位精度，确保达到最大的吸紧力，并且夹紧力分布均匀。由于整个工件都是暴露的，不会使工件的部分部位受到夹具的限制，因而有可能通过一次装夹完成全部加工。矩形磁性吸盘可以将多个工件很方便地装在一个夹具上，以充分利用机床工作台的台面，进行大批量的磨削、铣削等。

现在的磁性夹具通过应用最新和最强有力的稀土磁性材料（主要是钕铁硼和钴化钐），已经具有比以往任何时候更好的工件夹紧性能。夹紧力明显比其他类型电磁夹具的夹紧力要大得多，即使对一个工件进行五面强力铣削也能不产生振动，还能适应更高的进给速度，在某些情况下所适应的进给速度是机械夹紧状态下的 3 倍。将其用于板材的铣削，由于避免了原来所需的工件搬运和重复装夹，使装夹更快，生产效率得到了提高。

（2）数控夹具

数控夹具具有按数控程序使工件进行定位和夹紧的功能。工件一般采用一面两孔定位，夹具上两个定位销之间的距离根据需要所做的调节、定位销插入和退出定位孔以及其他的定位和夹紧动作均可按程序自动实现。相应的动作元件由步进电动机或液压传动驱动。

数控夹具比一般可调夹具或组合夹具具有更好的柔性，在加工中心或柔性制造单元上使用时，可显著地提高自动化程度和机床的利用率。

（3）自动夹具

自动夹具是指具有自动上下料机构、能自动定位夹紧的专用夹具，如果工件需人工定向，则称为半自动夹具。自动夹具可减少辅助时间，降低劳动强度，提高生产率，适用于批量大、形状规则的工件。在普通机床上装上自动夹具，即可实现自动加工。

4. 通用化

专用夹具设计制造周期长，成本高，一旦产品稍有变更，夹具将由于无法再使用而报废，不适应于单件小批生产和产品更新换代周期越来越短的要求。夹具的通用性直接影响其经济性，因此，扩大夹具的通用化程度势在必行。扩大夹具通用化程度的主要措施如下：

1）改变专用夹具的不可拆结构为可拆结构，使其拆开后可以重新组合用于新产品的加工，由此应运而生的组合夹具得到迅速发展。采用组合夹具，一次性投资比较大，但夹具系统可重组性、可重构性及可扩展性功能强，应用范围广，通用性好，夹具利用率高，收回投资快，经济性好，很适合单件小批量生产和新产品的试制。

2）发展可调夹具结构。当产品变更时，只要对原有夹具进行调整，或更换部分定位、夹紧元件，就可适用于加工新的产品。

5. 柔性化

机床夹具的柔性化主要是指夹具的结构柔性化。夹具设计时，采用可调或成组技术和计算机软件技术，只需对结构做少量的重组、调整和修改，或修改软件，就可以快速地推出满足不同工件或相同工件的相似工序加工要求的夹具。具有柔性化特征的新型夹具种类主要有组合夹具、通用可调夹具、成组夹具、模块化夹具等。为适应现代机械工业多品种、中小批量生产的需要，扩大夹具的柔件化程度，改变专用夹具的不可拆结构为可拆结构，发展可调夹具结构，将是当前夹具发展的主要方向。

4.2　工件的定位及定位元件

当用夹具装夹一批工件时，必须使工件在机床上相对刀具的成形运动处于准确的相对位置。这个准确位置是靠夹具定位元件的工作面与工件的定位面接触和配合保证的。

4.2.1　工件定位原理

1. 基准

机械加工中用来确定加工对象几何要素间的几何关系所依据的点、线、面称为基准。在夹具设计中涉及的基准主要有两类：一类是设计基准，另一类是工艺基准。设计基准通常是指在设计图上确定零件几何要素的几何位置所依据的基准，也可以理解为零件图样上标注尺寸的起点。工艺基准是指在工艺过程中所采用的基准。工艺基准又包括工序基准、定位基准、测量基准和装配基准等。

（1）工序基准

在工序图上用来确定本工序加工表面加工后的尺寸、形状和位置的基准称工序基准。

如图 4-2 所示台阶轴的工序基准，对于轴向尺寸，在加工时，通常先车端面 1，再掉头车端面 2 和环面 4，这时所选用的工序基准为端面 2，直接得到的加工尺寸为 A 和 C。对尺寸 A 来说，端面 1、2 均为其设计基准，因此它的设计基准与工序基准是重合的。对于尺寸 B 来说，它没有直接得到，而是通过尺寸 A、C 间接得到的，因此，其设计基准与工序基准是不重合的，由于该尺寸 B 是间接得到的，在此多了一个加工尺寸 A 的误差环节。

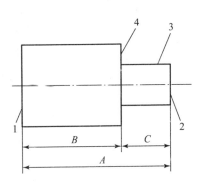

图 4-2　台阶轴的工序基准
1，2—端面；3—圆表面；4—环面

在确定工序基准时主要应考虑如下三个方面的问题：

1）首先考虑选择设计基准为工序基准，避免基准不重合所造成的误差。

2）若不能选择设计基准为工序基准，则必须保证零件设计尺寸的技术要求。

3）所选工序基准应尽可能用于定位，即为定位基准，并便于工序尺寸的检验。

（2）定位基准

定位基准是指在加工过程中，使工件在夹具中占有准确加工位置所依据的基准，即工件和夹具定位元件相接触的点、线、面。定位基准是获得零件尺寸、形状和位置的直接基准，占有很重要的地位，定位基准的选择是加工工艺中的难题。定位基准可分为粗基准和精基准，又可分为固有基准和附加基准。

固有基准是零件上原来就有的表面，附加基准是根据加工定位的要求在零件上专门制造出来的，如轴类零件车削时所用的顶尖孔。

（3）测量基准

测量时所采用的基准，即用来确定被测量尺寸、形状和位置的基准，称为测量基准。测量基准可以是实际存在的，也可以是假想的。实际存在的测量基准亦称为测量基面。对于假想的测量基准，一定有一实际存在的测量基面来体现，如图 4-3 所示的阶梯轴放在 V 形块上，测量轴颈 1 的径向圆跳动，轴颈 2 的轴线 3 为测量基准，而轴颈 2 的外圆表面为测量基面。

（4）装配基准

装配时用来确定零件或部件在产品中的相对位置所采用的基准，称为装配基准。装配基准可以是实际存在的，也可以是假想的。实际存在的装配基准，亦称为装配基面。如图 4-4 所示，倒挡齿轮 2 轴向的装配基面是与变速器壳体 1 接触的右端轮毂端面，倒挡齿轮径向的装配基准为其内孔轴线，而内孔表面为装配基面。

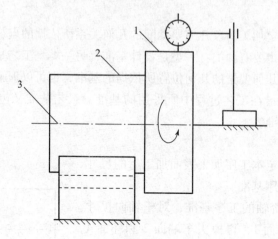

图 4-3 测量基准与测量基面

1，2—轴颈；3—轴线

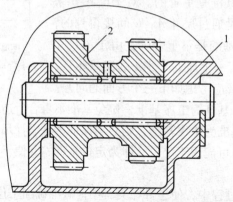

图 4-4 汽车倒挡齿轮的装配基准

1—变速器壳体；2—倒挡齿轮

上述各基准应该尽可能使之重合。图 4-4 所示的倒挡齿轮，其零件图样设计时，把装配基准的内孔作为设计基准；在轮齿齿面加工时，将内孔轴线又作为工序基准和定位基准；在测量齿圈径向圆跳动时，也将内孔轴线作为测量基准。因此该齿轮的内孔轴线——装配基准、设计基准、工序基准、定位基准和测量基准重合。基准重合是工程设计中应遵循的一个基本原则。在产品设计时，应尽量把装配基准作为零件图样上的设计基准，以便直接保证装配精度的要求。在零件加工时，应使工序基准与设计基准重合，以便能直接保证零件的加工精度；工序基准与定位基准重合，可避免进行复杂的尺寸换算，还可以避免产生基准不重合误差。

2. 六点定位原理

一刚体在三维空间中有 6 个自由度，即沿着 X、Y、Z 这 3 个坐标轴的移动和绕着这 3 个坐标轴的转动，如图 4–5 中所示，分别以 $\vec{X}$、$\vec{Y}$、$\vec{Z}$ 和 $\hat{X}$、$\hat{Y}$、$\hat{Z}$ 表示。

当工件不受约束时，同样具有 6 个自由度。为了保证一个工件在夹具中有确定的正确位置，即一批工件有一致的正确位置，就必须限制工件的 6 个自由度。根据运动学原理，夹具要限制工件的 6 个自由度，最典型的方法就是按一定规则设置 6 个支承点。对矩形工件而言，其 6 个支承点的安放如图 4–6 所示。工件的底面

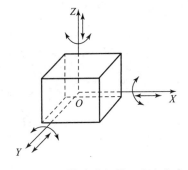

图 4–5　刚体在空间的 6 个自由度

A 放在 3 个支承点上，限制了 3 个自由度 $\vec{Z}$、$\hat{X}$、$\hat{Y}$；侧面 B 与 2 个支承点接触，限制了 2 个自由度 $\vec{Y}$ 和 $\hat{Z}$；另一侧面 C 与 1 个支承点接触，限制了 1 个自由度 $\vec{X}$。用分布在 3 个相互垂直平面上的 6 个支承点来限制工件的 6 个自由度，使工件在夹具中的位置完全确定，这就是著名的 3–2–1 六点定位原理。

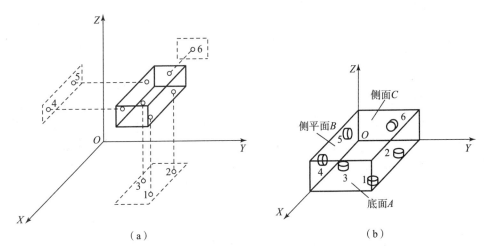

（a）　　　　　　　　　　　　　（b）

图 4–6　3–2–1 六点定位原理

（a）示意图；（b）实物图

实际上，六点定位适用于任何形状的工件，图 4–7 和图 4–8 所示分别为轴类工件和盘类工件六点定位示意图。其中，轴的圆柱表面放在 4 个支承点上，限制工件的 4 个自由度 $\vec{Y}$、$\vec{Z}$ 和 $\hat{Y}$、$\hat{Z}$；轴端部靠在 1 个支承点上，限制 1 个自由度 $\vec{X}$；轴上一端的槽正放在一个支承点上，限制了工件绕 X 轴的旋转自由度 $\hat{X}$。对盘类工件也是如此，底平面上的 3 个支承点，限制了盘的 3 个自由度 $\vec{Z}$、$\hat{X}$、$\hat{Y}$；盘周圆柱上的 2 个支承限制了 2 个自由度 $\vec{X}$ 和 $\vec{Y}$；槽中的 1 个支承点限制了盘绕 Z 轴转动的自由度 $\hat{Z}$。

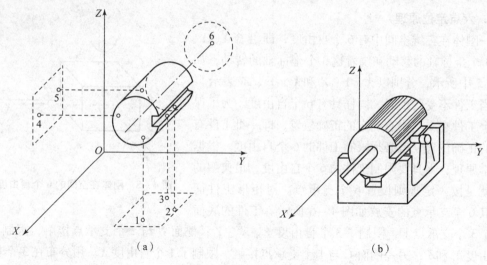

图 4 - 7　轴类工件六点定位

(a) 示意图；(b) 实物图

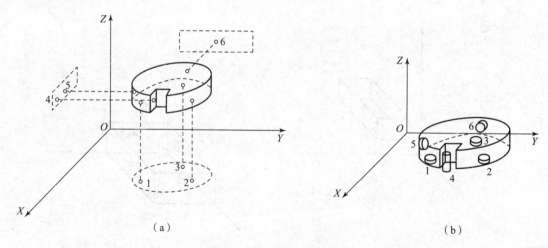

图 4 - 8　盘类工件六点定位

(a) 示意图；(b) 实物图

4.2.2　工件定位的约束分析

通过对工件定位约束的分析，根据限制工件自由度的情况，定位又分为以下几种情况。

1. 完全定位

将工件的 6 个自由度完全限制，使其在夹具中占有完全确定的唯一位置，称为完全定位。

如图 4 - 9 所示，在一个长方体工件上铣一个不通槽，下面分析需要限制几个自由度。

槽要对中，故要限制沿 X 轴移动和绕 Z 轴旋转；深度要求，故要限制沿 Z 轴移动；不通槽，长度有要求，故要限制沿 Y 轴移动；槽底要和工件底面平行，故要限制沿 X 轴和 Y 轴转动。因此，在长方体上铣不通槽需要限制 6 个自由度。

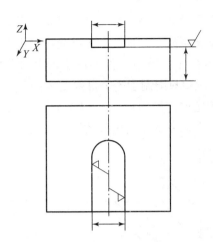

图 4 - 9　工件的完全定位

2. 不完全定位

工件的 6 个自由度中的部分被限制，但能满足工件加工的要求。如图 4 - 10 所示，在长方体上铣一个通槽时的定位，要求保证工序尺寸 A 和 B。夹具设计中，Y 方向的移动自由度可以不限制，当一批工件在夹具上定位时，各个工件沿 Y 轴的位置即使不同，也不会影响加工要求。

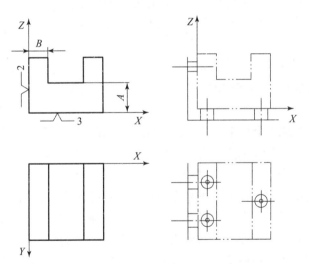

图 4 - 10　不完全定位示例

以上两种定位都能满足加工的要求。从简化夹具设计、降低加工成本考虑，推荐使用不完全定位；从保证加工质量及安全可靠的角度考虑，应尽可能采用完全定位。究竟采用完全定位还是不完全定位，要根据具体情况具体分析。

值得注意的是，有些加工虽然按加工要求不需要限制某些自由度，但从承受夹紧力、切削力、加工调整方便等角度考虑，可以多限制一些自由度，这是必要的也是合理的，称之为附加自由度。

3. 欠定位

在加工时，根据加工面的尺寸、形状和位置要求，没有将要求必须限制的自由度全部限制，称为欠定位。欠定位在夹具设计中是一种严重的错误。以此制作的夹具，无法满足加工要求，往往容易造成质量或安全事故。这种情形是不允许发生的。

如图 4 – 11 （a） 所示，在一个长方体工件上加工一个台阶面，该面宽度为 B，距底面高度为 A，且应与底面平行。图中只限制了 3 个自由度 $\vec{Z}$、$\hat{X}$、$\hat{Y}$，不能保证尺寸 B 及其侧面与工件右侧面的平行度，为欠定位。如图 4 – 11 （b） 所示，必须增加一个条形支承板，增加限制 2 个自由度 $\vec{X}$ 和 $\vec{Z}$，一共限制 5 个自由度才行。

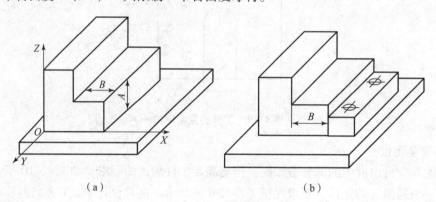

（a）　　　　　　　　　　　　　　　　（b）

图 4 – 11　欠定位示例

值得注意的是，在分析工件定位时，当所限制的自由度少于 6 个，则要判定是欠定位还是不完全定位。如果是欠定位，则必须将应限制的自由度限制住；如果是不完全定位，则是可行的。

4. 过定位

过定位或称重复定位，即工件的一个或几个自由度被重复限制。这种情形最典型的例子，就是加工连杆孔的定位方案，如图 4 – 12 所示。图 4 – 12 （a） 为正确的定位方案。以平面 1 限制 $\vec{Z}$ 和 $\hat{X}$、$\hat{Y}$ 这 3 个自由度；一短圆柱销 2 限制 $\vec{X}$、$\vec{Y}$ 这两个自由度；以挡销 3 限制 $\vec{Z}$ 自由度。但是若用长销 2′代替短销 2，则会有图 4 – 12 （b） 所示的情况发生。根据长销的定位特性，长销限制了 $\vec{X}$、$\vec{Y}$、$\hat{X}$ 和 $\hat{Y}$ 这 4 个自由度，其中限制的 $\hat{X}$、$\hat{Y}$ 与平面 1 限制的自由度重复，属于过定位。若长销与平面之间没有垂直度误差，连杆小头孔与连杆端面之间也没有垂直度误差，则过定位不会产生不良后果。但实际上夹具和工件没有误差是不可能的。因此，就有可能使连杆端面与平面点接触，见图 4 – 12 （c）。当施加夹紧力 N 后，若长销刚性好，则将使连杆产生弯曲变形，见图 4 – 12 （d）；若长销刚性不足，则将弯曲而使夹具损坏，见图 4 – 12 （e）。

在实际生产中，对重复定位问题，也应具体分析，当定位基准面，定位元件本身精度较高，定位基准面间、定位元件间位置精度较高时，重复定位有利于增加工件定位稳定性和定位支承刚度。特别对于某些薄壁件、细长杆件或定位基准是大平面的工件等，过定位有利于防止切削力造成的变形，提高定位稳定性，保证加工质量。但过定位对夹具的精度提出了更高的要求。

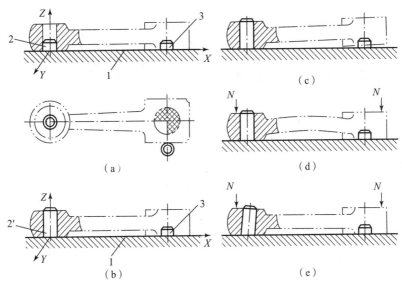

图 4 - 12 连杆的定位分析

4.2.3 典型的定位方式及定位元件

1. 常用定位元件及其所能限制的自由度数

常见的定位元件有支承钉、支承板、圆柱销、圆锥销、芯轴、V 形块、定位套、顶尖和锥度芯轴等，而常见的定位情况所限制的自由度见表 4 - 1。

表 4 - 1 常见的定位情况所限制的自由度

工件的定位面	夹具的定位元件				
平面	支承钉	定位情况	一个支承钉	两个支承钉	三个支承钉
		示意图			
		限制的自由度	$\vec{X}$	$\vec{Y}\hat{X}$	$\vec{Z}\hat{X}\hat{Y}$
	支承板	定位情况	一块条形支承板	两块条形支承板	三块条形支承板
		示意图			
		限制的自由度	$\vec{Y}\hat{Z}$	$\vec{Z}\hat{X}\hat{Y}$	$\vec{Z}\hat{X}\hat{Y}$

工件的定位面		夹具的定位元件			
圆柱孔	圆柱销	定位情况	短圆柱销	长圆柱销	两段短圆柱销
		示意图			
		限制的自由度	$\vec{Y}\vec{Z}$	$\vec{Y}\vec{Z}\hat{Y}\hat{Z}$	$\vec{Y}\vec{Z}\hat{Y}\hat{Z}$
	圆锥销	定位情况	菱形销	长销小平面组合	短销大平面组合
		示意图			
		限制的自由度	$\vec{Z}$	$\vec{X}\vec{Y}\vec{Z}\hat{Y}\hat{Z}$	$\vec{X}\vec{Y}\vec{Z}\hat{Y}\hat{Z}$
		定位情况	固定锥销	浮动锥销	固定锥销与浮动锥销组合
		示意图			
		限制的自由度	$\vec{X}\vec{Y}\vec{Z}$	$\vec{Y}\vec{Z}$	$\vec{X}\vec{Y}\vec{Z}\hat{Y}\hat{Z}$
	芯轴	定位情况	长圆柱芯轴	短圆柱芯轴	小锥度芯轴
		示意图			
		限制的自由度	$\vec{X}\vec{Z}\hat{X}\hat{Z}$	$\vec{X}\vec{Z}$	$\vec{X}\vec{Z}$

工件的定位面	夹具的定位元件			
外圆柱面 V形块	定位情况	一个短V形块	两个短V形块	一个长V形块
	示意图			
	限制的自由度	$\vec{X}\vec{Z}$	$\vec{X}\vec{Z}\hat{X}\hat{Z}$	$\vec{X}\vec{Z}\hat{X}\hat{Z}$
外圆柱面 定位套	定位情况	一个短定位套	两个短定位套	一个长定位套
	示意图			
	限制的自由度	$\vec{X}\vec{Z}$	$\vec{X}\vec{Z}\hat{X}\hat{Z}$	$\vec{X}\vec{Z}\hat{X}\hat{Z}$
圆锥孔 顶尖和锥度芯轴	定位情况	固定顶尖	浮动顶尖	锥度芯轴
	示意图			
	限制的自由度	$\vec{X}\vec{Y}\vec{Z}$	$\vec{Y}\vec{Z}$	$\vec{X}\vec{Y}\vec{Z}\hat{Y}\hat{Z}$

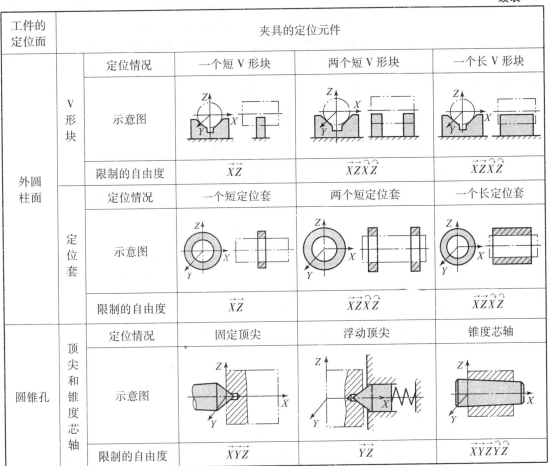

必须注意的是：定位元件所限制的自由度与其大小、长短、数量及其组合有关。

（1）长短关系

如短圆销限制 2 个自由度，长的限制 4 个自由度；短 V 形块限制 2 个自由度，长的限制 4 个自由度。

（2）大小关系

一个矩形支承板限制 3 个自由度，一个条形支承板限制 2 个自由度，一个支承钉限制 1 个自由度。

（3）数量关系

一个短 V 形块限制 2 个自由度，二个短 V 形块限制 4 个自由度。

（4）组合关系

一块条形支承板限制 2 个自由度；二块条形支承板相当于一个矩形板，故限制 3 个自由度。

2. 平面定位

平面定位的主要形式是支承定位。夹具上常用的支承元件有以下几种。

（1）固定支承

固定支承有支承钉和支承板两种形式。图 4 - 13 所示为支承钉。支承钉有平头（A 型）、圆头（B型）和花头（C型）之分。平头支承钉主要用于支承工件上已加工过的定位基面，可减少磨损，避免定位面压坏。圆头支承钉容易保证与工件定位基准面间的点接触，位置相对稳定，但因接触面积小，易磨损，多用于粗基准定位。花头支承钉其表面有齿纹，摩擦力大，能防止工件受力后滑动，但容易存屑，故通常用于侧面粗定位。支承钉的尾柄与夹具体上的基体孔可用过盈配合，多选用 H7/n6 或 H7/m6。

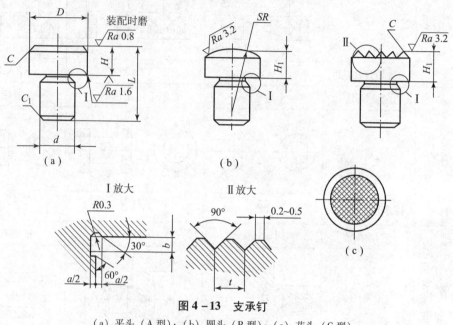

图 4-13　支承钉

（a）平头（A型）；（b）圆头（B型）；（c）花头（C型）

通常认为，一个支承钉形成 1 个点定位副，限制 1 个自由度；二个支承钉组合形成直线定位副，限制 2 个自由度；三个支承钉组合形成平面定位副，限制 3 个自由度。

图 4-14 所示的支承板有 A 型和 B 型之分。图 4-14 中，A 型支承板结构简单，但切屑易于落入沉头螺钉头部与沉头孔配合处，不易清除，用于侧面或顶面定位较合适。B 型支承板的工作面上开有斜槽，紧固螺钉沉头孔位于斜槽内。由于支承板定位工作面高于紧固螺钉沉头孔，易保持工作面清洁，用于底面定位较合适。特别是在以推拉方式装卸工件的夹具和自动线夹具上应用较多，切屑在工件移动时进入斜槽中。支承板常用于大、中型零件的精准定位。一块支承板定位时，形成线定位副，限制 2 个自由度。2 块支承板，与精基准面接触时形成平面定位副，限制 3 个自由度。

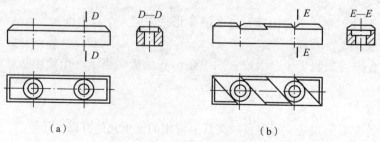

图 4-14　支承板

（a）A型；（b）B型

（2）可调支承

支承点位置可调整的支承，称为可调支承。图 4 – 15 所示为几种常见的可调支承结构，都是通过螺旋调节方式实现支承点位置的改变。当工件形状及尺寸变化较大，而又以粗基准定位的场合（如铸件），多采用这类支承。这种情况下，若仍采用固定支承，则会出现各批毛坯尺寸差别很大，引起后续工序的加工余量变化较大，甚至造成某些方向加工余量不足，影响加工质量。可调支承广泛应用在通过可调整夹具和成组夹具中，以适应系列产品不同尺寸工件的定位或加工组中不同工件的定位。

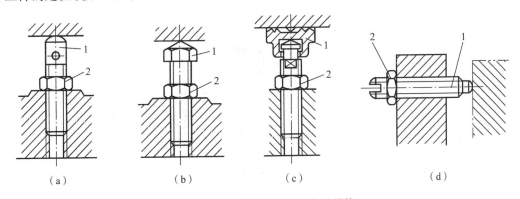

图 4 – 15　几种常见的可调支承结构

（a）球形可调支承；（b）锥形可调支承；（c）自位可调支承；（d）侧向可调支承

1—支承头；2—锁紧螺母

可调支承的调整一般在一批工件加工前进行，调整适当后须通过锁紧螺母锁紧，以防止在夹具使用过程中定位支承螺钉松动而使其支承点位置发生变化。同批工件加工中一般不再做调整，因此可调支承在使用时的作用与固定支承相同。

（3）自位支承

自位支承是指支承的位置自动适应定位基准面位置变化的一类支承。图 4 – 16（a）、（b）所示为两点式自位支承，图 4 – 16（c）所示为三点式自位支承。当工件的定位基面不连续，或为台阶面，或基面有角度误差时，为使两个或多个支承的组合只限制 1 个自由度，避免过定位，常采用自位支承，这样可以提高工件的装夹刚度和稳定性，但其作用相当于一个固定支承，只限制工件的 1 个自由度。

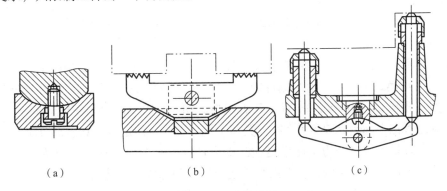

图 4 – 16　自位支承

（a），（b）两点式自位支承；（c）三点式自位支承

（4）辅助支承

在工件定位时只起到提高工件支承刚度和定位稳定性作用的支承，称为辅助支承。图 4 – 17（a）所示为螺旋式辅助支承，图 4 – 17（b）所示为自引式辅助支承，图 4 – 17（c）所示为推引式辅助支承。辅助支承的有些结构与可调支承类同，但其作用和调节操作不同。可调支承起定位作用。可调支承是先调整再定位，最后夹紧工件；辅助支承则是先定位，再夹紧工件，最后进行调整。

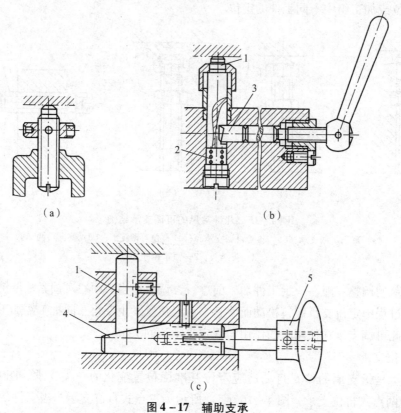

图 4 – 17 辅助支承

（a）螺旋式辅助支承；（b）自引式辅助支承；（c）推引式辅助支承
1—支承头；2—弹簧；3—锁紧销；4—推引楔；5—手柄

2. 圆柱孔定位

工件以圆柱孔定位时，夹具上常用的定位元件是定位销、芯轴和半圆定位座。

（1）定位销

图 4 – 18 所示为标准化的定位销结构。图 4 – 18（a）、（b）、（c）为固定式定位销，图 4 – 18（d）为可换式定位销，均为圆柱销。工作部分的直径一般根据工件的加工要求和安装方法，按基孔制 g5、g6、f6、f7 精度等级制造。图 4 – 18（a）销的工作部分直径较小，为增加刚度通常把根部倒成圆角 R，在夹具体上应有沉孔，使定位销圆角部分沉入孔内而不影响定位。大批量生产时，为了便于更换，则设计成带衬套的结构，即成为图 4 – 18（d）所示的可换定位销。这种结构，衬套内孔与定位销为间隙配合，其定位精度比固定式低。为了便于工件装入，定位销的头部做成15°倒角。短圆柱定位销只能限制端面上 2 个自由度；长圆柱销可看成两个短销和工件基准孔的接触定位，能限制工件的 2 个移动和 2 个转动自由度。

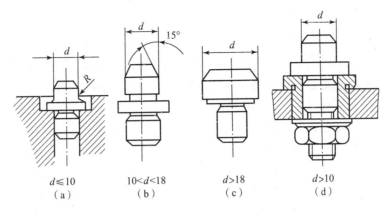

图 4 – 18　圆柱定位销

$d \leq 10$
（a）

$10 < d < 18$
（b）

$d > 18$
（c）

$d > 10$
（d）

圆柱定位销中，还有一种削边销结构，如图 4 – 19 所示。最常用的是图 4 – 19（b）所示的菱形销。削边销是为了补偿工件的定位基准与夹具定位元件之间的实际尺寸误差，消除过定位而采用的。这样削边短销只能限制 1 个自由度，削边长销只能限制 2 个自由度。

生产上有时为了限制工件的轴向自由度，也可采用圆锥销。如图 4 – 20 所示，锥面和基准孔的棱边形成理想的线接触，它除了限制 X、Y 方向的移动自由度外，还限制绕 Z 轴的转动自由度，共限制了 3 个自由度。

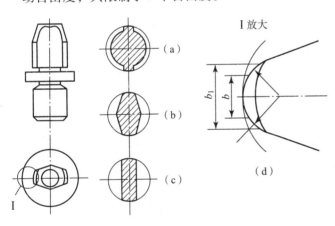

图 4 – 19　削边销结构

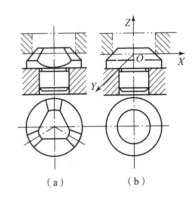

图 4 – 20　圆锥定位销

（2）芯轴

芯轴主要用于套筒类或盘类零件以内孔定位或内孔与端面组合定位。常见的芯轴有以下几种。

1）锥度芯轴。这类芯轴的外圆表面有 1:（1 000 ~ 5 000）锥度，定心精度高达 0.005 ~ 0.010 mm，当然工件的定位孔也应有较高的精度。工件安装时，将工件轻轻压入，通过孔和芯轴表面的接触变形夹紧工件，如图 4 – 21 所示。

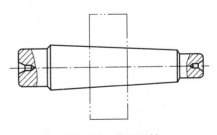

图 4 – 21　锥度芯轴

锥度芯轴其轴向位移误差较大，工件易倾斜，定位时靠工件孔与芯轴的局部弹性变形产生过盈配合夹紧工件，能传递的力矩较小。装卸工件不方便，且不能加工端面。一般用于工件定位孔精度不低于 IT7 的精车和磨削加工。

2）刚性芯轴。在成批生产中，为了克服锥度芯轴定位不准确的缺点，可采用刚性芯轴。刚性芯轴采用间隙配合，图 4 – 22（a）所示芯轴的定位基准面一般按 h6、g6 或 f7 加工，装卸工件方便，但定心精度不高。圆柱芯轴也可采用过盈配合，图 4 – 22（b），（c）所示为其结构。它由引导部分 1、工作部分 2 以及传动部分 3 组成。引导部分的作用是使工件迅速而又准确地套入芯轴，其直径按 e8 制造，其直径的基本尺寸为工件孔的最小极限尺寸，其长度约为基准孔长度的一半；工作部分的直径按 r6 制造，其基本尺寸等于孔的最大极限尺寸。当工件孔的长径比 $L/D > 1$ 时，芯轴的工作部分应稍有锥度，这时大端直径仍按 r6 制造，其基本尺寸等于孔的最大极限尺寸，而小端直径则按 h6 制造，其基本尺寸等于孔的最小极限尺寸。这种芯轴制造简单，定心准确，不用另设夹紧装置，但装卸工件不方便，易损伤工件定位孔，因此，多用于定心精度要求高的精加工场合。

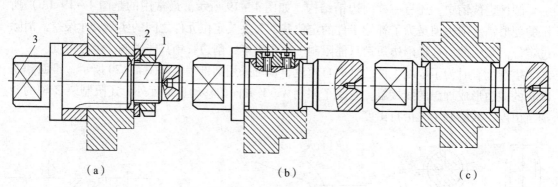

图 4 – 22　刚性芯轴

（a）间隙配合；（b），（c）过盈配合

1—引导部分；2—工作部分；3—传动部分

除上述外，芯轴定位还有弹性芯轴、液塑芯轴、定心芯轴等，它们在完成定位的同时完成工件的夹紧，使用很方便，结构却比较复杂。

3. 外圆柱面定位

工件以外圆柱面定位时，夹具上常用的定位元件是定位套和 V 形块。

（1）定位套

工件以圆柱外表面在定位套中定位，与以圆孔为基准面在芯轴上定位相类似。为了限制工件沿轴向的自由度，常与端面组合定位，如图 4 – 23 所示。当工件的定位端面较大时，应采用短定位套，以免造成过定位。一个短定位套限制 X、Z 方向 2 个移动自由度，两个短定位套或一个长定位套限制 2 个移动和 2 个转动自由度。

定位套孔口有 15° ~ 30° 的倒角，便于工件装入，定位套结构简单，制造容易但定心精度不高，只用于粗定位基面。

（2）V 形块

V 形块是外圆柱面最常用的定位元件。无论定位面是否经过加工，是完整的圆柱面还是局部圆弧面，都可采用 V 形块定位。它的优点是对中性好（工件的定位基准轴线始终处在 V 形块两斜面的对称面上），并且安装方便。

图 4 – 24 所示为常用 V 形块结构。图 4 – 24（a）用于较短的精定位基面；图 4 – 24

（b）用于较长的粗基准（或台阶轴）定位；图 4 - 24（c）用于较长的精准定位；图 4 - 24
（d）用于工件较长且定位基面直径较大的场合，此时 V 形块通常做成镶嵌件，在铸铁底座
上镶装淬硬钢垫或硬质合金板。通常将短 V 形块看作两点定位副，认为限制 X、Z 方向的 2
个移动自由度，长 V 形块则是 4 点定位副，限制 4 个自由度，即 X、Z 方向的 2 个移动和 2
个转动自由度。

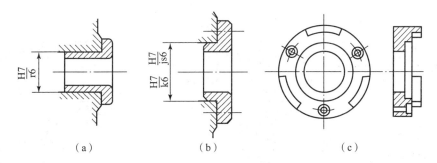

（a）　　　　　　　（b）　　　　　　　（c）

图 4 - 23　定位套

（a）长套小端面；（b）短套大端面；（c）结构

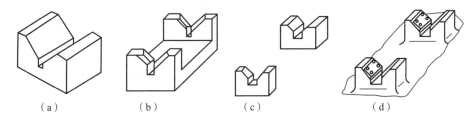

（a）　　　　（b）　　　　（c）　　　　（d）

图 4 - 24　V 形块结构

　　V 形块两斜面的夹角 α 一般选用 60°、90° 和 120° 共 3 种，90° 应用最广，且典型结构和
尺寸已标准化。标准结构如图 4 - 25 所示。斜面夹角越小，定位精度越高；斜面夹角越大，
稳定性越好。

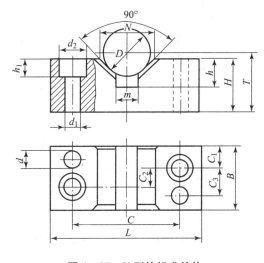

图 4 - 25　V 形块标准结构

V 形块有固定式和活动式之分。固定式一般用 2~4 个螺钉和两个定位销与夹具体装配成一体。定位销孔与夹具体配钻铰，然后打入定位销。活动式 V 形块的应用如图 4-26 所示。图 4-26（a）为加工连杆孔的定位方式，左边的固定块限制工件 2 个自由度，右边的活动块限制 1 个转动自由度，同时还兼有夹紧作用。图 4-26（b）为活动式 V 形块限制工件 1 个 Y 方向移动自由度的示意图。

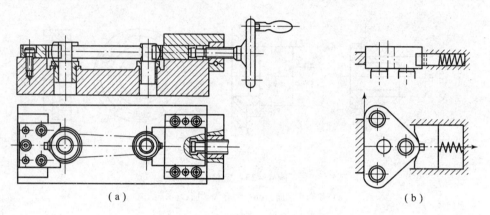

（a）   （b）

图 4-26　活动式 V 形块的应用

（a）加工连杆空的定位方式；（b）活动式 V 形块

（3）半圆定位座

如图 4-27 所示，半圆定位座由上、下两部分组成，下半部分安装在夹具体上，起定位作用，上半部分制成可卸式［见图 4-27（a）］或铰链式［见图 4-27（b）］的半圆盖，仅起夹紧作用。半圆定位座与定位基准面接触面积大，夹紧力均匀，可减小工件基准面的接触变形。它限制工件的自由度数和 V 形块相同，主要用于不宜用 V 形块定位、套筒定位及不便于轴向安装的大型轴套类工件。定位基面的精度不低于 IT8~IT9。

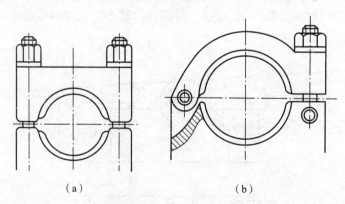

（a）   （b）

图 4-27　半圆座定位

（a）可卸式；（b）铰链式

4. 组合表面定位

实际生产中经常遇到的不一定是单一表面定位，而是几个表面的组合定位。这时，按限制自由度的多少来区分每一定位面的性能，限制自由度数最多的定位面称为第一定位基准面或主要基准，次之的称为第二定位基准面或导向基准，限制一个自由度的称为第三定位基准面或定程基准。

常见的定位表面组合有平面和平面的组合、平面与孔的组合、平面与外圆表面的组合、平面与其他表面的组合、锥面与锥面的组合等。下面介绍常用的孔与端面的组合定位及一面两孔的组合定位。

（1）孔与端面组合定位

图 4-28 所示的轴套类零件，采用内孔及一端面组合定位。其中图 4-28（a）为过定位，应尽量避免。

当本工序首先要求保证加工表面与端面的位置精度时，则以端面为第一定位基准。图 4-28（b）中，以轴肩支承工件端面，以短圆柱对孔定位，避免了过定位。

当本工序首先要求保证加工表面与内孔的位置精度时，则以孔中心线为第一定位基准。图 4-28（c）、（d）中，孔用长圆柱定位，工件端面以小台肩面支承或用球面自位支承，以避免过定位。

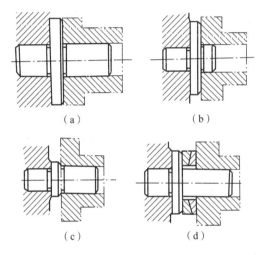

（a）　　　　　　　　（b）

（c）　　　　　　　　（d）

图 4-28　孔与端面的组合定位

（a）过定位；（b）端面为第一定位基准的定位；（c），（d）孔为第一定位基准的定位

（2）一面两孔组合定位

在加工箱体、杠杆、盖板等零件时，常采用一面两孔定位，这样易于做到工艺过程中的基准统一，保证工件的位置精度，又有利于夹具的设计与制造。工件的定位平面一般是加工过的精基准面；两孔可以是工件结构上原有的，也可以是为定位需要而专门设置的工艺孔。一面两孔定位时相应的定位元件是一面两销，其中平面定位可按前述的支承定位，两定位销可以有以下两种。

1）两个圆柱销，即采用两个短圆柱销与两孔配合，如图 4-29（a）所示。这种定位是过定位，沿连心线方向的自由度被重复限制了。过定位的结果是，由于工件上两孔中心距的误差和夹具上两销中心距的误差，可能有部分工件不能顺利装入。为解决这一问题，可以缩小一个定位销的直径。但这种方法虽然能够实现工件的顺利装卸，却又增大了工件的转角误差，因此只能用于加工要求不高的场合，使用较少。

2）一个圆柱销和一个菱形销，如图 4-29（b）所示。采用菱形销，不缩小定位销的直径，也能起到相当于在连心线方向上缩小定位销直径的作用，使中心距误差得到补偿。在垂直于连心线的方向上，销的直径并未减小，所以工件的转角误差没有增大，保证了定位精度。采用一个平面、一个圆柱销和菱形销定位，依次限制了工件的 3 个、2 个和 1 个自由度，实现完全定位，避免了用两个圆柱销的过定位缺陷。它是一面两孔定位时最常用的定位方式。

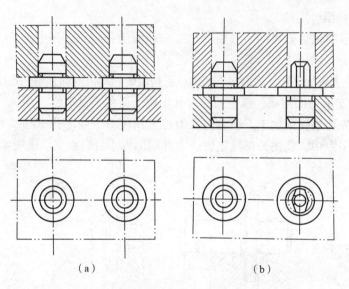

图 4 – 29　一面两孔组合定位

(a) 两个圆柱销；(b) 一个圆柱销和一个菱形销

在夹具设计时，一面两销的设计按下述步骤进行，如图 4 – 30 所示。一般已知条件为工件上两圆柱孔的尺寸和中心距，即 D_1、D_2、L_g 及其公差。

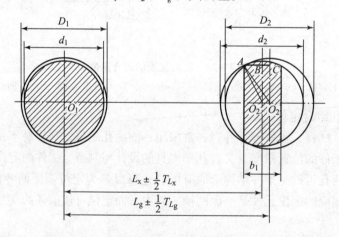

图 4 – 30　一面两销定位

1. 确定夹具中两定位销的中心距 L_x

把工件上两孔中心距公差化为对称公差，即

$$L_g{}^{+T_{gmax}-T_{gmin}} = L_g \pm \frac{1}{2}T_{L_g}$$

式中　T_{gmax}，T_{gmin}——工件上孔间距的上、下极限偏差；

T_{L_g}——工件上两圆柱孔中心距的公差。

取夹具两销间的中心距为 $L_x = L_g$，中心距公差为工件孔中心距公差的 1/3 ~ 1/5，即 $T_{L_x} = (1/3 ~ 1/5) T_{L_g}$。销中心距及公差也化成对称形式：$L_x ± 0.5 T_{L_x}$。

2. 确定圆柱销直径 d_1 及其公差

一般圆柱销 d_1 与孔 D_1 为基孔制间隙配合，d_1 的名义尺寸等于孔 D_1 的名义尺寸，配合一般选为 H7/g6、H7/f6，d_1 的公差等级一般比孔的高一级。

3. 确定菱形销的直径 d_2、宽度 b_1 及公差

可先按表 4 - 2 查 D_2，选定 b_1，按下式计算出菱形销与孔配合的最小间隙 Δ_{2min}，再计算菱形销的直径 d_2。

$$\Delta_{2min} \approx \frac{2 b_1 (T_{L_x} + T_{L_g})}{D_2}$$

$$d_2 = D_2 - \Delta_{2min}$$

式中　b_1——菱形销的宽度，mm；

D_2——工件上菱形销定位孔的直径，mm；

Δ_{2min}——菱形销定位时销、孔最小配合间隙，mm；

T_{L_x}——夹具上两销中心距的公差，mm；

T_{L_g}——工件上两孔中心距的公差，mm；

d_2——菱形销的名义尺寸，mm。

表 4 - 2　菱形销尺寸

D_2	3 ~ 6	>6 ~ 8	>8 ~ 20	>20 ~ 25	>25 ~ 32	>32 ~ 40	>40 ~ 50
b_1	2	3	4	5	5	6	8
B	$D_2 - 0.5$	$D_2 - 1$	$D_2 - 2$	$D_2 - 3$	$D_2 - 4$	$D_2 - 5$	$D_2 - 5$

菱形销的公差可按配合 H/g，销的公差等级高于孔的一级来确定。

4.3　工件的夹紧及夹紧装置

4.3.1　概述

工件在加工过程中，要受到切削力、重力、惯性力等外力的作用和影响，其位置时时存在变动的可能，工件的定位只是保证正确位置的充分条件，夹紧则是保证工件正确位置的必要条件。夹具对工件的夹紧是靠夹紧装置实现的。

1. 夹紧装置的组成

夹紧装置的结构形式是多种多样的，但根据力源不同，可分为手动夹紧装置和机动夹紧装置。如果用人的体力对工件进行夹紧，则称为手动夹紧装置。如果用气压、液压、电力及机床的运动来对工件进行夹紧，则称为机动夹紧装置。夹紧装置一般由人力或动力装置、中间传力机构和夹紧元件 3 个部分组成，如图 4 - 31 所示。

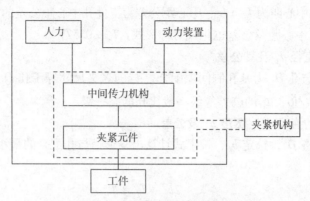

图 4 - 31 夹紧装置的组成框图

1）动力装置通常指机动夹紧装置中的动力源，常用的有气压、液压、电力等动力装置，手动夹紧没有动力装置。

2）中间传力机构是将原动力传递给夹紧元件的机构，一般起改变夹紧力的大小、方向及保证自锁的作用。

3）夹紧元件是直接与工件接触的元件，是夹紧装置的最终执行元件。

在一些简单的手动夹紧装置中，夹紧元件与中间传力机构常常是很难截然分开的，因此常将二者统称为夹紧机构。

2. 夹紧装置的设计原则

在夹紧工件的过程中，夹紧作用的效果会直接影响工件的加工精度、表面粗糙度及生产效率，因此设计夹紧装置应遵循以下原则。

（1）工件不移动原则

夹紧过程中，应不改变工件定位后所占据的正确位置。

（2）工件不变形原则

夹紧力的大小要适当，既要保证夹紧可靠，又应使工件在夹紧力的作用下，不致产生加工精度所不允许的变形。

（3）工件不振动原则

对刚性较差的工件，或者进行断续切削，以及不宜采用气缸直接压紧的情况，应提高支承元件和夹紧元件的刚性，并使夹紧部位靠近加工表面，以避免工件和夹紧系统产生振动。

（4）安全可靠原则

夹紧传力机构应有足够的夹紧行程。手动夹紧要有自锁性能，以保证夹紧可靠。机动夹紧机构应有联锁保护装置。

（5）经济实用原则

夹紧装置的自动化和复杂程度应与生产纲领相适应，在保证生产效率的前提下，其结构应力求简单，便于制造、维修，工艺性能好；操作方便、省力，使用性能好。

4.3.2　夹紧力的三要素分析

夹紧力同样有大小、方向、作用点三要素。下面结合生产实际，分别进行分析。

1. 夹紧力大小的估算

在夹紧设计时，正确估算切削力的大小及方向是确定夹紧力的主要依据。切削力的大小可在有关的书籍和手册中查找计算公式。至于切削力的方向，夹具设计时应尽量使之指向定位支承，这样可以减小所需要的夹紧力。

夹紧力的大小可根据切削力和工件重力的大小、方向及相互位置关系进行计算。为了安全起见，计算出夹紧力再乘以安全系数 K。当用于粗加工时，$K = 2.5 \sim 3$；当用于精加工时，$K = 1.5 \sim 2$，故实际夹紧力一般比理论计算值大 2～3 倍。

进行夹紧力计算时，通常将夹具和工件看作一个刚性系统，以简化计算。根据工件在切削力、夹紧力、重力、惯性力作用下处于静力平衡，列出静力平衡方程式，即可算出理论夹紧力。

一般来说，手动夹紧不必计算出夹紧力的确切值，只有机动夹紧时，才进行夹紧力的计算，以便决定动力部件的尺寸。

2. 夹紧力方向的选择

夹紧力的方向直接影响定位精度和夹紧力的大小。如果夹紧力的方向不正确，甚至可能产生南辕北辙的结果。因此，夹紧力方向的选择应遵循以下原则。

1）夹紧力不得破坏工件定位的准确性，保证夹紧的可靠性。一般情况下，主夹紧力方向应垂直朝向第一定位基准，把工件夹紧在第一定位表面上。如图 4 - 32 所示的夹具，用于对直角支座零件进行镗孔，要求孔与端面 A 垂直，因此应选 A 面为第一定位基准，夹紧力应垂直压向 A 面。若采用夹紧力压向底面，由于工件底面与 B 面的垂直度误差，则镗孔只能保证孔与底面 B 的平行度，而不能保证孔与 A 面的垂直度。

2）夹紧力的方向应与工件刚度高的方向一致，以利于减小工件的变形。薄壁套筒的夹紧如图 4 - 33 所示。图 4 - 33（a）采用三爪自定心卡盘夹紧，易引起工件的夹紧变形。若镗孔，内孔加工后将有三棱圆形圆度误差。图 4 - 33（b）为改进后的夹紧方式，采用端面夹紧，可避免上述圆度误差。如果工件定心外圆和夹具定心孔之间有间隙，会产生定心误差。

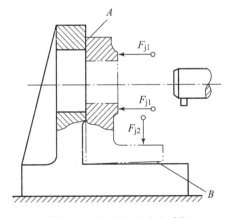

图 4 - 32　夹紧力的方向选择

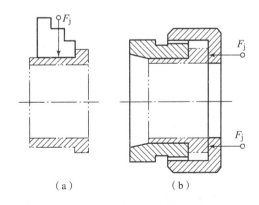

图 4 - 33　薄壁套筒的夹紧

（a）三爪自定心卡盘夹紧；（b）端面夹紧

3）夹紧力的方向应尽可能与切削力、重力方向一致，有利于减小夹紧力。如图 4 – 34（a）所示，夹紧力和切削力同向，是合理的；如图 4 – 34（b）所示，夹紧力和切削力反向，是不合理的。

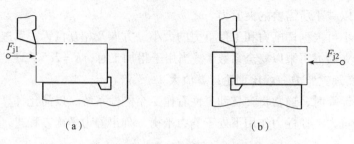

图 4 – 34　夹紧力和切削力的方向
（a）夹紧力和切削力同向；（b）夹紧力和切削力反向

2. 夹紧力作用点的选择

夹紧力作用点的选定是达到最佳夹紧状态的首要因素。只有正确地选择夹紧力作用点，才能估算出所需要的适当夹紧力。如果夹紧力作用点选择不当，不仅增大夹紧变形，甚至不能夹紧工件。夹紧点选择的一般原则如下：

1）尽可能使夹紧点和支承点对应，使夹紧力作用在支承上，这样会减小夹紧变形。凡有定位支承的地方，对应之处都应选择为夹紧点并施以适当的夹紧力，以免在加工过程中工件离开定位元件。夹紧力作用点的位置如图 4 – 35 所示。

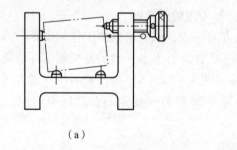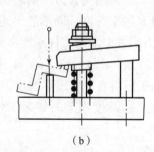

图 4 – 35　夹紧力作用点的位置

2）夹紧点选择应尽量靠近被加工表面，以便减小切削力对工件造成的反转力矩。必要时，应在工件刚性差的部位增加辅助支承并施加夹紧力。如图 4 – 36 所示，增加辅助支承 a 和辅助夹紧力 Q_2。

3）夹紧力作用点应尽量在工件的整个接触面上分布均匀，以减小夹紧变形。如图 4 – 37 所示，用一块活动压板将夹紧力的作用点分散成 2 个或 4 个。图 4 – 38 所示为增大接触面积，改善夹紧变形。

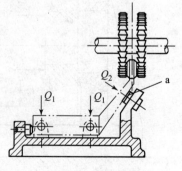

图 4 – 36　增加支承和辅助夹紧力

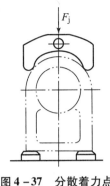

图 4 - 37　分散着力点

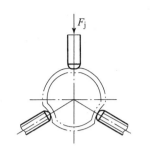

图 4 - 38　改善夹紧变形

4）夹紧力的作用点应选择在工件刚度高的部位。如图 4 - 39（a）所示情况可造成工件薄壁底板较大的变形，改进后的结构如图 4 - 39（b）所示。

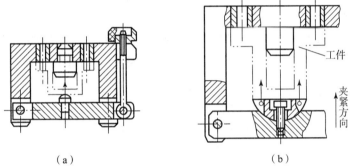

（a）　　　　　　　　　　　　　　（b）

图 4 - 39　夹紧力的作用点与工件变形

（a）工件底面产生夹紧变形；（b）改进方案

4.3.3　基本夹紧机构设计

夹具的夹紧机构虽然很多，但最基本的夹紧机构按机械原理有 3 种，即斜楔夹紧机构、螺旋夹紧机构和偏心夹紧机构。

1. 斜楔夹紧机构

在夹紧机构中，大多数是利用机械摩擦的斜面自锁原理来夹紧工件的，最基本的形式就是直接利用有斜面的楔块。图 4 - 40 所示为一简单钻孔夹具的夹紧装置。

（1）夹紧力的计算

斜楔夹紧时，斜楔的受力情况分析如图 4 - 41（a）所示。F_Q 是施加在斜楔大端的作用力，F_J 是斜楔受到工件的夹紧反力，F_1 是斜楔夹紧工作面间的摩擦阻力，$F_1 = F_J \tan\varphi_1$，F_J 与 F_1 的合力为 F_{R1}。F_N 是斜导板对斜楔的反作用力，F_2 为斜楔斜面与斜导

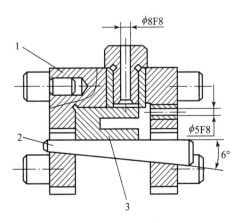

图 4 - 40　一简单钻孔夹具的夹紧装置

板间的摩擦力，$F_2 = F_N \tan\varphi_2$，F_N 和 F_2 的合力为 F_{R2}，$F_{R2} = F_N / \cos\varphi_2$，$F_{RX} = F_J \tan(\alpha + \varphi_2)$。根据静力平衡原理，有 $F_1 + F_{RX} = F_Q$，即：

$$F_J \tan\varphi_1 + F_J \tan(\alpha + \varphi_2) = F_Q$$

则

$$F_J = \frac{F_Q}{\tan\varphi_1 + \tan(\alpha + \varphi_2)}$$

式中 F_J——斜楔对工件的夹紧力，N；

       α——斜楔升角，（°）；

       F_Q——加在斜楔上的作用力，N；

       φ_1——斜楔与工件间的摩擦角，（°）；

       φ_2——斜楔与夹具体间的摩擦角，（°）。

通常取 $\varphi_1 = \varphi_2 = 6°$，$\alpha = 6° \sim 10°$，即可得：

$$F_j = (2.6 \sim 3.2) \, F_Q$$

（2）斜楔夹紧机构的自锁条件

为了节约能源，提高安全性和可靠性，通常希望夹紧机构能够保持自锁。特别当动力源为人力时，自锁就成为夹紧机构工作的必要条件。从图 4-41（b）可知，自锁的条件为：

$$F_1 > F_{RX}$$

而这时，$F_1 = F_J \tan\varphi_1$，F_{RX} 变为 $F_{RX} = F_J \tan(\alpha - \varphi_2)$，有：

$$F_J \tan\varphi_1 \geqslant F_J \tan(\alpha - \varphi_2)$$

即：

$$\tan\varphi_1 \geqslant \tan(\alpha - \varphi_2)$$

当 α、φ_1、φ_2 很小时，可认为 $\varphi_1 > \alpha - \varphi_2$，变换可得：

$$\alpha \leqslant \varphi_1 + \varphi_2$$

这就是保证斜楔夹紧自锁的条件。

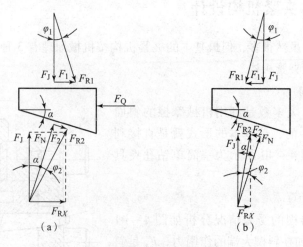

图 4-41　斜楔的受力分析

当 $\varphi_1 = \varphi_2 = 6°$ 时，$\alpha \leqslant 12°$，取 $\alpha = 6° \sim 10°$，以充分考虑其他因素的影响，是安全可靠的。

（3）增力比、夹紧角和夹紧行程的关系

由于斜楔的夹紧作用是依靠斜楔的轴向移动来实现的，所以夹紧行程 S 和相应斜楔轴向移动距离 L 有如下关系：

$$S = L\tan\alpha$$

从夹紧力的公式可得增力比 η 为：

$$\eta = \frac{F_Q}{F_J} = \frac{1}{\tan\varphi_1 + \tan\ (\alpha - \varphi_2)}$$

从以上分析可看出，斜楔夹紧机构的增力比随 α 的减小而增大，但 α 太小则夹紧行程也变小，在保证相同夹紧行程时，势必要加长斜楔，这就受到结构尺寸的限制，且 α 太小，退出会相应困难一些。

斜楔夹紧机构比较简单，有增力作用。但由于操作不便，传力系数小，故单独使用较少。

2. 螺旋夹紧机构

螺旋夹紧机构是斜楔夹紧机构的一种转化形式，螺旋相当于绕在圆柱上的楔块，只不过是通过转动螺旋，使绕在圆柱上的楔块高度变化，达到夹紧工件的目的。图 4-42 所示为螺旋夹紧机构的几个简单示例。

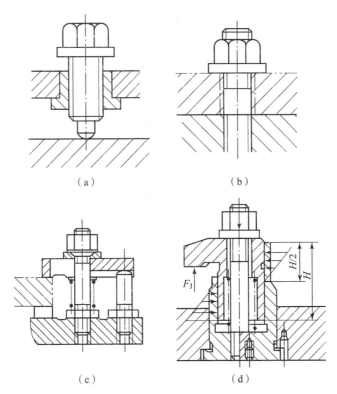

（a）

（b）

（c）

（d）

图 4-42　螺旋夹紧机构的几个简单示例
（a）顶丝；（b）螺栓；（c）压板；（d）钩形压板

（1）夹紧力的计算

如图 4-43 所示，F_Q 为作用于手柄上的原动力，力臂为 L，其力矩为 $M_Q = F_Q L$；F_2 为工件对螺杆的摩擦力，$F_2 = F_J\tan\varphi_2$，该摩擦力存在于螺杆端面的一个环面内，计算时可看作集中作用于当量半径 r' 的圆周上，摩擦力矩 $M_2 = F_2 r' = F_J\tan\varphi_2 r'$；螺母为固定件，其对螺杆的作用力垂直于螺旋面的作用力 F_N 及摩擦力 F_1，它们的合力为 F_{R1}，该合力可分解成螺杆轴向分力和周向分力。轴向分力与工件的反作用轴向力平衡。周向分力可看作作用在螺纹中径 d_0 上，使螺杆产生反抗力矩 $M_1 = F_J\tan(\varphi_1 + \varphi_2) d_0/2$。

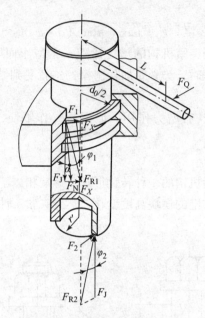

图 4-43　螺旋夹紧受力分析

动力矩 M_Q、摩擦力矩 M_2 及反抗力矩 M_1 平衡，有：

$$M_Q - M_2 - M_1 = 0$$

即

$$F_Q L - F_J\tan\varphi_2 r' - F_J\tan(\alpha + \varphi_1) d_0/2 = 0$$

则得：

$$F_J = \frac{F_Q L}{\tan\varphi_2 r' - \tan(\alpha + \varphi_1)\dfrac{d_0}{2}}$$

式中　F_J——夹紧力，N；

$\quad\quad F_Q$——作用力，N；

$\quad\quad L$——夹紧力臂，mm；

$\quad\quad d_0$——螺纹中径，mm；

$\quad\quad \alpha$——螺纹升角，(°)；

$\quad\quad \varphi_1$——螺纹处摩擦角，(°)；

$\quad\quad \varphi_2$——螺杆端部与工件间的摩擦角，(°)；

$\quad\quad r'$——螺杆端部与工件间的当量摩擦半径，mm。

不同接触形式的当量摩擦半径见表 4-3。

表 4 - 3　不同接触形式的当量摩擦半径

Ⅰ	Ⅱ	Ⅲ	Ⅳ
点接触	平面接触	圆周线接触	圆环面接触
		R	D_0　D
	d_0	β_1	
0	$\dfrac{d_0}{3}$	$R\cot\dfrac{\beta_1}{2}$	$\dfrac{1}{3}\left(\dfrac{D^3 - D_0^3}{D^2 - D_0^2}\right)$

（2）自锁条件

螺纹夹紧机构都采用标准紧固螺纹。螺旋升角小于 3.5°，远比摩擦角小，故自锁性能很好，一般不必进行自锁条件的校核。

（3）快速作用措施

螺纹夹紧机构结构简单，制造方便，增力比很大，自锁性好，夹紧行程不受限制。但操作费时，工作效率低。夹紧行程大时，更是如此。因此，在生产中常常采用快速作用措施，主要有：①采用开口垫圈或转动垫圈（见图 4 - 44）；②使用快卸螺母（见图 4 - 45）；③采用快撤结构（见图 4 - 46）。

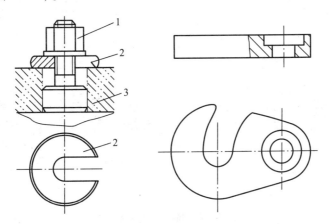

图 4 - 44　开口垫圈和转动垫圈

1—夹紧螺母；2—开口垫圈；3—工件

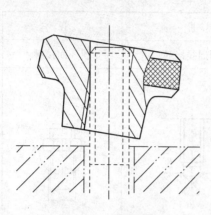

图 4 - 45　快卸螺母

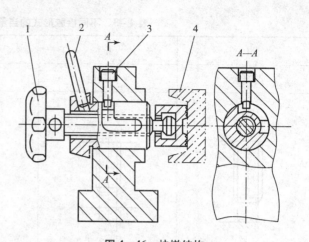

图 4 - 46　快撤结构

1—夹紧螺杆；2—螺母套筒手柄；3—止动销；4—工件

　　螺旋夹紧机构的优点是：扩力比可达 80 以上，自锁性好，结构简单，制造方便，适应性强。缺点是动作慢，操作强度大。

3. 偏心夹紧

　　偏心夹紧机构是利用偏心轮的扩力和自锁特征来实现夹紧作用。图 4 - 47 所示为 3 种偏心夹紧机构。偏心夹紧机构具有夹紧动作迅速、操作方便的特点，但其夹紧行程受偏心距限制，夹紧力较小，多用于振动很小和所需夹紧力不大的场合，在小型工件的夹具中较常见。

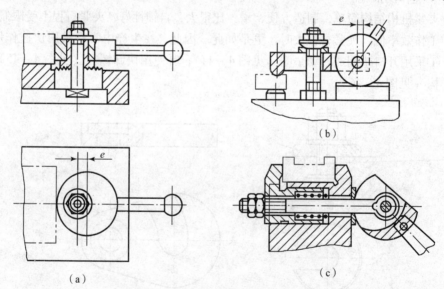

图 4 - 47　简单偏心夹紧机构

　　（1）偏心施力原理和施力特性

　　1）偏心施力原理。如图 4 - 48（a）所示的圆偏心轮，其直径为 D，偏心距为 e，以 Om 为半径作圆，圆偏心轮实际上相当于由套在"基圆"（图中的虚线圆）上的弧形楔所构成。此基圆的直径为 $D - 2e$，如果将手柄装在上半部，则用下半部的弧形工作。由于回转中心 O

至圆偏心轮工作表面上各点的距离不相等，故当顺时针方向转动手柄时，将相当于此弧形楔逐渐楔入"基圆"和工件之间而产生施力作用。

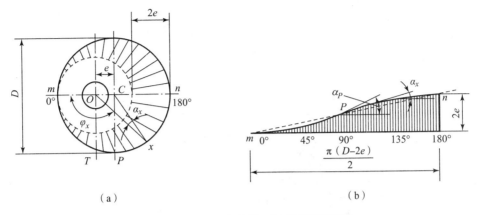

（a）　　　　　　　　　　　　　（b）

图 4 – 48　圆偏心夹紧原理与弧形楔展开图

2）偏心施力特性。偏心轮实际上是斜面的一种变形，与平面斜面相比，主要特性是其工作表面上各夹紧点的升角不是一个常数，它随偏心转角 φ 的改变而变化。若以基圆周长的一半为横坐标，相应的升程为纵坐标，将弧形楔展开，则得图 4 – 48（b）所示的曲线斜面，曲线上任一点的切线与水平线的夹角即为该点的升角。设 α_x 为任意施力点 x 处的升角，其值可由 $\triangle OxC$［见图 4 – 48（a）］求得，即：

$$\frac{\sin\alpha_x}{e} = \frac{\sin\ (180° - \varphi_x)}{\dfrac{D}{2}}$$

则：

$$\sin\alpha_x = \frac{2e}{D}\sin\varphi_x$$

式中，转角 φ_x 的变化范围为 $0° \leqslant \varphi_x \leqslant 180°$。由上式可知，当 $\varphi_x = 0°$ 时，m 点的升角最小，$\alpha_m = 0$；随着转角 φ_x 的增大，升角 α_x 也增大，当 $\varphi_x = 90°$（T 点）时，升角 α_T 最大，此时：

$$\sin\alpha_T = \sin\alpha_{max} = \frac{2e}{D}$$

则：

$$\alpha_T = \alpha_{max} = \arcsin\frac{2e}{D}$$

φ_x 继续增大时，α_x 将随着 φ_x 的增大而增大，当 $\varphi_x = 180°$（n 点），此时升角 $\alpha_n = 0$。

偏心轮的这一特性很重要，因为它与工作段的选择、自锁能力、施力的计算以及主要结构尺寸的确定关系极大。

（2）夹紧力的计算

圆偏心夹紧时的受力分析如图 4 – 49 所示，作用于圆偏心上的外力有原始作用力 F_s，产生的力矩为 F_sL，夹压面的夹紧反作用力 F_j 和圆偏心与夹压面间的摩擦阻力 F_1，枢轴的反作用力 N 和圆偏心与枢轴间的摩擦阻力 F_2。根据前面的分析，圆偏心的夹紧可看作绕在 R_0 圆周上的斜楔的楔紧作用。为简化夹紧力计算，把圆偏心在某点的夹紧状态看作是一个

斜角等于该点升角 α_x 的斜楔，楔紧在 R_0 圆周和加压面之间。作用于手柄的原始力矩 F_sL 由转轴将力传至施力点 P 变成力矩 $F_s'\rho$，此二力矩应相等，即

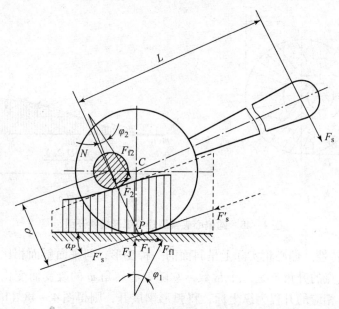

图 4 – 49 圆偏心夹紧时的受力分析

$$F_s' = \frac{F_sL}{\rho}$$

力 F_s' 的水平分力为 $F_s'\cos\alpha_P$，即为作用于假想斜面大端且垂直于直边的外力。因升角 α_P 较小，$\cos\alpha_P$ 可近似取为 1，即 $F_s'\cos\alpha_P = F_s'$，因此，根据斜面施力原理可得：

$$F_J = \frac{F_s'}{\tan\varphi_1 + \tan(\alpha_P + \varphi_2)}$$

代入 F_s'，得：

$$F_J = \frac{F_sL}{\rho[\,\tan\varphi_1 + \tan(\alpha_P + \varphi_2)\,]}$$

式中　F_J——圆偏心夹紧机构产生的夹紧力；

　　　F_s——原始作用力；

　　　L——作用力臂；

　　　ρ——圆偏心在夹紧点 P 处的回转半径；

　　　α_P——圆偏心在夹紧点 P 处的升角；

　　　φ_2——圆偏心在枢轴间的摩擦角；

　　　φ_1——圆偏心与共建被加压面的摩擦角。

在不同的夹紧点位置，以其相应的 ρ、α_P 值代入上式，即可求该夹紧点的夹紧力 F_J。由于圆偏心上各个点的 ρ 和 α_P 都是变化的，没有必要精确计算，实际只需求出最小夹紧力作为计算结果。

（3）自锁条件

使用偏心轮施力时，必须保证自锁，否则将不能使用。要保证偏心轮施力的自锁性能，

与前述斜面施力机构相同，应满足下列条件：

$$\alpha \leqslant \varphi_1 + \varphi_2$$

所不同的是，偏心轮在施力时，α 是变化的，因此必须保证：

$$\alpha_{max} \leqslant \varphi_1 + \varphi_2$$

式中 α_{max}——偏心轮施力时的最大升角；

φ_1——偏心轮与工件之间的摩擦角；

φ_2——偏心轮转轴处的摩擦角。

根据偏心轮转角 a_x 的变化规律，通常将偏心轮处于水平位置时的施力点 P 视为升角最大的施力点，如图 4-50 所示。

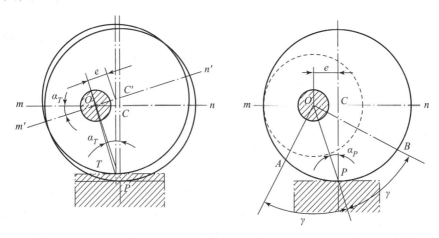

图 4-50　偏心轮自锁条件

从直角三角形 OPC 求得：

$$\alpha_P = \frac{\tan 2e}{D}$$

当很小时，可认为：

$$\alpha_P = \alpha_{max} = \frac{\tan 2e}{D}$$

即：

$$\frac{2e}{D} \leqslant \varphi_1 + \varphi_2$$

为可靠起见，不考虑转轴处的摩擦，即令 $\varphi_2 = 0$。又可得到：

$$\frac{2e}{D} \leqslant \mu_1$$

式中 μ_1——偏心轮与工件间的摩擦系数。

当 $\mu_1 = 0.1$ 时，$D/e \geqslant 20$；当 $\mu_1 = 0.15$ 时，$D/e \geqslant 14$。D/e 之值又称为偏心率或偏心特性。

（4）偏心轮的设计要点

1）确定偏心轮的夹紧行程 h。用偏心轮直接夹紧工件时，夹紧行程为：

$$h = \delta + S_1 + S_2 + S_3$$

式中 δ——工件夹紧面至定位面的尺寸公差；

S_1——工件装卸所需要的间隙，一般取 $S_1 \geqslant 0.3$ mm；

S_2——夹紧装置夹紧时的弹性变形量，一般取 $S_2 = 0.3 \sim 0.5$ mm；

S_3——夹紧行程储备量，一般取 $S_3 = 0.1 \sim 0.3$ mm。

偏心轮不直接夹紧工件时，夹紧行程为：

$$h = k \ (\delta + S_1 + S_2 + S_3)$$

式中　k——夹紧行程系数，取决于偏心夹紧机构的具体结构。

2）确定偏心轮的偏心距 e。通常按下式计算偏心距，即：

$$e = (0.7 - 1) \ h$$

3）确定偏心轮的直径 D。根据自锁条件，当 $\mu_1 = 0.1$ 时，$D/e = 20$；当 $\mu_1 = 0.15$ 时，$D/e = 14$。

偏心轮的参数已经标准化，其夹紧行程和夹紧力在《夹具设计手册》中可查阅。

偏心夹紧机构具有结构简单、夹紧动作迅速、操作方便的特点，但其夹紧行程受偏心距限制，夹紧力较小，多用于振动很小和所需夹紧力不大的场合，不适合在粗加工中应用。

4.3.4　其他夹紧机构

1. 定心夹紧机构

定心夹紧机构又称自动对中机构，它把定位和夹紧合为一体，定位元件也是夹紧元件，在对工件定位的过程中同时完成夹紧任务。这种夹紧机构几何形状对称，对于以对称轴线、对称中心或对称面为工序基准的工件应用十分方便，且容易消除定位误差。如车床上的三爪自定心卡盘就是典型的例证。

定心夹紧机构的工作原理是：各定位、夹紧元件做等速位移，同时实现对工件的定位和夹紧。根据位移量的大小和实现位移方法的不同，定心夹紧机构通常分成两类。

（1）定位夹紧元件做等速移动

这类机构又称刚性定心夹紧机构，等速移动范围较大，能适应不同定位面尺寸的工作，有较大的通用性。图 4 – 51 和图 4 – 52 所示为这类夹紧机构的代表，图 4 – 51 为虎钳式夹紧机构，图 4 – 52 为锥面定心夹紧芯轴。

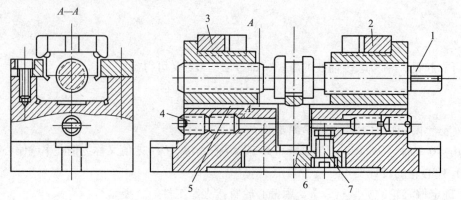

图 4 – 51　虎钳式夹紧机构

1—夹紧螺杆；2，3—活动钳口；4—锁紧螺钉；5—对中调节螺丝；6—定心叉座；7—固定螺钉

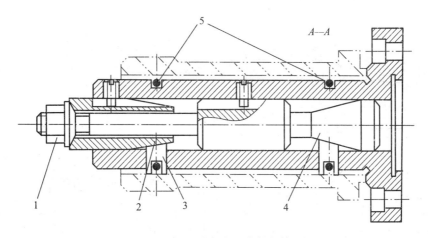

图 4 – 52　锥面定心夹紧芯轴

1—螺母；2—锥套筒；3—销钉；4—锥体；5—弹簧挡圈

（2）定位夹紧元件做均匀弹性变形实现微量的等速移动

这类机构依靠弹性元件的均匀变形实现微量的等速移动。根据所采用的弹性元件不同，这类机构又分为弹性筒夹定心夹紧机构、膜片定心卡盘、波纹套定心夹紧机构、蝶形弹簧片定心夹紧机构和液性塑料定心夹紧机构等，分别如图 4 – 53 ~ 图 4 – 57 所示。

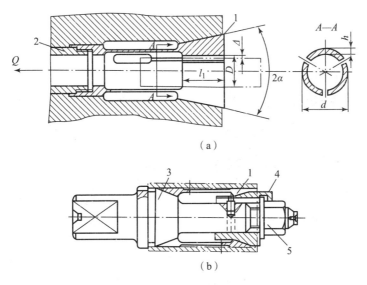

图 4 – 53　弹性筒夹定心夹紧机构

1—弹簧套筒；2—拉杆；3—芯轴体；4—锥套；5—螺母

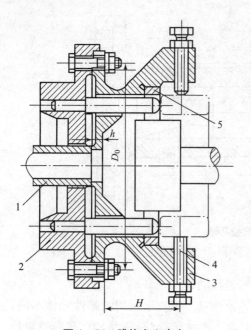

图 4 - 54 膜片定心卡盘

1—推杆；2—夹具体；3—弹性盘；

4—调整螺钉；5—预涨环

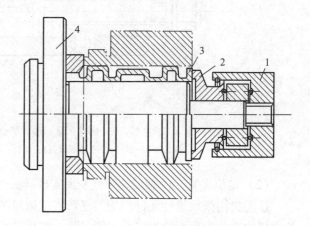

图 4 - 55 波纹套定心夹紧机构

1—螺母；2—垫圈；3—波纹套；4—芯轴

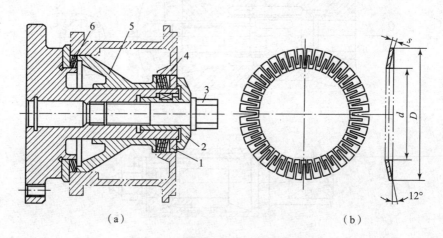

（a）   （b）

图 4 - 56 蝶形弹簧片定心夹紧机构

1—压环；2—压套；3—夹紧螺钉；4，6—碟形弹簧片组；5—中间套

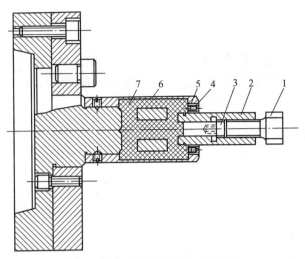

图 4 - 57　液性塑料定心夹紧机构

1—加压螺钉；2—芯轴体；3—柱塞；4,6—薄壁套筒；5—堵塞；7—液性塑料

2. 铰链夹紧机构

采用以铰链相连接的杠杆做中间传力元件的夹紧机构称为铰链夹紧机构。这类机构的特点是动作迅速、增力较大、易于改变力的作用方向，但其缺点是一般不具备自锁性，故常用在气动及液压夹具中。此时，应在回路中增设保压装置，以确保夹紧安全可靠。图 4 - 58 所

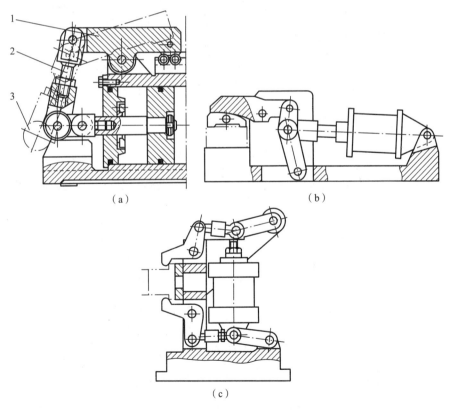

（a）　　　　　　　　　　　　　　（b）

（c）

图 4 - 58　铰链夹紧机构的应用实例

1—压紧杆；2—铰链臂；3—滚轮

示为铰链夹紧机构的应用实例。这类机构设计可参考夹具设计手册。

3. 联动夹紧机构

在设计夹紧机构时，常常需要考虑工件的多处夹紧或多个工件的同时夹紧，甚至按一定的顺序夹紧。如果对每个夹紧部位或每个工件分别用各自的夹紧机构实施夹紧，则不但使夹紧机构庞大，制造成本惊人，夹紧操作麻烦，而且可能使夹紧工步不协调，产生较大的夹紧变形，影响加工精度，严重时可能使定位受到破坏，造成质量事故。这就要求夹紧力能适时协调，有规律地作用于各个施力点。联动夹紧机构很好地解决了这些问题，它具有操作方便、夹紧迅速、生产率高、劳动强度低的特点。

图 4 – 59 所示为联动夹紧机构的应用实例。其工作原理是：球面带肩螺母 2 转动使右边压板向下接近工件，由于活节螺栓 1 与铰链板 5 相连接，当活节螺栓上移时，铰链板逆时针回转，拉动左边活节螺栓向下，于是，左边转动压板随之向下接近工件。只有当左右两边转动压板各自接触工件之后，才产生夹紧力，达到左右同时夹紧。由此可知，若不采用联动夹紧方案，任何一边先夹紧都会使工件发生移动，从而破坏定位。

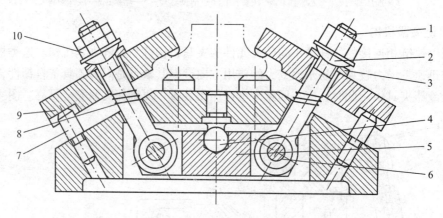

图 4 – 59　多点联动夹紧机构

1—活节螺栓；2—球面带肩螺栓；3—锥形垫圈；4—球头支承；5—铰链板；
6—圆柱销；7—球头支承钉；8—弹簧；9—转动压板；10—六角扁螺母

图 4 – 60 所示为多向联动夹紧机构。其工作过程为：旋紧螺母 5 时，铰链压板 1 向下夹

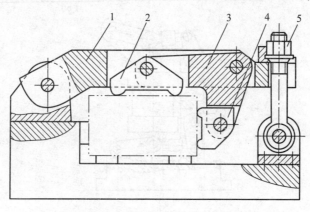

图 4 – 60　多向联动夹紧机构

1—铰链压板；2，4—摆动压板；3—双向压板；5—螺母

紧工件，双向压板 3 把力分为两个方向，分别从顶面和侧面同时夹紧工件。图中的摆动压板2、4 实现两点同时夹紧。

图 4 – 61 所示为多件联动夹紧机构。夹紧螺钉 5 通过压块压装在矩形导轨上的压块 3 上，压块 3 在实施夹紧工件的同时，又向左推动左面的定位夹紧块 2，依此类推，直到把最后一个工件夹紧在 V 形定位块 1 上为止。支板 4 可绕销轴 6 打开，实现快卸。

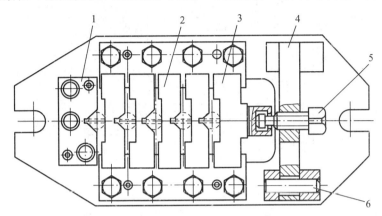

图 4 – 61　多件联动夹紧机构

1—V 形定位块；2—定位夹紧块；3—压块；4—支板；5—夹紧螺钉；6—销轴

图 4 – 62 所示为夹紧与锁紧辅助支承联动夹紧机构。辅助支承 1 在工件定位过程中是浮动的，工件定位好后，先锁紧辅助支承，然后才夹紧工件。当顺时针转动螺母 3 时，迫使压板 2 向左移动，并带动锁紧销 4 也向左移动，实现夹紧工件与锁紧辅助支承联动。

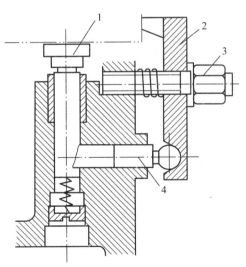

图 4 – 62　夹紧与锁紧辅助支承联动夹紧机构

1—辅助支承；2—压板；3—螺母；4—锁紧销

图 4 – 63 所示为先定位后夹紧的联动夹紧机构。其动作顺序是：当活塞杆 2 右移时，螺钉 5 先脱离拨杆 6，弹簧 7 使推杆 8 升起，推动滑块 9 右移，使工件向右靠在定位块 12 上定位，活塞杆 2 继续右移，其上斜面接触滚子 4 推动推杆 3，通过压板 10 夹紧工件。

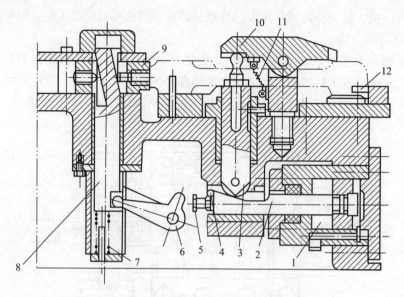

图4-63 先定位后夹紧的联动夹紧机构

1—油缸；2—活塞杆；3，8—推杆；4—滚子；5—螺钉；6—拨杆；

7，11—弹簧；9—滑块；10—压板；12—定位块

4.3.5 夹紧装置的动力装置

在各种生产类型中，夹具广泛采用的是手动夹紧，它结构简单，成本低。但手动夹紧动作慢，劳动强度大，夹紧力变动大。

在大批量生产中往往采用机动夹紧，如气动、液压、气液联合驱动、电磁、电动及真空夹紧等。机动夹紧可以克服手动夹紧的缺点，提高生产率，还有利于实现自动化，当然成本也会提高。此外，还有利用切削力、离心力等夹紧工件的自夹紧装置，它们节省了动力装置，操作迅速。

1. 气动夹紧装置

采用压缩空气作为夹紧装置的动力源，压缩空气一般由工厂的压缩空气站供应。压缩空气具有黏度小、无污染、传送分配方便的优点。与液压夹紧相比，气动夹紧的优点是：动作迅速，反应快；工作压力低，传动结构简单，制造成本低；空气黏度小，在管路中的损失较少，便于集中供应和远距离输送；不污染环境，维护简单，使用起来安全、可靠、方便。但其缺点是：空气的压缩性大，夹紧的刚度和稳定性较差；因工作压力低，故所需动力装置的结构尺寸大；有较大的排气噪声。

典型的气动传动系统如图4-64所示。典型的气动传动系统由气源、分水滤油器、调压阀、油雾器、单向阀、配气阀、调速阀和压力表、气缸、压力继电器等组成。

气动传动系统中各组成元件的结构和尺寸都已标准化、系列化和规格化，可查阅有关手册进行选用。气缸是重要的执行部件。直线运动气缸通常有活塞式和薄膜式两种，以活塞式最常用。

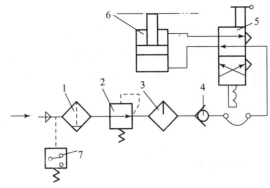

图 4 - 64　典型的气动传动系统

1—分水滤油器；2—调压阀；3—油雾器；4—单向阀；5—方向控制阀；6—气缸；7—压力继电器

2. 液压夹紧装置

液压夹紧装置的工作原理和结构基本上与气动夹紧装置相似，它与气动夹紧装置相比有下列优点：

（1）压力油工作压力可达 6 MPa，因此液压缸尺寸小，不需增力机构，夹紧装置紧凑。

（2）压力油具有不可压缩性，因此夹紧装置刚度大，工作平稳可靠。

（3）噪声小。

其缺点是需要有一套供油装置，成本要相对高一些，因而适用于具有液压传动系统的机床和切削力较大的场合。由于采用液压夹紧需要设置专门的液压系统，因此在没有液压系统的单台机床上一般不宜采用。

3. 气液联合夹紧装置

气液联合夹紧装置是利用压缩空气作为动力、油液作为传动介质，兼有气动和液压夹紧装置的优点。图 4 - 65 所示的气液增压器就是将压缩空气的动力转换成较高的液体压力，供应夹具的夹紧油缸。

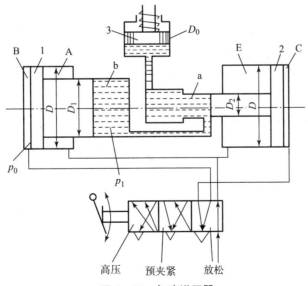

图 4 - 65　气液增压器

1，2，3—活塞；a，b—油塞；A，B，C，E—气室

气液增压器的工作原理如下：当三位五通阀由手柄打到预夹紧位置时，压缩空气进入左气室 B，活塞 1 右移。将 b 油室的油经 a 室压至夹紧油缸下端，推动活塞 3 来预夹紧工件。由于 D 和 D_1 相差不大，因此压力油的压力 p_1 仅稍大于压缩空气压力 p_0。但由于 D_1 比 D_0 大，因此左气缸会将 b 室的油大量压入夹紧油缸，实现快速预夹紧。此后，将手柄打到高压夹紧位置，压缩空气进入右气缸 C 室，推动活塞 2 左移，a、b 两室隔断。由于 D 远大于 D_2，使 a 室中压力增大许多，推动活塞 3 加大夹紧力，实现高压夹紧。当把手柄打到放松位置时，压缩空气进入左气缸的 A 室和右气缸的 E 室，活塞 1 左移而活塞 2 右移，a、b 两室连通，a 室油压降低，夹紧油缸的活塞 3 在弹簧的作用下下落复位，放松工件。

4. 其他夹紧装置

1）真空夹紧装置

真空夹紧装置是利用工件上基准面与夹具上定位面间的封闭空腔抽取真空后来吸紧工件的装置，也就是利用工件外表面上受到的大气压力来压紧工件的装置。真空夹紧装置特别适用于铜及其合金、塑料等非导磁材料制成的薄板形工件或薄壳形工件。图 4-66 所示为真空夹紧装置的工作情况。其中，图 4-66（a）为未夹紧状态，图 4-66（b）为夹紧状态。

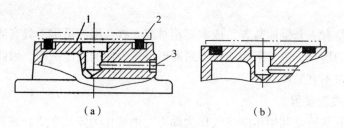

（a）　　　　　　　　　　（b）

图 4-66　真空夹紧装置的工作情况

1—封闭腔；2—密封圈；3—抽气口

2）电磁夹紧装置

生产中应用较多的是感应式电磁夹紧装置。它是由直流电流通过一组线圈产生磁场吸力夹紧工件的，常见的有平面磨床上的电磁吸盘、车床上的电磁卡盘等。电磁夹紧装置会使磁性材料工件有剩磁现象，加工后应注意退磁。另外，应有断电防护装置，防止突然停电造成工件飞出。图 4-67 所示为利用电磁夹紧装置的无心夹具结构，它可用工件的外圆表面（或内孔表面）定位磨削内孔（或外圆），也可用外圆表面定位磨削外圆本身。

除了真空夹紧装置和电磁夹紧装置，还有通过重力、惯性力、弹性力等方式将工件夹紧的装置。

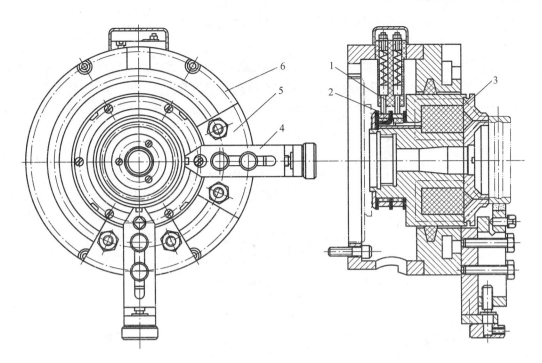

图 4 – 67　利用电磁夹紧装置的无心夹具结构
1—碳刷；2—滑环；3—线圈；4—固定支承；5—支承座；6—带圆环槽的盘体

4.4　机床夹具的其他装置设计

定位元件和夹紧机构是机床夹具的必有装置，机床夹具在某些情况下，有时还需要一些其他装置才能满足使用要求，这些装置通常包括分度装置、对刀及导向装置、对定装置及动力装置。

4.4.1　分度装置

在机械加工中，经常遇到在工件的一次定位夹紧后完成数个工位的加工。当使用通用机床加工时，往往在夹具上设置分度装置来满足这种加工要求。

工件在一次装夹中，每加工完一个表面之后，通过夹具上可动部分连同工件一起转过一定的角度或移动一定的距离，以改变加工表面的位置，实现上述分度要求的装置称为分度装置。

1. 分度装置的分类及组成

分度装置按作用原理和结构不同，可分为机械式分度装置、机电式分度装置、机液式分度装置和机光式分度装置。在机械加工中，应用最多的是机械式分度装置，机械式分度装置又分为回转分度装置和直线分度装置。

（1）回转分度装置

回转分度装置是指不必松开工件而是通过回转一定的角度，来完成多工位加工的分度装置。它主要用于加工有一定回转角度要求的孔系、槽或多面体等。

（2）直线分度装置

直线分度装置是指不必松开工件而是能沿着直线移动一定的距离，来完成多工位加工的分度装置。它主要用于加工有一定距离要求的平行孔系和槽等。

由于这两类分度装置在设计中考虑的问题基本相同，而且回转分度装置应用最多，所以下面只讨论回转分度装置的有关问题。

在回转分度装置中，实现分度的主要元件是分度盘和对定销。按照分度盘与对定销的相对位置，又可分为轴向分度装置和径向分度装置，图4-68所示为轴销径向等分平面磨夹具，该夹具用于小型轴销类零件磨削四方或六方等小平面工序。工件以圆柱面定位，安装在弹簧夹头中，限制4个自由度。安装工件时，转动手轮1，经螺栓2使弹簧夹头5左移，在锥面作用下实现自动定心夹紧。为了增加工件刚度，在右端设置辅助支承，其支承座9可以在底板10的T形槽中移动，以便进行必要的调整。当浮动支承6和工件靠上后，用螺钉7锁紧。分度盘3与导向套4同轴回转，并由对定销8完成对定分度。

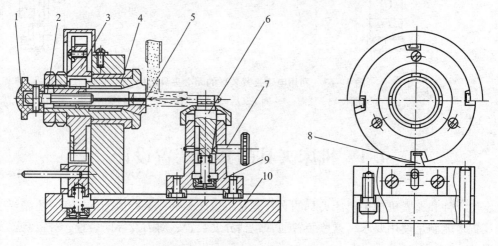

图4-68　轴销径向等分平面磨夹具
1—手轮；2—螺栓；3—分度盘；4—导向套；5—弹簧夹头；6—浮动支承；
7—螺钉；8—对定销；9—支承座；10—底板

图4-69所示为一轴瓦铣开夹具，带有轴向分度装置。工件装在分度盘7上，以工件端面为第一定位基准，以孔中心线为第二定位基准进行定位，用螺母1通过开口垫圈将工件夹紧。铣开瓦轴第一个开口后再铣第二个开口时，不需要卸下工件，而是松开螺母5，拔出对定销6将分度盘7（定位元件）连同夹紧的工件转过180°，再将分度销插入分度盘7的另一个对定孔中，拧紧螺母5，将转盘锁紧，再走刀一次即可铣出第二个开口，然后松开螺母，取下工件，即完成全部加工。

从以上两例中可看出，分度装置主要由分度盘、对定销及操纵机构等组成。

2. 分度对定结构设计

（1）分度盘设计

分度盘是满足预定分度要求的分度元件，在它上面有与对定销定位部分形状相适应的孔、槽或其他形式的表面。图4-70所示为常见的分度盘结构。

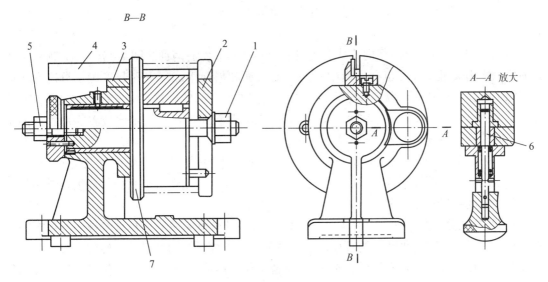

图 4 - 69　带轴向分度的轴瓦铣开夹具

1，5—螺母；2—开口垫圈；3—对刀装置；4—导向件；6—对定销；7—分度盘

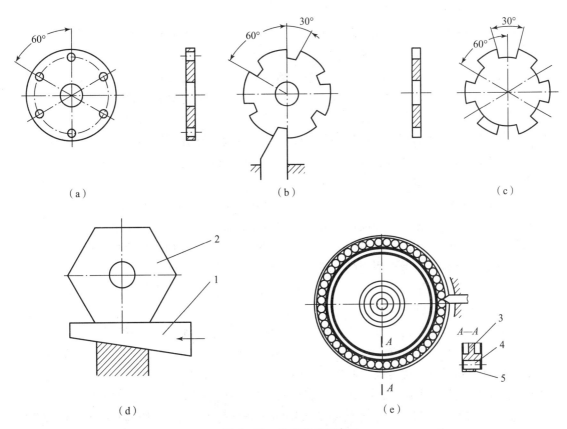

（a）　　　　　　　　　　（b）　　　　　　　　　　（c）

（d）　　　　　　　　　　　　　（e）

图 4 - 70　分度形式示意图

1—对定楔；2—分度盘；3—盘体；4—滚柱；5—环套

1）轴向孔式分度盘。图 4 - 70（a）所示为一种轴向分度形式，在其端面上分布着适应工件等分要求的小孔。为了提高其耐磨性，常在孔中装上淬硬的衬套，衬套的材料常用 T7A

或 T8A 等淬硬至 55～60 HRC，衬套的内外表面需要磨削加工，其同轴度允差不大于 0.005～0.010 mm。

2）径向槽式分度盘。径向槽式分度盘有单斜面和双斜面两种。图 4-70（b）所示为单斜面槽，它由通过中心（也有偏离中心的）的直面和斜面组成，直面起着确定分度盘角向位置的定位作用，斜面可以消除分度槽与对定销间的配合间隙。这种分度盘结构简单，制造容易，使用方便，应用较广。图 4-70（c）所示为双斜面槽，它的角向位置靠对称的两个斜面共同确定，双面槽加工相对较困难。

3）多边形分度盘。图 4-70（d）所示为一种径向分度形式，分度盘加工成多边形，用模块做对定销可以消除配合间隙，其精度较高，结构简单且制造容易；但受分度盘结构尺寸的限制，分度数目不能过多。

4）滚柱式分度盘。图 4-70（e）所示中，滚柱式分度装置采用标准滚柱装配组合的结构。它由一组经过精密研磨过的直径尺寸误差很小的滚柱，排列在盘体的经配磨加工的外圆圆周上，用环套（采用热套法装配）将滚柱紧箍住，形成一个精密分度盘，可利用其相邻滚柱外圆面间的凹面进行径向分度，也可利用相邻滚柱外圆与盘体 3 外圆形成的弧形三角形空间实现轴向分度。

（2）对定销设计

对定销是用来确定分度盘角向位置的重要元件，在分度装置上起对定作用，其形状应与分度盘上的分度孔、槽相适应。常见对定销结构如图 4-71 所示。

1）圆柱对定销。图 4-71（a）所示中，圆柱对定销由于无法补偿配合间隙，因此分度精度不高。但结构简单，易于制造，大于配合间隙的切屑等污物被圆柱对定销插入时推移出去而不能落入其间，不会影响分度精度，因而应用较为广泛。

2）带斜面的圆柱对定销。图 4-71（b）所示为带斜面的圆柱对定销，借助斜面的作用，圆柱面的一边总是靠在分度孔中相对应的一侧，使分度误差始终分布在斜面一边，所以对定精度较高。对定销斜角一般取 15°～18°。

3）圆锥对定销。图 4-71（c）所示中，采用分度盘圆柱孔镶配圆锥孔套的结构，不但便于磨损后更换，而且也便于分度盘上分度孔的精确加工。圆锥形对定销由于能补偿对定销与分度孔的配合间隙，因此分度精度较高。但使用时易受切削污物的影响而降低分度精度，故在选用时，在结构上要考虑屑尘的影响。

4）球形对定销。图 4-71（d）、（e）所示中，钢球与锥孔对定形式结构简单，且可借推动分度板使锥面自动顶出钢球，操作方便；但锥孔制造精度不高，并由于锥孔较浅，以致定位不太可靠，一般用于初分度，或者在切削负荷较小、分度精度要求不高的场合。

5）菱形对定销。图 4-71（f）所示中，菱形结构缩小了孔、销的配合间隙，在同样条件下，比圆柱对定销分度精度高，制造也不困难，因此应用较多。

6）斜面对定销。图 4-71（g）为双斜面对定销，图 4-71（h）为单斜面对定销。斜角一般取 15°～20°。但若有切屑等污物落入槽间会影响分度精度。对单斜面型来说，槽内直面边粘有的切屑等污物会被对定销插入时推开，落在斜面上的切屑污物也不影响定位精度。斜面对定销易消除配合间隙，结构简单，使用方便，仅用于分度数少于 8 的场合。

7）齿叉对定销。如图 4-71（i）所示，该形式的对定销定位精度较高，但齿叉的加工均需精确磨削，加工要求较高，仅用于精密分度中。

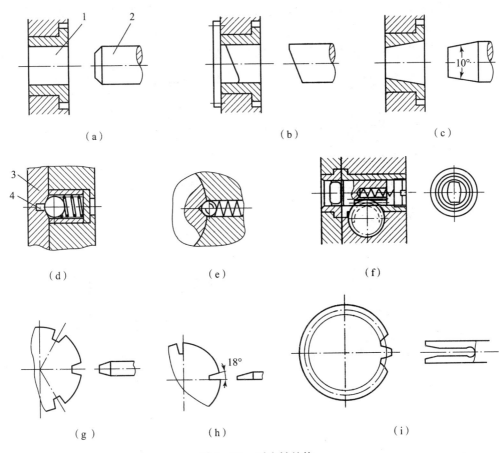

图 4 - 71　对定销结构

(a) 圆柱对定销；(b) 带斜面的圆柱对定销；(c) 圆锥对定销；(d)，(e) 球形对定销；
(f) 菱形对定销；(g) 双斜面型对定销；(h) 单斜面型对定销；(i) 齿叉对定销
1—分度孔；2—对定销；3—带锥面分度板；4—球状对定销

（3）分度盘的锁紧机构

当分度装置承受的工作负荷较小时，分度盘可以**不用锁紧，但当工作负荷较大时**，为了避免分度销受力变形，防止分度盘松动和振动，需要**在分度后将分度盘锁紧**。可以沿分度盘轴向、径向和切向锁紧，也可以在分度盘的外缘面用压板从几处压紧。

4.4.2　对刀装置

对刀就是保证工件与刀具之间正确的几何位置关系。一般对刀方法有 3 种：第一种方法为单件试切法；第二种方法为每加工一批工件，安装调整一次夹具，而刀具相对工件定位面的正确位置是通过试切数个工件来对刀的；第三种方法用样件和对刀装置对刀。最后一种方法对刀方便可靠，有利于提高生产率。

对刀装置的结构形式主要取决于被加工表面的位置和形状、夹具的类型和所采用的刀具。

对刀时，移动机床工作台，使刀具靠近对刀块，在刀齿切削刃与对刀块间塞进一规定尺寸的塞尺，让切削刃轻轻靠紧塞尺，抽动塞尺感觉到有一定的摩擦力存在，通过这样确定刀具的最终位置，抽走塞尺，就可以开动机床进行加工。

图4-72所示为几种用在铣、刨夹具上的对刀装置。

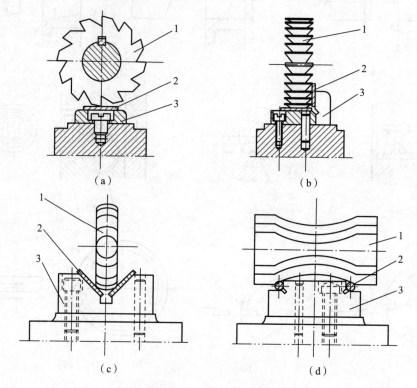

图4-72 常用对刀装置

（a）用于铣平面时的高度对刀块；（b）用于铣槽或加工阶梯表面时的直角对刀块；

（c），（d）根据工件被加工面形状和刀具结构而自行设计的成形对刀块

1—铣刀；2—对刀塞尺；3—对刀块

图4-72（a）所示为用于铣平面时的高度对刀块，图4-72（b）所示为用于铣槽或加工阶梯表面时的直角对刀块，图4-72（c）、（d）所示为根据工件被加工面形状和刀具结构而自行设计的成形对刀块。其中高度对刀块和直角对刀块已经标准化，设计对刀块时可以参照手册进行，对刀块通常和塞尺配合使用。

图4-73所示为常用的两种塞尺。图4-73（a）所示为平塞尺，按厚度不同，有1、2、3、4、5 mm共5种规格。图4-73（b）所示为圆塞尺，按直径不同，有3 mm和5 mm两种规格。这两种塞尺都按国家标准h8的公差制造。

对刀块对刀表面的位置应以定位元件的定位表面来标注，以减小基准转换误差。该位置尺寸加上塞尺厚度就应该等于工件的加工表面与定位基准面间的尺寸，该位置尺寸的公差应为该工件尺寸公差的1/5～1/3。对刀块和塞尺的材料均可选用T8，淬火至55～60 HRC。

在批量加工中，为了简化夹具结构，常采用标准工件对刀或试切法对刀。第一件对刀后，后续工件就不再对刀，此时，可以不设置对刀装置。

采用对刀装置对刀，操作方便迅速，但对刀精度一般较低。影响对刀精度的因素主要有两个方面。一是对刀时的调整精度。例如用塞尺检测铣刀与对刀块之间的距离，会有测量误

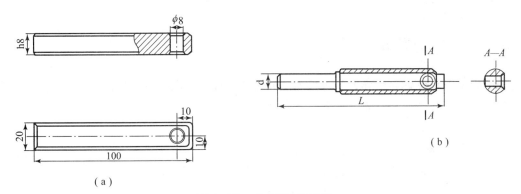

图 4 - 73 常用的两种塞尺

(a) 平塞尺；(b) 圆塞尺

差。又如钻头，用钻套进行对刀和导引时，由于两者的配合间隙，使钻头中心偏离钻套中心，产生误差。二是对刀装置工作表面相对夹具上定位元件间位置尺寸的制造误差。因此在设计夹具时应根据本工序的加工要求，在夹具总图上标注其对刀装置的位置尺寸及其精度要求。一般情况下，该位置尺寸是以夹具上定位元件的工作表面或对称中心作为基准来标注的，公差一般取相应工序尺寸公差的 1/5 ~ 1/3，并采用对称偏差标注。

对刀装置位置尺寸的标注，一般应考虑下列两种情况：

第一种情况，当工序基准与定位基准一致时，如图 4 - 74（b）所示，应以工序尺寸的平均值 H 减去对刀塞尺的平均值 S 作为对刀块工作面相对于定位元件之间的位置尺寸 A，公差取 $T_A = (1/5 ~ 1/3) T_H$。

在图 4 - 74（a）中，工序尺寸 $H = 25_{-0.30}^{-0.10}$ mm，设塞尺厚度 $S = 3_{-0.006}^{0}$ mm，则对刀块对刀面的位置尺寸 $A \pm \delta_A$ 为

$$A = 24.8 - 2.997 = 21.803 \ （mm）$$

公差 $T_A = \dfrac{T_H}{5} = 0.040$ mm。

因此 $A \pm \delta_A = (21.083 \pm 0.020)$ mm。

第二种情况，当工序基准与定位基准不一致时，如图 4 - 74（c）所示，为了便于夹具的制造和使用，用标准检验棒为基准来标注对刀块的位置尺寸。检验棒直径的公称尺寸取工件定位直径的平均尺寸，按 h5 或 h6 精度制造。这时对刀块的对刀面的位置尺寸 A 要进行换算。在图 4 - 74（c）所示，该零件在 V 形块上定位，工序基准为下母线，采用的检验棒尺寸为 $d_0 = 29.95$h5（$_{-0.009}^{0}$）mm，那么对刀面的位置尺寸为 $A = 24.8 - 29.95/2 - 2.997 = 6.828$ mm，公差取 $T_A = T_H/5 = 0.04$ mm，即 $A \pm \delta_A = (6.828 \pm 0.02)$ mm。

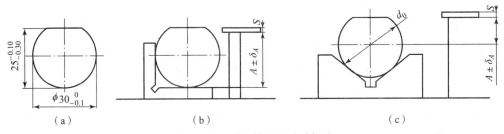

图 4 - 74 对刀块位置尺寸标注

4.4.3 导向装置

用于确定刀具位置并引导刀具进行加工的装置，称为导向装置，如钻套和镗套，导向装置通常用在钻床和镗床上，兼有加强刀具刚度的作用。

1. 钻套

钻套用来引导钻头、铰刀等孔加工刀具的导向。钻套的功能是确定钻头相对夹具定位元件间的位置和引导钻头，提高刀具的刚性，防止其在加工中发生偏移。

按钻套的使用和结构分类，钻套有固定钻套、可换钻套、快换钻套和特殊钻套 4 种。图 4 - 75 所示为前 3 种的结构。

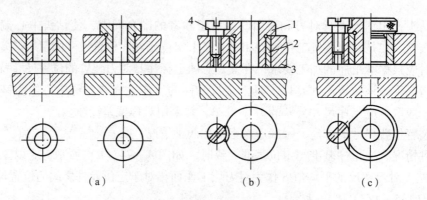

图 4 - 75　固定钻套、可换钻套和快换钻套

(a) 固定钻套；(b) 可换钻套；(c) 快换钻套

1—钻套；2—衬套；3—钻模板；4—螺钉

图 4 - 75 (a) 所示为固定钻套的两种结构形式（无肩和有肩），有肩的能在保持原有导引长度下用于钻模板较薄时。固定钻套采用 H7/n6 配合压在钻模板孔内，一般磨损后不易更换，用于中、小批量生产中只钻一次的孔。对于要连续加工的孔，如钻 - 扩 - 铰的孔加工，则要采用可换钻套或快换钻套。

图 4 - 75 (b) 所示为可换钻套的结构。钻套 1 以间隙配合 H6/g5 或 H7/g6 装在衬套 2 中，衬套 2 以过盈配合 H7/n6 或 H7/r6 装在钻模板 3 中，钻套 1 的凸缘上有台肩，钻套螺钉的圆柱头盖在此台肩上，可防止钻套转动和上下窜动。当钻套磨损后，只要拧取螺钉，便可更换新的钻套。可换钻套适用于中小批量的单工步孔加工。

图 4 - 75 (c) 所示为快换钻套的结构。与可换钻套基本相似，只是在钻套头部多开一个圆弧状或直线状缺口，更换时不必拧出螺钉，只要将缺口转到对着螺钉的位置，就可迅速更换钻套。快换钻套适用于一道工序内要连续进行钻、扩、铰或攻螺纹的加工。

上述钻套均已标准化，设计时可查夹具设计手册选用。

在一些特殊场合，需要自行设计特殊钻套。图 4 - 76 所示为几种特殊钻套的示例。

图 4 - 76 (a)、(b) 用于两孔间距较小的场合。图 4 - 76 (c) 是当工件钻孔表面距钻模板较远时用的加长钻套，钻套孔上部直径加大是为了减小导引孔的长度，以减轻与刀具的摩擦。图 4 - 76 (d) 是用于斜面或圆弧面上钻孔的钻套，防止因切削力作用不对称使钻头

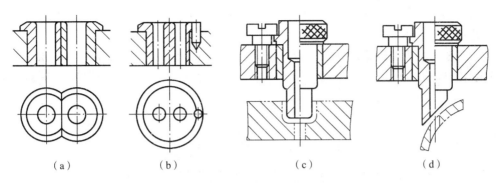

（a）　　　　（b）　　　　　（c）　　　　　　（d）

图 4-76　几种特殊钻套的示例

引偏甚至折断钻头。

　　钻套设计时，除考虑钻套结构外，还应注意钻套导向长度 H 和钻套底端与工件间的距离 h，通常按 $H = (1 \sim 2)d$ 选取，其中 d 为钻套的孔径。对于加工精度要求高的孔或工件孔甚小，其钻头刚性差时，取大值；反之取小值。h 的大小影响排屑性能，过小，则易造成排屑不畅；过大，则影响钻套的导向作用，一般取 $h = (0.6 \sim 1.5)d$。工件为脆性材料（如铸铁）时，取小值；工件为钢类韧性材料时，取大值。

　　2. 镗套

　　镗箱体孔系时，若孔系位置精度可由机床本身精度和精密坐标系统来保证，则夹具不需要导向装置，如在加工中心或带刚性主轴的组合机床上加工时。但是对于普通镗床、车床改造的镗床或一般组合机床，则需要设置镗套来引导并支承镗杆，由镗套的位置保证孔系的位置精度。

　　一般镗套主要有固定式和回转式两种，已标准化，如图 4-77 所示。

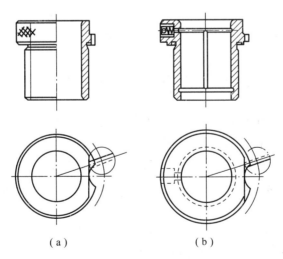

（a）　　　　　　　　　（b）

图 4-77　固定式镗套

（a）A 型；（b）B 型

　　图 4-77 所示为固定式镗套，它固定在镗模的导向支架上而不随镗杆一起传动，镗套的中心位置精度高。由于镗杆在镗套内回转和轴向移动，镗套容易磨损，故只适用于低速镗削。固定式镗套有 A 型和 B 型两种。A 型镗套无润滑装置。B 型镗套带有压配式油杯，内孔

开有油槽，加工时可适当提高切削速度。固定式镗套外形尺寸小，结构简单，已标准化，适用于镗杆速度低于 20 m/min 时的镗孔。

图 4 - 78 所示为回转式镗套。当镗杆速度高于 20 m/min 时，为了减少镗杆磨损，常采用回转式镗套。

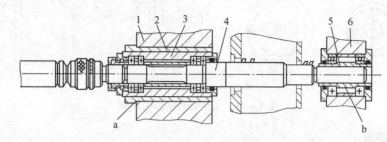

图 4 - 78　回转式镗套

a—内滚式镗套；b—外滚式镗套；1, 6—导向支架；2, 5—镗套；3—导向滑套；4—镗杆

图 4 - 78 中，左端 a 为内滚式镗套，镗套 2 固定不动，镗杆 4、轴承和导向滑套 3 在固定镗套 2 内可轴向移动，镗杆可转动。这种镗套两轴承支承距离远，尺寸长，导向精度高，多用于镗杆的后导向，即靠近机床主轴端。图 4 - 78 中，右端 b 为外滚式镗套，镗套 5 装在轴承内孔上，镗杆 4 右端与镗套为间隙配合，通过键连接，可以一起回转，而且镗杆可在镗套 5 内相对移动。外滚式镗套尺寸较小，导向精度稍低一些，一般多用于镗杆的前导向。

4.4.4　对定装置

在进行机床夹具总体设计时，还要考虑夹具在机床上的定位、固定，这样才能保证夹具（含工件）相对于机床主轴（或刀具）、机床运动导轨有准确的位置和方向。夹具在机床上的定位有两种基本形式：一种是安装在机床工作台上，如铣床、刨床和镗床夹具；另一种是安装在机床主轴上，如车床夹具。

铣床类夹具，夹具体底面是夹具的主要定位基准面，要求底面经过比较精密的加工，夹具的各定位元件相对于此底平面应有较高的位置精度要求。为了保证夹具具有相对切削运动的准确方向，夹具体底平面的对称中心线上开有定向键槽，安装两个定向键，夹具靠这两个定向键定位在工作台面中心线上的 T 形槽内。采用良好的配合，一般选为 H7/h6，再用 T 形槽螺钉固定夹具。由此可见，为了保证工件相对切削运动方向有准确的方向，夹具上的导向元件须与两定向键保持较高的位置精度，如平行度或垂直度。定向键的结构和使用示例如图 4 - 79 所示。

车床类夹具一般安装在主轴上，关键是要了解所选用车床主轴端部的结构。当切削力较小时，可选用莫氏锥柄式夹具形式，夹具安装在主轴的莫氏锥孔内，如图 4 - 80 (a) 所示。这种连接定位迅速方便，定位精度较高，但刚度较低，当夹具悬伸量较大时，应加尾座顶尖。图 4 - 80 (b) 所示为车床夹具以圆柱面 D 和端面 A 定位，由螺纹 M 连接，由压板 1 防松。这种方式制造方便，但定位精度低。图 4 - 80 (c) 所示为车床夹具以短锥面 K 和端面 T 定位，由螺钉固定。这种方式不但定心精度高，而且连接刚度也高；但是这种方式属过定位，对夹具体上的锥孔和端面制造精度要求高，一般要经过与主轴端部的配磨加工。

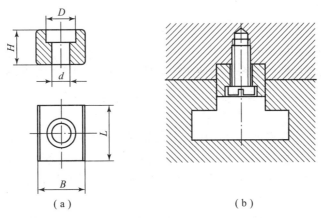

图 4 - 79　定向键的结构和使用示例

（a）结构；（b）使用示例

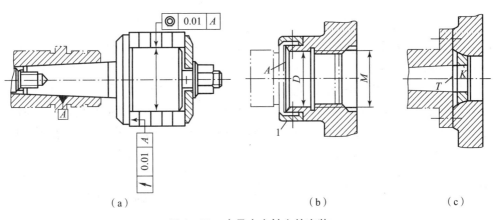

图 4 - 80　夹具在主轴上的安装

4.5　组合夹具及应用

随着科学技术的进步和现代化生产的发展，产品的更新换代不断加快，竞争日趋激烈。为试制产品或批量不大的工件制作夹具，面临时间和成本的挑战。柔性制造系统（FMS）的扩大应用，计算机集成制造系统（CIMS）的兴起，既对机床夹具的设计制造提出新的要求，又为夹具的快速设计制造开辟了新的途径。作为柔性夹具的组合夹具既降低了生产成本，又缩短了夹具的制造周期，因而得到迅速发展和推广。

组合夹具是由各种不同形状、规格和用途的标准化元件和部件组成的机床夹具系统。使用时，按照工件的加工要求，可从中选择适用的元件和部件，以搭积木的方式组装成各种专用夹具。

4.5.1　组合夹具的特点

组合夹具是在夹具元件高度标准化、通用化的基础上发展起来的一种可重复使用的夹具系统。

1. 组合夹具的优点

组合夹具有下列优点：

1）缩短生产准备周期。组合夹具使用，可使生产准备周期缩短80%以上，数小时内就可完成夹具的设计装配，同时也减少了夹具制作的人员，这对缩短产品交货期和加快新产品上市有重要意义。

2）降低成本。由于元件的重复使用，大大节省夹具制造的工时和材料，降低成本。

3）保证产品质量。生产中常由于夹具设计制作不良，造成零件加工后报废，组合夹具有重新组装和局部可以调整的特点，零件加工出现问题后，可进行调整予以补救，这对提高质量有重要意义。

4）扩大工艺装备应用和提高生产率。小批量生产中，由于专用夹具设计制造周期长、成本高，故尽量少用。组合夹具的使用即使批量小也不会产生问题，可以多用组合夹具来促使生产率的提高。

5）促进夹具标准化，有利于进行计算机辅助设计。

2. 组合夹具的缺点

组合夹具有下列缺点：

1）组合夹具是由标准元件组装而成，元件还需多次重复使用。除一些尺寸可采用调节法保证外，其他精度都是靠各元件的精度组合来直接保证，不允许进行修配或补充加工，因此要求元件的制造精度高以保证其互换性。由于还需耐磨，重要元件都采用40Cr、20CrMnTi等合金钢制造，渗碳淬火，并经精密磨削加工，制造费用高。

2）组合夹具的各标准元件之间采用键定位和螺栓紧固的连接，其刚性不如整体结构好，尤其是连接处接合面间的接触是一个薄弱环节。组装时对提高夹具刚度问题应予以足够重视。

3）组合夹具各个标准元件的尺寸系列的级差是有限的，使组装成的夹具尺寸不能像专用夹具那样紧凑，体积较大而笨重。

这些缺陷并不影响组合夹具的发展和推广，更会促使其和其他新技术进一步融合。

4.5.2　组合夹具的分类和比较

1. 组合夹具的分类

组合夹具按其结构形式分为槽系组合夹具和孔系组合夹具两大类。槽系组合夹具又分为8、12和16 mm三种形式，也就是常说的大型、中型和小型组合夹具。

1）槽系组合夹具

槽系组合夹具就是指元件上制作有标准间距的相互平行及垂直的T形槽或键槽，通过定位键在槽中的定位，能准确决定各元件在夹具中的准确位置，元件之间再通过螺栓连接和紧固。图4-81所示为一套组装好的槽系组合钻模及其元件分解图。

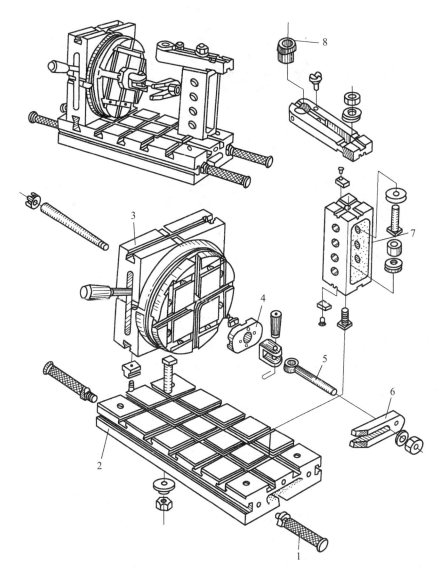

图 4 – 81　一套组装好的槽系组合钻模及其元件分解图

1—其他件；2—基础件；3—合件；4—定位件；5—紧固件；

6—压紧件；7—支承件；8—导向件

2）孔系组合夹具

孔系组合夹具是指夹具元件之间的相互位置由孔和定位销来决定，而元件之间仍由螺纹连接紧固，如图 4 – 82 所示。

2. 组合夹具的比较

早在 20 世纪 50 年代中期出现的孔系组合夹具很不完善，在相当长的时期内，组合夹具的应用还是槽系组合夹具占优势。随着数控机床和加工中心的普及，切削速度和进给量的普遍提高，加之孔系组合夹具的改进，减少了元件的品种和数量，降低了成本，从而使孔系组合夹具得到很大的发展，从 20 世纪 80 年代中后期开始，孔系组合夹具在生产中的使用超过了槽系组合夹具。

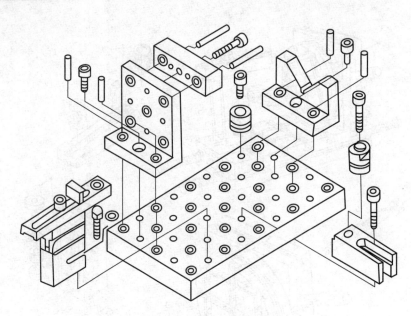

图 4 - 82 孔系组合夹具

与槽系组合夹具相比较，孔系组合夹具有如下特点：

1）元件刚度高，因而装配出的整体孔系组合夹具的刚度也高，从而满足数控机床需要高切削用量的要求，提高了数控机床加工的生产率。孔系组合夹具的刚度比槽系高，是因为孔系组合夹具的基础件虽然其厚度较同系列槽系薄，上面又加了众多的孔，但仍为整体的板结构，故刚度高。而槽系组合夹具的基础件和支承件表面布满了纵横交接的 T 形槽，造成截面积的缩减和断层，严重削弱了结构的刚度。

2）制造和材料成本低。因为孔系元件的加工工艺性好，精密孔的坐标磨削成本也高，但在采用粘接淬火衬套和孔距样板保证孔距后，工艺性能好，成本比 T 形槽的磨削降低。此外，槽系夹具元件为保证高强度性能都用合金钢的材料，而孔系夹具元件基本都用普通钢或优质铸钢，因而制造和材料成本大为降低。

3）组装时间短。由于槽系组合夹具在装配过程中需要较多的测量和调整，而孔系组合夹具的装配大部分只要将元件之间的孔对准并用螺钉紧固，因而装配工作相对容易和简单，要求装配工人的熟练程度也比较低。

4）定位可靠。孔系元件之间由一面双销定位，比槽系夹具中槽和键的配合在定位精度和可靠性方面都高；同时，任何一个定位孔均可方便地作为数控机床加工时的坐标原点。

5）孔系组合夹具上元件位置不方便做无级调节，元件的品种数量不如槽系组合夹具多，从组装的灵活性来看，也不及槽系组合夹具好。因此当前世界制造业中，是孔系和槽系并存的局面，但以孔系更具有优势。有关槽系和孔系两种组合夹具的全面比较见表 4 - 4。

表 4 - 4 槽系和孔系组合夹具的全面比较

比较项目	槽系组合夹具	孔系组合夹具
夹具刚度	低	高
制造成本	高	低

续表

比较项目	槽系组合夹具	孔系组合夹具
组装时间	长	短
组装灵活性	好	差
要求装配技术	高	较低
元件品种	多	较少
合件化程度	低	较高
定位元件尺寸调整	方便，可无级	不方便，只能有级
在 NC 机床定坐标	不方便	方便

4.5.3　组合夹具系统的元件及功用

1. 槽系组合夹具元件及其分类

槽系组合夹具系统的元件最初是仿照专用夹具元件功能并考虑标准化的一些原则而设计的。虽然在各种商品化系统之间存在一些差别，但是元件的分类、结构和形状之间仍存在很多相似之处。通常槽系组合夹具元件可分为 8 类，即基础件、支承件、定位件、导向件、压紧件、紧固件、其他件和合件。

为便于组合并获得较高的组装精度，组合夹具元件本身的制造精度为 IT6 ~ IT7 级，并要有很好的互换性和耐磨性。一般情况下，组装成的夹具能加工 IT8 级精度的工件，如经过仔细调整，也可加工 IT6 ~ IT7 级精度的工件。

各类元件的用途见表 4 - 5。

表 4 - 5　元件类别及用途

序号	类别	作　用
1	基础件	用作夹具的地板
2	支承件	用作夹具的骨架
3	定位件	用作元件间的相互定位和正确安装
4	导向件	用作孔加工工具的导向
5	压紧件	用作工件在夹具上的压紧
6	紧固件	用作紧固工件的元件
7	其他件	在夹具中起辅助作用的元件
8	合件	用于分度、导向、支承的组合件

2. 孔系组合夹具元件、功能单元及分类

当今，世界上生产组合夹具的主要国家是德国、英国、美国、中国和俄罗斯，不同的企业生产各有特色的孔系组合夹具系统。我国生产的孔系组合夹具主要有 CATIC 和 TJMCS 两个系统。每一生产厂家对自己生产的孔系组合夹具元件都有自己的分类，但均有类似之处。

以较早生产孔系组合夹具的德国和美国的 Blueo 系统为例，孔系组合夹具元件大体上可分成 5 类，即基础件、结构件、定位件、夹紧件和附件。

现对各类元件做一简要说明。

（1）基础件

基础件用作夹具的底板或夹具体，除传统的方形、长方形、圆形基础板和角铁外，增加了 T 形板、可倾斜工作台和方箱，后者主要是适应 NC 机床的需要，特别是在加工中心上有着广泛的用途。

（2）结构件

结构件是在基础件上构造夹具的骨架，组成实际的夹具体，如小尺寸的长形或宽形角铁、各种多面支承等。

（3）定位件

定位件主要用作定位，有条形板、定位板、塔形柱、V 形块、各种垫板和过渡套等。

（4）夹紧件

夹紧件是压紧工件用，有各种压板和夹紧元件，既有垂直方向压紧的，也有水平方向压紧的，品种繁多。

（5）附件

附件包含螺钉、螺母、垫圈等各种紧固件，扳手，以及保护孔免遭切屑、灰尘落入的螺塞等。

和槽系组合夹具相同，孔系组合夹具中多数元件的功能也是模糊的，功能相互渗透。结构件和夹紧件可以充作定位件，定位件也可用作结构件等，根据实际需要灵活运用。

4.5.4 组合夹具的装配原则和过程

组合夹具由元件装配成夹具是一项既需要广泛的制造知识又高度依赖于经验和技巧的过程。组装前，首先必须熟悉加工零件图样、工艺规程、使用的机床、刀具以及加工方法。然后拟定组装方案，包括确定定位基准面、夹紧部位，选择合适的定位元件、支承元件、夹紧元件等。再按照确定的组装方案试装。最后再按夹具结构和精度检验组装的夹具并固定，调整尺寸。

1. 组合夹具的装配原则

组合夹具组装一般遵循以下原则：

1）在可能的条件下，采用最少的元件、最简单的夹具结构。

2）选用截面积小的组合夹具元件，这些元件连接时压强大，装夹牢固。

3）选用短的紧固螺栓，使夹具因螺栓受力伸长变形的影响减至最小，增强刚性。

4）各元件间的定位连接尽可能采用 4 个定位键，并用十字排列安装（必要时可采用偏心键来连接某些元件），从而减小元件间的位移，增强夹具体刚性。

2. 组合夹具的装配过程

组合夹具装配的过程一般如下。

（1）熟悉有关资料

这是装配组合夹具的基础工作，是准备阶段，其目的在于明确装配要求和技术条件，资料包括如下内容。

（1）与工件相关的有：①工件形状与轮廓尺寸；②加工部位与加工方法；③加工精度与技术要求；④定位基准与工序尺寸；⑤有关前、后工序的要求；⑥加工批量与使用时间。

2）与机床和刀具有关的有：①机床型号及主要技术参数；②机床主轴或工作台的安装尺寸；③刀具种类、规格及特点；④刀具或辅具所要求的配合尺寸。

3）其他方面：①类似组合夹具的组装记录，供组装时参考；②夹具的使用场合及使用条件；③加工条件及工人的操作水平等。

（2）分析相关问题

根据现有条件，分析考虑定位要求是否合理、夹具刚度是否足够、加工精度能否达到、组装时间是否允许等，发现问题应采取措施解决。

（3）拟定初步方案

在保证工序加工要求的前提下，确定工件的定位基准面和夹紧部位，选择合适的定位元件、夹紧元件及相应的支承元件和基础板等，进行定位尺寸和调整尺寸的计算，考虑设计需要用到的专用件，此外，还要注意满足夹具的刚度要求且尽量使操作方便。

1）局部结构的构思。它主要包括：①考虑定位方案和定位部分结构；②考虑对刀或导向方案；③考虑夹紧方案和夹紧部分机构；④考虑基础部分和其他部分结构。

2）整体结构的构思。在各局部结构初步确定之后，应考虑如何将这些局部结构连成一个整体，此时应特别注意整体结构和各部分之间的协调，对有关尺寸要进行计算，如工件工序尺寸、夹具结构尺寸、测量尺寸等，尽量做到结构紧凑，便于操作。对结构强度及刚度还需要进行必要的受力分析及校核，使其夹具有足够的刚度，保证安全。对于车床夹具还应进行平衡校核。

3）元件品种、规格的选用。应注意按照元件的使用特性选用元件。

4）调整与测量方法的确定。①工件的两点或一点是毛坯面时，一般应考虑装成可调整的定位点；②根据夹具精度要求，选择合适的量具或检验棒；③尽量使测量基准与定位基准或设计基准一致；④对角度类夹具除考虑直接测量角度外，需要时，还应考虑检测工件在角度斜面的导向定位面对夹具底面的位置误差。

5）提出专用件及特殊要求。一般情况下，组合夹具元件可满足装配的要求，但有时由于装配十分困难或结构非常庞大、使用不便，可提出使用和制作专用件，如专用定位盘、定位销、导向件等。

（4）试装

按初步方案试装，对主要元件的尺寸精度、平行度、垂直度等进行必要的挑选和测量。用实际的元件在基础板上摆出一个夹具布局，以验证组装方案是否能满足工件、机床、夹具、刀具等各方面要求。在试装阶段，各个元件不必紧固。试装时一定要按要求的尺寸对每一局部结构及整体结构进行试装，仔细检查每一个定位键、螺栓的安装位置。试装的目的是检验夹具结构方案的合理性，并对原方案进行修改和补救，以免在正式组装时返工。

（5）修改及确定方案

这一步是审查阶段。针对试装时所发现的问题，进行认真的分析，对现行布局做出修改，有时甚至推翻原方案，重新拟订方案，重新试装，直到满足设计要求为止。这样来确定最终所用的夹具元件和装配方案。

（6）装配、调整和固定

最终所用的夹具元件和装配方案确定后，即按最终方案对组合夹具进行组装，一般按自上而下和由内向外的顺序。首先要清除元件表面的污物，然后将有关元件分别用定位键、螺栓、螺母等连接起来。在连接过程中，边组装、边测量、边调整、边紧固，以达到所要求的精度等级。

（7）检验

组合夹具装配完成后必须进行全面细致的检查，检验有关尺寸精度、位置精度。夹具的总装精度以累计误差最小为原则来选择测量基准，测量同一方向的精度时应以基准统一为原则，此外，还包括同轴度、平行度、垂直度、位置度等公差的检验。应检测其精度是否达到设计要求，装卸工件是否方便，有时还需实际试切，确保夹具满足使用要求。

（8）资料整理和归档

这一步是组合夹具技术处理阶段，这是一个总结和提高的阶段。对装配的组合夹具进行资料整理和归档既是加强技术文件管理，总结装配经验，促进技术交流的需要，也是采用先进技术手段如计算机夹具辅助设计的需要。通常可对装配好的夹具采取拍照、画结构简图、记录装配过程、填写元件明细表等方法整理资料，并将其作为技术档案保存。

装配孔系组合夹具在形成夹具结构方面比槽系夹具要方便和容易，这是因为现代孔系组合夹具系统元件及其品种都较少，同时合件的数量比较多。但是装配出夹具结构后，在对元件做尺寸调整使之满足工件尺寸要求方面，则不如槽系夹具迅速，因为槽系元件大都能做双向调整。孔系组合夹具检验时，特别要注意夹紧件的位置是否和刀具切削路径或换刀机械手换刀路径相冲突，这对加工过程高度自动化的 NC 机床特别重要，否则将产生严重事故。

4.6　工件定位误差的分析

工件的定位方式及夹具的定位元件选择取决于工件定位基准面的形状。根据定位基准面的不同，定位方式通常有平面定位、圆柱孔定位、圆柱外表面定位及一面两销定位。定位方式不同，其误差计算方法各异。

4.6.1　定位误差产生的原因

用调整法加工一批工件时，工件在定位过程中会遇到工件的定位基准与工序基准不重合，以及工件的定位基准（基面）与定位元件工作表面存在制造误差等情况，这些都会引起工件的工序基准偏离理想位置而产生加工误差。定位误差是指由于定位的不准确原因使工件工序基准偏离理想位置，引起工序尺寸变化的加工误差。定位误差的值为工件的工序基准沿工序尺寸方向发生的最大位移量。定位误差用符号 Δ_D 表示。

定位误差产生的原因通常认为有以下两方面。

1. 基准不重合误差

由于定位基准与设计基准不重合所造成的误差，称为基准不重合误差。以 Δ_B 表示。图 4-83 所示为一铣键槽工件的定位基准选取分析。

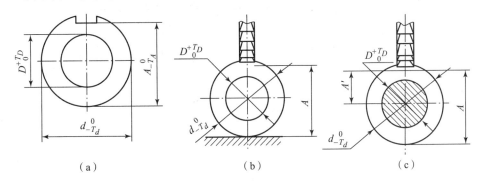

图 4-83　一铣键槽工件的定位基准选取分析

（a）铣键槽工件；（b）基准重合；（c）基准不重合

图 4-83（a）所示为工件加工工序图。图 4-83（b）所示为工件以下母线定位的情况，定位基准与加工尺寸的基准重合，刀具按尺寸 A 调整。采用调整法加工，对同一批工件而言，如不考虑其他因素的影响，则无论工件的外径和孔径如何变化，其刀具对定位基准之间的尺寸是稳定不变的，即不存在定位而引起的误差。

图 4-83（c）所示为工件以孔为定位基准的情况。此时定位基准与尺寸的设计基准不重合，刀具按尺寸 A' 调整，这时加工中所直接保证的尺寸是 A'，工序图上要求保证的尺寸 A 则是间接获得的。对一批工件来说，当刀具按 A' 调整而处于一定位置时，则每个工件的加工尺寸 A 的设计基准相对于定位基准的位置（以圆柱孔的中心表示）将随着定位尺寸（加工尺寸设计基准与定位基准之间的联系尺寸）的变化而变化，其最大变化量为定位尺寸 $d/2$ 的公差的一半 $T_d/2$。这样加工尺寸 A 就产生了一个误差，故有 $\Delta_B = T_d/2$。

2. 基准位移误差

工件定位基准相对于在夹具中理想位置的位移所造成的误差称为基准位移误差，用 Δ_Y 表示。理想情况如图 4-84（a）所示。不考虑刀具正常磨损及工艺系统的弹性变形，工件的定位内孔和定位芯轴的外圆没有制造误差，也不留安装间隙，刀具经一次调整后，相对于芯轴的位置是一定的，则定位基准和芯轴中心线重合，尺寸 a_1 保持不变。实际上，定位内孔和定位芯轴都有制造误差，定位基准和芯轴中心线不可能同轴，如图 4-84（b）所示。若芯轴水平放置，工件圆孔将因重力影响，单边搁置在芯轴的母线上。此时，刀具位置未变，而同批工件的定位基准却在 O_1 和 O_2 之间变动，使一批工件加工后所测得的尺寸有了误差。

根据图 4-84，有：

$$\Delta_Y = O_1 O_2 = \frac{D_{\max} - d_{\min}}{2}$$

由上述分析可知，产生定位误差的原因有两个方面：

1）由于工件的工序基准和定位基准不重合，引起基准不重合误差 Δ_B。

2）工件定位基准和夹具定位元件本身存在制造误差及最小配合间隙，使定位基准偏离

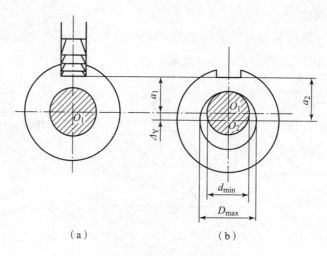

（a）　　　　　　　　（b）

图 4 – 84　基准位移误差分析

（a）理想情况；（b）定位基准位移

理想位置，产生基准位移误差 Δ_Y。

加工时，若上述两项原因同时存在，则定位误差 Δ_D 为基准不重合误差 Δ_B 和基准位移误差 Δ_Y 的代数和，即：

$$\Delta_D = \Delta_B + \Delta_Y$$

因此，要提高定位精度，除了应使工件的工序基准和定位基准重合外，还应尽量提高工件的定位基准和夹具的定位元件的制造精度，并减小配合间隙。

4.6.2　定位误差分析与计算

1. 平面定位方式的误差分析

平面定位方式，在生产中使用十分广泛。此时，基准位移误差 Δ_Y 是由于定位副表面的不平整引起的。当定位平面经过加工做精基准时，通常认为定位副表面是平整的。而以毛坯表面做粗基准时，一般不允许重复使用。所以，计算平面定位时，基准位移误差即认为 $\Delta_Y = 0$。

因此，定位误差主要由基准不重合误差引起，即 $\Delta_D = \Delta_B$。

分析和计算基准不重合误差的要点在于找出联系设计基准和定位基准之间的定位尺寸。基准不重合误差 Δ_B 的大小等于构成定位尺寸的各尺寸公差之和。

图 4 – 85（a）所示为矩形体的 C、D 面加工工序简图，图 4 – 85（b）所示为矩形体在夹具中的定位示意图。由于加工面的工序基准是平面 A，同时又以 A 面为定位基准，定位基准与工序基准重合，有 $\Delta_B = 0$；又因为 A 为已加工面，有 $\Delta_Y = 0$，所以加工 D 面的定位误差 $\Delta_D = \Delta_B + \Delta_Y = 0 + 0 = 0$；加工 C 面的工序基准和定位基准都为 B 面，基准重合，有 $\Delta_B = 0$，但 B 面为第二定位基准面，它相对于已定位基准面 A 有位置误差（ $\pm \Delta \alpha$ ），因此产生定位基准位移误差，$\Delta_Y = 2H_0 \tan \Delta \alpha$，所以加工 C 面的定位误差 $\Delta_D = \Delta_B + \Delta_Y = 0 + 2H_0 \tan \Delta \alpha = 2H_0 \tan \Delta \alpha$。

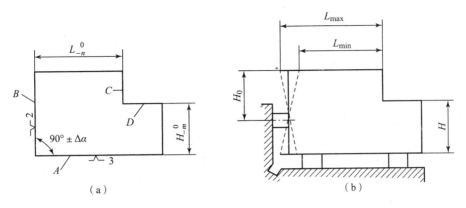

图 4 – 85　平面定位时的定位误差

2. 圆柱孔定位方式的误差分析

工件以圆柱孔定位时，不同的定位元件所产生的定位误差是不同的，分别叙述如下。

（1）定位元件是圆柱芯轴（或定位销）

1）间隙配合

采用间隙配合时，芯轴（或定位销）水平或垂直放置位置又有不同。

①芯轴水平放置。如图 4 – 86 所示，由于定位副间存在径向间隙，便有径向基准位移误差。在重力作用下，定位副只存在单边间隙，即工件始终以孔壁与芯轴上母线接触，此时的径向基准位移误差仅在 z 轴方向，且向下，有：

$$\Delta_{Y_z} = \frac{\varepsilon + T_D + T_d}{2}$$

式中　ε——定位副间的最小配合间隙，mm；

　　　T_D——工件圆孔直径公差，mm；

　　　T_d——芯轴外圆直径公差，mm。

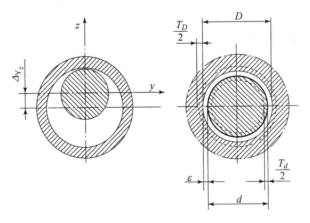

图 4 – 86　圆柱芯轴间隙配合时的定位分析（芯轴水平放置）

②芯轴垂直放置。如图 4 – 87 所示，由于定位副间存在径向间隙，因此也将引起径向基准位移误差。不过，这时的径向定位误差不再只是单向的，而是在水平面内任意方向上都可能发生，其最大值也比芯轴水平放置时大一倍。则有：

$$\Delta_{Y_x} = \Delta_{Y_y} = \varepsilon + T_D + T_d$$

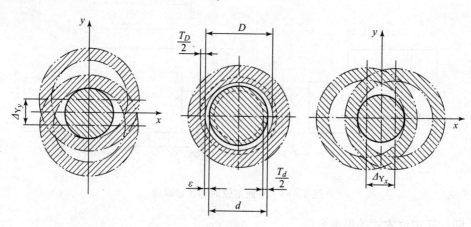

图 4 – 87   圆柱芯轴间隙配合时的定位分析（芯轴垂直放置）

2）过盈配合

采用过盈配合时，由于定位副之间无径向间隙，也就不存在径向基准位移误差（$\Delta_{Y_y} = 0$，$\Delta_{Y_z} = 0$）。工件在轴线方向上的轴向定位误差则可利用压力机的压下行程加以控制，故 $\Delta_{D_x} = 0$。由此可见，过盈配合圆柱芯轴的定位精度是相当高的。

（2）工件以圆孔在锥度芯轴上定位

由于锥度有自动补偿径向间隙的作用，虽然工件圆孔直径有制造误差，在锥度芯轴上定位也不会引起径向基准位移误差，即：

$$\Delta_{Y_y} = 0, \ \Delta_{Y_z} = 0$$

这说明锥度芯轴的定心作用比较好。但工件会沿芯轴轴向发生位移，从而造成轴向定位误差。对一批工件而言，轴向定位误差可由下式计算（见图 4 – 88）：

$$\Delta_{D_x} = \frac{T_D}{2\tan\alpha}$$

式中 α——锥度芯轴的半锥角，（°）；

　　　　T_D——工件圆孔的直径公差，mm。

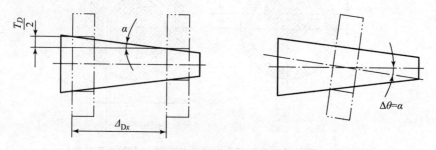

图 4 – 88   以圆孔在锥度芯轴上定位的误差分析

此外，工件在锥度芯轴上可能产生轴线偏转的转角定位误差 $\Delta\theta$。因为圆孔在锥体上仅靠大头端接触定位，而小头端与圆孔之间则有间隙，所以使工件轴线发生偏转。

3. 圆柱外表面定位方式的误差分析

圆柱外表面定位方式的定位元件主要有定位套和 V 形块，用定位套筒定位外圆的定位误差分析计算与上述圆柱孔在圆柱芯轴中定位时的误差分析计算方法完全相同，只不过是定位面（外圆）与定位工作面（内孔）互换了位置而已。

工件在 V 形块中定位时，是以外圆柱面与平面相接触的，只要 V 形块工作表面对称，就可以保证定位基准中心在 V 形块的对称面上，即定位基准在水平方向上的位移为零。但在垂直方向上，因定位基准存在误差，致使定位基准相对于在夹具中的理想位置产生位移（见图 4－89）。

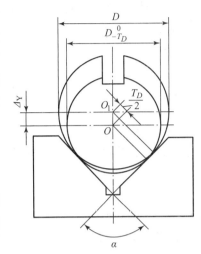

$$\Delta_Y = OO_1 = \frac{T_D}{2\sin\frac{\alpha}{2}}$$

由上式可知，随着 α 的增大，在垂直方向上 Δ_Y 减小，但当 α 过大时，将会引起工件在水平方向上定位的不稳定。因此 α 一般常采用 90°，有时也用 120°。

图 4－89　Δ_Y 的计算

工件在 V 形块中定位时，定位误差的大小与加工尺寸的标注方法有关。

1）当加工尺寸是从外圆柱面的轴线注起，保证尺寸 A_0 时（见图 4－90），由于定位基准与设计基准重合，则 $\Delta_B = 0$，故有：

$$\Delta_D = \Delta_Y = \frac{T_D}{2\sin\frac{\alpha}{2}}$$

当 $\alpha = 90°$ 时，$\Delta_D = 0.707 T_D$。

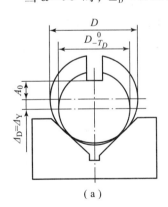
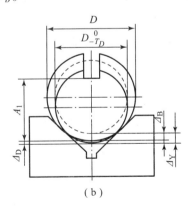
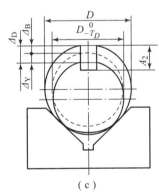

（a）　　　　　　　　　（b）　　　　　　　　　（c）

图 4－90　V 形块定位误差的计算

（a）设计基准为轴线；（b）设计基准为下母线；（c）设计基准为上母线

2）当加工尺寸是从外圆柱面的下母线注起，保证加工尺寸 A_1 时，由于定位基准与设计基准不重合而有基准不重合误差存在，其值为 $\Delta_B = T_D/2$。

Δ_Y 与 Δ_B 对 Δ_D 的综合影响为：

$$\Delta_D = \Delta_Y - \Delta_B = \frac{T_D}{2\sin\frac{\alpha}{2}} - \frac{T_D}{2}$$

当 $\alpha = 90°$ 时，$\Delta_D = 0.207T_D$。

3）当加工尺寸是从外圆柱面的上母线注起，保证加工尺寸 A_2 时，由于定位基准与设计基准不重合而有基准不重合误差存在，其值为 $\Delta_B = T_D/2$。

Δ_Y 与 Δ_B 对 Δ_D 的综合影响为：

$$\Delta_D = \Delta_Y + \Delta_B = \frac{T_D}{2\sin\frac{\alpha}{2}} + \frac{T_D}{2}$$

当 $\alpha = 90°$ 时，$\Delta_D = 1.207T_D$。

从以上分析可以看出，轴套类工件在 V 形块上定位时，加工尺寸的标注方法不同，产生的定位误差也不同。以下母线为设计基准时定位误差最小，以轴线为设计基准时次之，以上母线为设计基准时为最大。故轴套类工件上键槽的尺寸，一般多以下母线为设计基准，这样也便于检查和测量。

4. 组合定位方式的定位误差分析

前面分析的定位误差的定位方式都是单一定位表面定位的情况，但在生产实际中，更多的情况是以多个（一组）几何表面作为定位基准，通常称为组合定位或多基准定位。用得最多的组合定位是一面两销定位。这种情况的定位误差分析相对复杂一些。下面仅做简要介绍。

工件采用多基准定位时，有第一定位基准、第二定位基准和第三定位基准之分。

一面两销定位方式普遍用于各种板状、壳状和箱体类工件，如减速器箱体以及发动机缸体、缸盖等。此种定位方式使夹具结构简单、工艺过程中基准统一，并使定位方便，在自动化生产中得到广泛应用。

在一面两销定位中，平面限制 3 个自由度，圆柱销限制 2 个自由度。为了防止过定位或另一定位销安装困难，通常选用一圆柱销和一菱形销的搭配。如图 4-91 所示的圆柱销相当于垂直放置的芯轴，起到限制工件在水平面内移动自由度的作用，销、孔的直径误差及其配合间隙造成了定位的基准位移误差：

$$\Delta_{Yx} = \Delta_{Yy} = \varepsilon_1 + T_{D_1} + T_{d_1}$$

式中　T_{D_1}——与圆柱销配合的孔直径误差，mm；

　　　T_{d_1}——圆柱销直径误差，mm；

　　　ε_1——圆柱销与孔配合的最小间隙，mm。

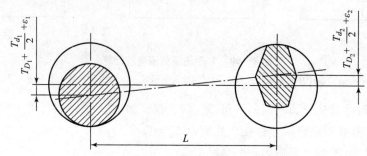

图 4-91　一面两销定位误差分析

　　圆柱销与菱形销配合限制着工件绕 Z 轴转动自由度，同样，由于销孔的直径误差及其配合间隙造成了工件的转角误差：

$$\sin\alpha = \pm \frac{\Delta_{Y_{y1}} + \Delta_{Y_{y2}}}{2L}$$

$$= \pm \frac{T_{D_1} + T_{d_1} + \varepsilon_1 + T_{D_2} + T_{d_2} + \varepsilon_2}{2L}$$

式中　T_{D_1}——与圆柱销配合的孔直径误差，mm；

　　　T_{d_1}——圆柱销直径误差，mm；

　　　ε_1——圆柱销与孔配合的最小间隙，mm；

　　　T_{D_2}——与菱形销配合的孔直径误差，mm；

　　　T_{d_2}——菱形销直径误差，mm；

　　　ε_2——菱形销与孔配合的最小间隙，mm；

　　　L——圆柱销与菱形销的中心距，mm。

4.6.3　加工误差不等式

　　机械加工中，产生加工误差的因素很多，只要加工误差总和在工序尺寸公差范围内，工件就是合格的。机械加工过程中，产生加工误差的原因主要有以下几个方面：

　　1）工件在机床夹具中定位时所产生的定位误差 Δ_D。

　　2）机床夹具的对刀元件和导向元件对定位元件间的误差，以及机床夹具的定位元件对夹具安装基面间的位置误差引起的对刀误差 $\Delta_{D,D}$。

　　3）机床夹具安装在机床上不准确而引起的安装误差 Δ_A。

　　4）机械加工过程中其他原因，如机床、刀具本身的制造误差，加工过程中的弹性变形及热变形等引起的加工误差 Δ_Q。

　　为了保证工件的加工要求，上述 4 个方面产生的加工误差总和不应超出工件加工要求（工序尺寸和位置公差）的公差 T，即应满足下列不等式：

$$\Delta_D + \Delta_{D,D} + \Delta_A + \Delta_Q \leq T$$

　　机床夹具方案设计时，按工件加工要求（工序尺寸或位置公差）的公差进行预分配，将工件加工要求的公差大体上分成三等分。定位误差 Δ_D 占 1/3，对刀误差 $\Delta_{D,D}$ 和夹具安装误差 Δ_A 占 1/3，其他误差 Δ_Q 占 1/3。公差的预分配仅作为误差估算的初步方案。机床夹具设计时，应根据具体情况进行必要的适当调整。一般对机床夹具定位方案进行定位误差计算时，所求得的定位误差值不超过工件加工要求公差的 1/3，则认为定位方案可行。

思　考　题

　　1. 简述机床夹具的发展历史。

　　2. 机床夹具是如何分类的？

3. 机床夹具一般由哪些部分组成？

4. 定位和夹紧有什么区别和联系？

5. 什么是六点定位原理？长方体、轴类和盘类零件的定位点有何不同？

6. 结合完全定位的概念，简述实际加工中过定位的利与弊。

7. 不完全定位与欠定位都没有限制工件的全部 6 个方向的自由度，它们之间有何本质不同？

8. 常用的外圆柱面定位元件有哪些？各有何优缺点？

9. 试述定位误差的概念、产生的原因及其计算方法。

10. 槽系组合夹具和孔系组合夹具各有何优、缺点？

第 5 章　物流系统设计

5.1　物流系统概述

机械制造系统中的物流即生产物流，是指原材料、燃料、外购件投入生产后，经过下料、发料，运送到各个加工点和存储点，以在制品的形态，从一个生产单位流入另一个生产单位，按照规定的工艺过程，借助一定的运输装置，在仓库、车间、工序之间始终体现着物料实物形态的流转过程。

物流贯穿于机械制造业原材料的供给、产品的制造以及产品销售整个过程。良好的物流管理将能在很大幅度上降低整个产品制造中的工作量，从而有效地减少所需的劳动力，降低劳动强度，进而可以有效缩短产品的制造周期，加速资金的回笼，同时还能有效降低物流所需的费用，最终使得企业总的生产成本得到降低，而企业的利润得以大幅度提高。

5.1.1　物流系统的意义

根据国内相关部门的统计资料显示，在制造业中，约 75% 的中小型企业为单件小批量生产。通常，生产活动可以分为 4 个基本环节，即加工、搬运、停滞、检验。人们往往把注意力放在改善加工环节以提升效率，却忽视了在搬运、停滞环节中隐藏着大量待挖掘的潜能。国内统计，在整个生产活动中，机床作业时间仅占 5% 左右，95% 左右的时间处于存储、装卸、等待或储运状态。

德国波鸿鲁尔大学的马斯贝尔教授在对斯徒曼和库茨的企业生产周期进行调研分析后得出了如下结论："在生产周期中，工件有 85% 的时间处于等待状态，另外 5% 的时间用于运输和检测，只有 10% 的时间用于加工和调整；在一般情况下，改进加工过程最多占缩短生产周期的 3%～5%"。

由此可见，提高机床自动化程度和加工效率，对缩短生产周期都是很有限的，而最能体现生产管理现代化和降低成本的有效途径是向非机床作业时间（占 95%）去要效益，也就是向生产组织和管理要效益。据统计，在总经营费用中，20%～50% 是物料搬运费用，合理化的物流系统设计可使这项费用减少 10%～30%，这也是物流近年来备受重视的一个原因。

物流系统设计的合理与否，是企业技术先进程度的重要体现，在工业发达国家，企业极其重视工厂物流系统的规划与设计，他们把物料生产过程中所设计的设备、器具、设施、路线、布置以及管理等作为一个系统，运用现代科学技术和方法，进行分析、综合和优化。而我国目前企业物流不合理的现象普遍存在，如搬运路线迂回、搬运机器落后、毛坯和在制品库存量大、资金周转效率低等。合理进行物流系统的设计，可以在不增加或少增加投资的条件下，使企业物流通畅，缩短生产周期，并且取得明显的技术经济效益。

5.1.2　物流系统的组织形式

企业的生产物流活动是指在生产工艺中的物流活动。这种物流活动是与整个生产工艺过程伴生的，实际上已经构成了生产工艺过程的一部分。过去人们在研究生产活动时，主要关注一个又一个的生产加工过程，而忽视了将每一个生产加工过程串在一起的、并且又和每一个生产加工过程同时出现的物流活动。例如，不断离开上一道工序，进入下一道工序，便会不断发生搬上搬下、向前运动和暂时停止等物流活动。实际上，一个生产周期，物流活动所用的时间远多于实际加工的时间。所以，企业生产物流研究的潜力、时间节约的潜力、劳动节约的潜力是非常大的。

生产物流的组织形式有空间组织形式和时间组织形式。

1. 空间组织形式

空间组织形式主要有以下三种。

（1）按工艺专业化形式

按工艺专业化形式组织生产物流，也叫工艺原则或功能性生产物流体系。其特点是把同类的生产设备集中在一起，对企业生产的各种产品进行相同工艺加工，即加工对象多样化，但加工工艺相似。优点是对产品品种的变化和产品工艺的变化适应性强，便于设备管理。缺点是物流复杂，难以协调。

（2）按对象专业化形式

按对象专业化形式组织生产物流，也叫产品专业化原则或流水线。其特点是把生产设备、辅助设备按生产对象的加工路线组织起来，即加工对象单一，但加工工艺、方法多样化。其优点是缩短运输距离，减少在制品存储，便于生产管理；缺点是难以适应产品品种的变化。

（3）按成组工艺形式

按成组工艺形式组织生产物流，是按成组技术原理，把具有相似性质的零件分成一个成组单元，并根据其加工路线组织设备。其优点是简化零件的加工流程，减少物流迂回路线，在满足品种变化的基础上有一定的生产批量，具有一定的柔性。

物流系统选择何种组织形式，主要取决于生产系统产品品种的多少和产量的大小。

2. 时间组织形式

时间组织形式主要有以下三种。

（1）顺序移动方式

一批物料在一道工序全部加工完毕后才能整批移动到下一道工序继续加工，如图 5-1 所示。这种方式的优点是一批物料连续加工，设备不停顿，物料整批转工序便于生产组织。缺点是不同的物料之间有等待加工和运输的时间，因而生产周期长。

（2）平行移动方式

一批物料在上一道工序加工，形成前后交叉作业，如图 5-2 所示。这种方式的优点是不会出现物料成批等待的现象，整批物料的生产周期最短。缺点是当物料在各工序的加工时间不等时，会出现人员、设备的停工现象；另外，运输频繁会加大运输量。

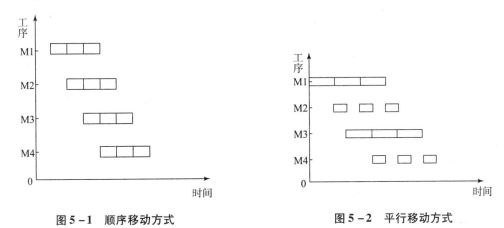

图 5-1　顺序移动方式　　　　　　　图 5-2　平行移动方式

（3）平行顺序移动方式

一批物料在每个工序上连续加工没有停顿，并且物料在各工序的加工尽可能做到平行，即相邻工序上的加工时间尽可能重合，如图 5-3 所示。这种方式吸取了前面两种方式的优点，消除了间歇停顿现象，能使工作负荷充分，生产周期较短，但安排计划进度时较复杂。

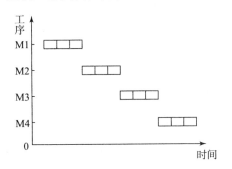

图 5-3　平行顺序移动方式

上述三种方式各有利弊，在安排物料计划时，需要考虑物料的尺寸、物料加工时间的长短、物料批量的大小以及生产物流的空间组织形式。

5.1.3　物流系统的总体设计

1. 物流系统的设计要求

物流系统设计是把物流全过程所涉及的设备、器具、设施、路线及其布置作为一个系统，运用现代科学技术和方法，进行设计和管理，达到物流系统合理化的综合优化的过程。物流系统的合理设计应使所设计的物流系统达到以下要求：

1）各种生产设施配置合理，减少物流的迂回、交叉、往返等无效搬运。

2）物料搬运路线简洁、直线化。

3）物料搬运机械化、省力化、自动化，包括室外场地作业的机械化与起重运输作业的机械化和省力化，以减轻工人的劳动强度，减少安全事故的发生，提高劳动效率和经济效益。

4）减少库存和在制品，缩短物料的停滞等待时间。

2. 物流系统的设计步骤

（1）物料分类

对被搬运的物料进行分析和统计，明确产品的种类、年产量、批量，以及零件的外形和尺寸等，在此基础上对物流进行分类。

物料按形式分，有固体、液体、气体；按包装分，有散装料、单件料、包装料；按物理特征分，有尺寸、质量和密度、形状、损伤的可能性等；某些物料还应考虑时间性、特种控制、操作规程、有关法规等特征。在实际应用中，一般根据物料的物理特征来确定货箱的容积、仓储容量及输送要求。

机械制造业常用的物料有以下8类：

1）煤、型砂等散装物料。

2）板料、型材等金属材料。

3）较大尺寸及较重的零件及配套件等单件物品。

4）各种油类等桶装物料。

5）小尺寸零件及配套件等箱装物料。

6）贵重金属材料及化工原料等袋装物料。

7）各种工业气体及化工原料等瓶装物料。

8）其他物料。

（2）物流流动分析

物流流动分析步骤如下：

1）将各种产品或物料进行从原料到成品入库整个生产过程的流程分析，绘制出物料流程图。物料流程图只表示每类产品或物料的流动顺序，不表示工作部门的地理位置，因此不必表示流动距离和输送方法等。

2）在工厂平面图上将所有产品或物料按每条输送起讫点路线进行汇总，绘制出物料输送及仓储图，该图应明确表明输送距离和方向。长距离和大物流量的输送是不合理的，应改进平面布置或工艺流程；短距离大物流量是合理的，可以单独进行；应将若干项长距离、小物流量的物料输送组合起来进行以减少输送费用。

3）确定仓位大小和数量、面积等仓储设施的容量，以及有关诸如通风、采光、温度、湿度等的技术要求。

（3）物料输送及仓储系统布置

机械制造属离散型生产过程，从原材料采购开始，需经过备料、冷热加工、热处理、检验、装配、成品入库等各道工序，每道工序往往在不同的车间或工段进行，由于工件需要时效或下道工序的设备已被占用等原因，工件在工序间可能需要等待一段时间，因此各道工序间应设立物料或工件存储缓冲区。

物料输送及仓储系统布置应考虑以下几点：

1）物料输送的起始点和终止点的具体位置和距离，物料输送的种类，每次输送的件数、批量大小。

2）物料输送的缓急要求、稳定性要求。

3）合理配置仓储设施的位置等。

　　车间物流布局有很多种类型，根据设备的排列形状和加工物流路径大致分为两大类：线形布局和网状布局。线形布局根据零件加工的物流流向可以分为单向布局和双向布局；而根据设备的线形布局形状，如图 5 - 4 所示，可以分为直线形布局、U 形布局、环形布局和多行直线形布局。直线形布局就是加工设备沿着一条直线布置，工件由物料运输系统按照加工工艺的需要沿着直线在不同加工设备间移动，其优点是工件在一条生产线上加工便于流程控制与产品质量管理，工件传输的时间和费用较少，系统延迟较低，这种布局比较适用于生产空间为狭长形的车间；U 形布局即加工设备沿着一个 U 形布置，工件由物料运输系统按照加工工艺的需要沿着 U 形轨迹在不同加工设备间移动，这种布局比较适合于生产空间长宽比较小的车间；环形布局就是加工设备沿着一个环形布置，工件由物料运输系统按照加工工艺的需要沿着环形轨迹在不同加工设备间移动，这种布局因具有结构简单、物流控制容易、物料处理柔性高等一系列优点而得到广泛应用；多行直线形布局就是加工设备在多行沿着直线布置，工件由物料运输系统按照加工工艺的需要既可以沿着直线在不同加工设备间移动，又可以垂直于直线在不同加工设备间移动，这种布局有效地节约了生产空间，适用于加工零件种类繁多、工艺复杂的情况，但其物料运输控制系统设计较复杂。

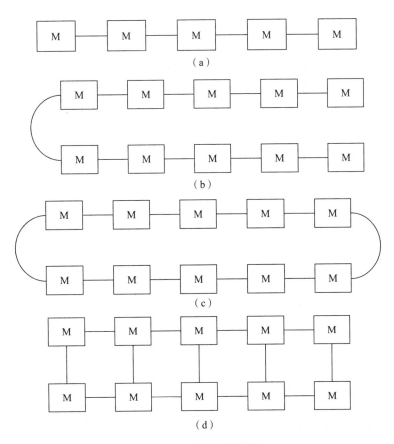

图 5 - 4　物料布局类型

（a）直线形布局；（b）U 形布局；（c）环形布局；（d）多行直线形布局

　　值得注意的是，实际物流规划也可能是上述基本形式的组合。

（4）物料输送设备的选择

物料输送设备应根据物料形状、输送距离、输送量、输送方式进行选择。正确选择物料输送设备，可以提高输送效率，降低成本。在物料输送设备的选择过程中，可以参考以下一些原则：

1）输送距离短、输送量小的物料，主要工作是装卸物料，采用如叉车、电瓶车、步进式输送带、输送滚道等简单的输送设备，以减少装卸费用。

2）输送距离短、输送量大的物料，一般采用带有抓取机构的在两工位间输送工件的输送机械手、斗式提升机、气力输送机等复杂的输送装置，以减少单位里程的输送费用。

3）输送距离长、输送量小的物料，采用如汽车等简单的输送设备。

4）输送距离长、输送量大的物料，采用如火车、船舶等复杂的输送设备。

（5）仓储装置的选择

仓储装置应按其具体功能不同加以分析，确定其输送及管理方式等因素。按功能及地理位置，仓储装置可分为：

1）厂级库。这种装置存放的物料种类多（如原材料、外购件、在制品、零部件成品、维修备件、产成品等），物料进出量和存储量大，应实现物料输送机械化和管理自动化，如采用立体仓库等。

2）车间或工段级仓库。这种装置暂时存放保证车间和工段正常生产的原材料（在制品、工艺装备、机夹量具等），物料种类及储存流通量相对少一些，仓储装备的要求相应低一些。

3）工序库。这种装置主要存放在制品，设立在机床附近，配有专用物架以防止工件互相磕碰。对于柔性制造系统，在制品应放在专设的具有高度自动化的缓冲存储站上，由柔性制造系统的控制系统集中管理。

5.2 自动送料装置

机床的上下料是指将毛坯送到正确的加工位置，将加工好的工件从机床上取下的过程。按自动化程度，机床的上下料装置分为人工上下料装置和自动上下料装置两类。人工上下料通常借助传送滚道或起重机等设施，通过人工操作进行机床的上下料。这类操作需要较长时间，耗费体力，主要适用于单件小批量生产或大型的、外形复杂的工件。在大批量生产中，为了缩短上下料时间，提高劳动生产效率，降低工人的劳动强度，通常采用自动化的上下料装置，如料仓式、料斗式、上下料机械手或机器人等。

5.2.1 机床上下料装置概述

1. 机床上下料装置的作用

（1）提高劳动生产率和设备利用率

据统计，大型零件的上下料辅助时间约占整个生产辅助时间的50%～70%，中小零件的上下料辅助时间约占整个生产辅助时间的20%～70%，实现上下料的自动化可以减少生产辅助时间，从而提高劳动生产率和设备利用率。

（2）减轻工人劳动强度

上下料的自动化可以减轻工人的手工操作劳动强度，改善劳动条件。

（3）减少生产事故的发生

据有关部门资料统计，多数生产事故都发生在上下料过程中，自动上下料，减少人的参与，可以减少生产事故的发生。

（4）为实现自动化生产创造条件

机床上下料自动化是实现整个生产自动化的必然要求，没有机床上下料自动化，就无法实现生产过程全自动化。

2. 机床上下料装置的分类

机床自动上下料装置可按毛坯或零件的形式和自动化程度分类。

（1）按毛坯形式分类

按毛坯形式不同，有板料、卷料、条料、件料上料装置。板料、卷料、条料毛坯的自动上料装置，由于毛坯料形状简单、结构单一，已成为冲剪设备自动机床的组成部分。件料毛坯外形、形状差异较大，故件料自动上下料装置类型较多，结构差异大。

（2）按结构形式和自动化程度分类

按结构形式和自动化程度不同，机床自动上下料装置可分为料仓式上料装置、料斗式上料装置和工业机械手上下料装置。

1）料仓式上料装置。料仓式上料装置是一种半自动上料装置，需要人工定期将一批工件按规定方向和位置依次排列在料仓里，有送料器自动地将工件送到机床夹具中。

2）料斗式上料装置。料斗式上料装置是全自动上料装置，工人将一批工件倒入料斗中，料斗的定向机构能将杂乱无章的工件自动定向，按规定方位整齐排列有序，以一定的生产节拍自动送到加工位置上。

3）工业机械手上下料装置。工业机械手比料斗式或料仓式灵活，适用于体积大、结构复杂的单件毛坯或劳动条件较恶劣的场合，广泛应用于柔性制造系统。

5.2.2　料仓式上料装置

当工件的尺寸较大，而且形状复杂难以自动定向时，可采用料仓式上料装置。料仓式上料装置是一种半自动上料装置，其特点是工件需要由人工按一定的方向和位置预先装入料仓内，然后由送料机构自动地将其送到机床的夹具中。料仓式上料装置主要用于大批量生产，所运输的工件可以是锻件、铸件或由棒料加工而成的毛坯件或半成品。由于料仓式上料装置需要手工加料，对于加工时间较短的工件，人工加料将使工人十分紧张，影响劳动生产率。因此，料仓式上料装置适用于加工时间较长的工件，便于实现一人多机床操作，这样可以明显地提高劳动生产效率。

料仓式上料装置主要由料仓、隔料器、上料器几部分组成。

图 5-5 所示为典型的料仓式上料装置。工件由人工装入料仓 4，当机床进行加工时，上料器 8 退到图示的最右位置，隔料器 5 被上料器 8 上的销钉带动逆时针方向转动，其上部的工件便落在上料器 8 的接收槽中。在工件加工完毕后，夹料筒夹 2 松开，卸料杆 1 将工件从筒夹中顶出，工件即落入导出槽 9 中。送料时上料器 8 向左移动将工件送到主轴前端对准夹

料筒夹2，随后上料杆3将工件推入夹料筒夹2。夹料筒夹2将工件夹紧后，上料器和上料杆都向右退开，工件开始加工。当上料器8向左上料时，隔料器5在弹簧6的作用下顺时针方向旋转到料仓下方，将工件拖住以免落下。工件用完时，自动停车装置7动作，使机床停车。

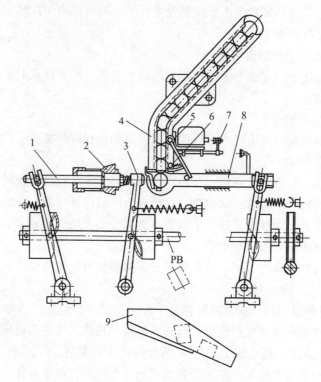

图5-5　料仓式上料装置

1—卸料杆；2—夹料筒夹；3—上料杆；4—料仓；5—隔料器；

6—弹簧；7—自动停车装置；8—上料器；9—导出槽

1. 料仓

料仓用于存储工件，料仓的大小取决于工件的尺寸及工作循环的长短。为了使工人能同时看管多台机床，工件的存储量应能保证机床连续工作10~30 min。根据工件形状、尺寸和存储量的大小及上料机构的配置方式的不同，料仓具有不同的结构形式。

1）靠毛坯自重进行送进的料仓。这类料仓靠毛坯自身的重力驱动着毛坯的导向槽滑落到上料器中。

2）强制送进的料仓。当毛坯的质量较轻，不能保证靠自重可靠地落到上料器中，或毛坯的形状较复杂不能靠自重送料时，可采用强制送进的料仓。

2. 隔料器

隔料器的作用是把待加工的毛坯（通常是一个）从料仓中的许多毛坯中隔离出来，使其自动地进入上料器。比较简单的上料装置中，隔料器直接将毛坯送到加工位置，即隔料器兼有上料器的作用。当毛坯质量较大或垂直料槽中毛坯数量较多时，为了避免毛坯的全部质量都压在送料器中，要设置独立的隔料器。

3. 上料器

上料器是把料仓经输料槽送来的毛坯，送到机床加工位置的装置。图5-6所示为几种典型的上料器。

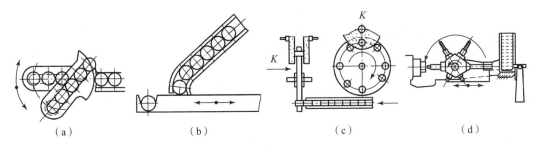

图 5-6　几种典型的上料器

（a）料仓兼作上料器；（b）槽式上料器；（c）圆盘式上料器；（d）转塔刀架兼作上料器

5.2.3　料斗式上料装置

料斗式上料装置主要用于形状简单、尺寸较小的毛坯件的上料，广泛地应用于各种标准件厂、工具厂、钟表厂等大批量生产厂家。料斗式上料装置与料仓式上料装置的主要不同点在于，后者只是将已定向整理好的工件由储料器向机床供料，而前者则可对储料器中杂乱的工件进行自动定向整理再送给机床。料斗式上料装置具有自动定向机构，能实现上料过程完全自动化。

料斗式上料装置主要由装料机构和储料机构组成。装料机构由料斗、搅动器、定向器、剔除器、分路器、送料槽、减速器等组成。储料机构由隔离器、上料器组成。

料斗式上料装置可分为机械传动式料斗装置和振动式料斗装置两大类。

1. 机械传动式料斗装置

机械传动式料斗装置形式多样，按定向机构的运动特征可分为回转式、摆动式和直线往复式等，所采用的定向机构主要有钩式、销式、圆盘式、管式和链带式等。

工件定向方法主要有抓取法、槽隙定向法、型孔选取法和重心偏移法。抓取法用定向钩子抓取工件的某些表面，如孔、凹槽等，使之从杂乱的工件堆中分离出来并定向排列。槽隙定向法用专门的定向机构搅动工件，使工件在不停的运动中落进沟槽或缝隙，从而实现定向。型孔选取法利用定向机构上具有一定形状和尺寸的孔穴对工件进行筛选，只有位置和截面与型孔对应的工件，才能落入孔中而获得定向。重心偏移法是对一些在轴线方向重心偏移的工件，使其重端倒向一个方向实现定向。

2. 振动式料斗装置

振动式料斗装置借助于电磁力产生的微小振动，依靠惯性力和摩擦力的综合作用驱使工件向前运动，并在运动过程中自动定向。

振动式料斗的优点是：

1）送料和走向过程中没有机械搅拌、撞击和强烈的摩擦作用，因而工作平稳。

2）结构简单，易于维护，经久耐用。

3）适用性强，送料速度可任意调节。

其缺点是：

1）工作过程中噪声较大，不适于传送大型工件。

2）料斗中不洁净，会影响送料速度和工作效果。

5.2.4 工业机械手上下料装置

机械手是一种能够模仿人手的某些工作机能，抓取和搬运工件，或完成某些劳动作业的机械化、自动化的装置。自动线上的机械手能完成简单的抓取、搬运工作，尤其适合几何形状不规则、不对称的工件，通过选取合适的手爪，可选用较少的抓取和输送基准面而保持上下料及输送的稳定性和可靠性。工业机械手上下料装置示意图如图 5-7 所示。

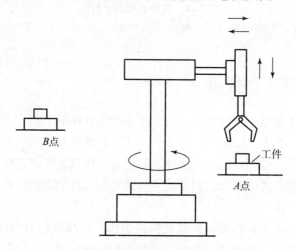

图 5-7 工业机械手上下料装置示意图

1. 工业机械手的组成

工业机械手由主体、驱动系统和控制系统 3 个基本部分组成。

1）主体即机座和执行机构，主要包括臂部、腕部和手部。

2）驱动系统包括动力装置和传动机构，用以使执行机构发生相应的动作。

3）控制系统按照输入的程序对驱动系统和执行机构发出指令信号，并进行控制。

2. 工业机械手的类型

机械手可分为专用机械手和通用机械手。

（1）专用机械手

这种机械手一般仅由手爪、臂部和手臂构成，是附属于机床的辅助设备，其动作必须与机床的工作循环相配合，多数动作由机床控制系统来完成，大多数生产线的机械手都属于专用机械手。

（2）通用机械手

通用机械手是一种独立的自动化装置。工业机器人就是一种通用机械手，又称为工业机械手，其功能完善，自由度较多，能模仿人的某些工作机能与控制机能，能够实现多种工件的抓取、定向和搬运工作，并能使用不同工具完成多种劳动作业。

按臂部运动的形式可分为 4 种，如图 5-8 所示。

1）直角坐标型臂部可沿三个直角坐标移动。

2）圆柱坐标型臂部可做升降、回转和伸缩动作。

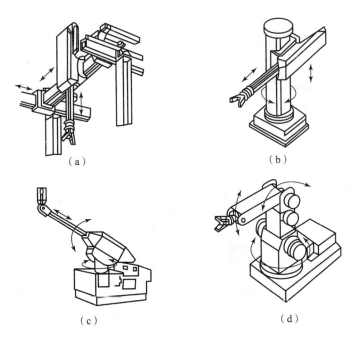

图 5 – 8　机械手臂部运动的形式

(a) 直角坐标型；(b) 圆柱坐标型；(c) 球坐标型；(d) 关节型

3）球坐标型臂部能做回转、俯仰和伸缩动作。

4）关节型臂部有多个转动关节。按执行机构运动的控制机能可分为点位型和连续轨迹型。点位型只控制执行机构由一点到另一点的准确定位，适用于机床上下料、点焊和一般搬运、装卸等作业。连续轨迹型可控制执行机构按给定轨迹运动，适用于连续焊接和涂装等作业。

按照机械手是否移动可分为固定式和行走式两类。固定式机械手由于本体是固定的，它只能借助其臂部在可活动范围内进行上下料作业，它的传送距离受到一定限制，如图 5 – 9 所示。如果能自动更换手部，它就可以抓取工件、刀具或夹具等，实现多种操作，是一种具有较大柔性的传送装备。固定式机械手可分为服务于多台机床与固定机床两类。

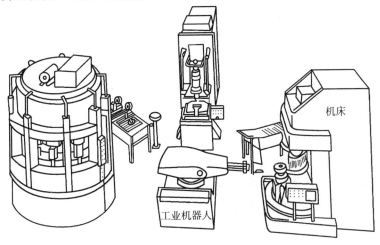

机床

工业机器人

图 5 – 9　固定式机械手给三台机床装卸工件

行走式机械手又称为移动式机械手，具有较大的活动范围。目前有许多车削中心和双主轴加工中心机床自带这种移动式上下料机械手，通过更换手爪可以适应不同形状工件的加工，如图5-10所示。

图5-10　行走机械手

1—机床1；2—机床2；3—机床3；4—生产线外防护；5—双机械手；6—料道

5.2.5　工业机器人

1. 工业机器人的定义

由于工业机器人与机械手和操作机有许多共同之处，有时很难将它们严格区分，同时，工业机器人技术正处于发展阶段，所以到目前为止对机器人还没有一个统一的定义。国际标准化组织（ISO）在1984年采纳了美国机器人协会（RIA）给机器人下的定义，即"机器人是一种可编程和多功能的，用来搬运材料、零件或工具的操作机"。我国国家标准GB/T 12643—2013将工业机器人定义为"是一种能自动控制、可重新编程、多功能、多自由度的操作机，能搬运材料、零件或操作工具，用以完成各种作业"，而将操作机定义为"是具有和人手臂相似的动作功能，可在空间抓放物体或进行其他操作的机械装置"。工业机器人与机械手的重要区别在于前者具有独立的控制系统，可以容易地通过重新编程的方法实现动作程序的变化来适应不同的作业要求；而后者则只能完成比较简单的搬运、抓取及上下料工作，经常作为机器设备上的附属装置，其程序是固定不变的。

工业机器人的基本工作原理和机床相似，是由控制装置控制操作机上的执行机构实现各种所需的动作和提供动力。

2. 工业机器人的组成

工业机器人通常由操作机、驱动系统、控制系统以及检测机构等组成。

（1）操作机

操作机（执行系统）是机器人完成作业的机械本体，它具有和人体四肢相似的动作功能，是可在空间抓取物体或进行其他操作的机械装置。操作机通常由以下几部分组成：

1）末端执行器，又称手部，是操作机直接执行任务，并直接与工作对象接触以完成抓取物体的机构。

2）手腕是支承和调整末端执行器姿态的部件，主要用来确定和改变末端执行器的方位和扩大手臂的动作范围，一般具有 2～3 个回转自由度以调整末端执行器的姿态。有些专用机器人也可以没有手腕而直接将执行器安装在手臂的端部。

3）手臂是用于支承和调整手腕和末端执行器位置的部件。由操作机的动力关节和连接杆件等构成。

4）机座是用来支承手臂，并安装驱动装置和其他装置的基础部件，可分固定式和移动式两类。移动式机座下部安装了移动机构，可以扩大机器人的活动范围。

（2）驱动系统

驱动系统由驱动器、减速器、检测元件等组成，是用来为操作机各部件提供动力和运动的组件。驱动系统的传动方式有 4 种：液压式、气压式、电气式和机械式。它是将电能或流体能等转换成机械能的动力装置。

（3）控制系统

控制系统是工业机器人的指挥系统。它的任务是根据机器人的作业指令程序以及从传感器反馈回来的信号，控制驱动系统去支配执行机构完成规定的动作和功能。若工业机器人不具备信息反馈功能，则为开环控制系统；若具备信息反馈功能，则为闭环控制系统。根据控制运动的形式可分为点位控制和轨迹控制。

（4）检测机构

检测机构主要是对执行机构的位置、速度和力等信息进行检测，根据需要反馈给控制系统，与设定值进行比较后，对执行机构进行调整。

（5）人机交互系统

人机交互系统是使操作人员参与机器人控制与机器人进行联系的装置，例如，计算机的标准终端、指令控制台、信息显示极、危险信号报警器等。归纳起来可分为两大类：指令给定装置和信息显示装置。

3. 工业机器人的机械结构类型

工业机器人的机械结构类型即操作机的结构类型，常见的有以下 5 种。

（1）圆柱坐标型

这种运动形式是通过一个转动、两个移动共 3 个自由度组成的运动系统（代号 RPP），工作空间图形为圆柱形。其特点是机体所占体积小、运动范围大。

（2）直角坐标型

直角坐标型工业机器人，其运动部分由三个相互垂直的直线移动所组成（代号 PPP），其工作空间图形为长方体。它在各个轴向的距离，可在各坐标轴上直接读出，直观性强，易于进行位置和姿态的编程计算，定位精度高，结构简单；但与圆柱坐标型相比，其机体所占的空间体积大，灵活性较差。

（3）球坐标型

球坐标型又称极坐标型。它由两个转动和一个直线移动所组成（代号 RRP），其工作空间图形为一球体。它可以做上下俯仰动作并能抓取地面上或较低位置的工件，具有结构紧凑、工作空间范围大的特点，但结构较复杂。

（4）关节型

关节型又称回转坐标型。这种机器人的手臂与人体上肢类似，其前三个关节都是回转关节（代号 RRR），由立柱和大小臂组成。立柱与大臂间形成肩关节，大臂与小臂间形成肘关节，可使大臂做回转运动和俯仰摆动，小臂做俯仰摆动。其特点是工作空间范围大，动作灵活，通用性强，能抓取靠近机座的物体。

（5）平面关节型

平面关节型是采用两个回转关节和一个移动关节控制前后、左右和上下运动，其工作空间的轨迹为矩形回转体。其结构简单、动作灵活，多用在装配作业中。

5.3　物料传送装置

5.3.1　物料传送装置概述

1. 物料传送装置

物料传送装置是机械加工生产线的一个重要组成部分，用于实现物料在加工设备之间或加工设备与仓储装备之间的传输。在生产线设计过程中，可根据工件或刀具等被传输物料的特征参数（如结构、形状、尺寸、质量等）和生产线的生产方式、类型及布局形式等因素，进行传送装置的设计或选择。合理选择传送装备，可使各工序之间的衔接更加紧密，有助于提高生产率。

2. 物料传送装置的分类

物料传送装置的结构形式与工件的结构形状和尺寸、自动生产线的加工设备及布置、加工工艺特点等因素有关。按照传送方法的不同，物料传送装置可分为 3 种类型。

（1）重力传送装置

重力传送装置是利用提升机构或机械手将工件提到一定高度后，工件在斜置的料槽中靠重力自上而下滚动或滑动落下实现传送的装置（如滚动式或滑动式输料槽等）。适用于外形简单的中小型回转体工件的传送。由于工件的形状和尺寸等因素的影响会产生工件堵塞、失去定向或跳出输送槽等现象。这类传送装置结构简单，但是可靠性低。

（2）强制传送装置

强制传送装置是将工件放置在一个利用动力驱动做单向封闭循环运动的输送带上（如链条式输送带等），利用工件与输送带的摩擦力传送工件。适用于大中型工件或外形较复杂工件的输送，可靠性高。

（3）步伐式传送装置

步伐式传送装置是将工件放置在一个做直线往复运动的传送部件上，利用做往复运动部件的一个运动循环规律（步伐长度）将工件传送一个固定的长度。其适用于箱体或复杂件等的输送，如托盘式、弹簧棘爪式传送装置等。

3. 物料传送设计原则

1）减少环节，简化作业流程。物料传送不仅不增加货物的价值和使用价值，相反还会产生附加成本和增加货物的破损可能性，因此作业环节越少越好，尽可能避免重复搬运。同时要注意工步间、工序间的衔接，做到作业的连续性，作业路径尽量缩短，避免迂回和交叉运行，按生产工艺流程组织作业。

2）以满足生产工艺的需要为前提，充分发挥机械设备的利用率。物料传送机械设备的选用和配备，在满足生产工艺需要的前提下，要考虑各种设备的充分利用。

3）贯彻系统化、标准化的原则。物料传送本身是一个系统，因此传送作业与物流的其他环节之间，传送作业与生产工艺各工序、工步之间要协调，才能做到物流合理，提高生产效益。传送的工艺、装备、设施，货物的单元、运载工具、存储装置，信息流各种形式，组织管理方式乃至标志、用语等都应当标准化、系列化、通用化，这是实现物料传送作业现代化的前提。

4）步步活化，省力节能。在传送过程中，后一步比前一步更便于作业时称为活化；物料传送的工序、工步应设计得使物料的活动性指数提高（至少不降低），叫作步步活化。另外，还应采取节省劳动力和降低能耗的措施。

5.3.2　传送装置

传送装置是物流中的重要装备，不仅起到将各物流站、加工单元、装配单元衔接起来的作用，而且具有物料的暂存和缓冲功能。合理选择传送装置，可使各工序之间的衔接更加紧密，有助于提高生产率。常见的传送装置有滚道式、带式、悬挂式等多种。

1. 滚道式传送机

滚道式传送机是一种结构简单、使用最广泛的输送装备，它由一系列以一定间距排列的滚子组成（见图 5 - 11），用于传送成件货物或托盘货物。按照输送方向及生产工艺要求，滚道式输送机可以布置成各种线路，如直线的、转弯的和具有各种过渡装置的交叉路线等，如图 5 - 12 所示。为了将工件从一个输送机转移到另一个输送机上，需要在输送机的交叉处设置滚子转盘机构，即转向机构，如图 5 - 13 所示。滚道式输送机的驱动装置可以是牵引式的或是机械传送式的。牵引式的驱动装置一般用于轻型的工作条件，可以采用链条、胶带或绳索。对于繁重的工作类型，可以采用刚性的机械传动式驱动装置。滚道式输送机按滚子是否具有驱动装置，可分为无动力式和动力式两类。

图 5 - 11　滚道式传送机

图 5 – 12　交叉线路滚道式传送机

转向机构

图 5 – 13　滚道式传送机转向机构

2. 带式传送机

　　带式传送机是靠输送带的运动来输送物料的传送机，如图 5 – 14 所示。输送带绕过传动滚筒首尾相连并张紧，当驱动装置带动传动滚筒旋转时，传动滚筒与输送带之间的摩擦力驱动输送带载着物体运动。带式传送机的输送能力大，运距大，可输送的物料品种多，结构比较简单，营运费用较低。带式传送机是一种摩擦驱动以连续方式运输物料的机械，主要由机架、输送带、托辊、滚筒、张紧装置、传动装置等组成。它可以将物料在一定的输送线上，从最初的供料点到最终的卸料点间形成一种物料的输送流程。它既可以进行碎散物料的输送，也可以进行成件物品的输送。除进行纯粹的物料输送外，还可以与各工业企业生产流程中的工艺过程的要求相配合，形成有节奏的流水作业运输线。

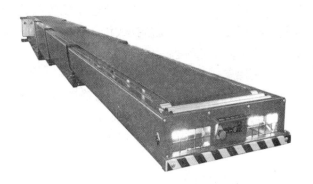

图 5 – 14　带式传送机

3. 悬挂式传送机

悬挂式传送机是利用连接在牵引链上的滑架在架空轨道上运行以带动承载件输送物品的传送机，如图 5 – 15 所示。架空轨道可在车间内根据生产需要灵活布置，构成复杂的输送线路。

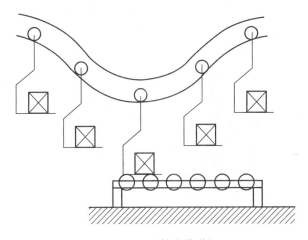

图 5 – 15　悬挂式传送机

悬挂式传送机是一种常用的连续输送设备，可连续地在厂内输送各种成件物品和装在容器或包内的散装物料，也可在各个工业部门的流水线中用来在各工序间输送工件，完成各种工艺过程，实现输送和工艺作业的综合机械化。悬挂式传送机主要由牵引链条、滑架、吊具、架空轨道、驱动装置、张紧装置和安全装置等组成。

悬挂式传送机是根据用户合理的工艺线路，以理想的速度实现车间内部、车间与车间之间连续输送成件物品达到自动化、半自动化流水线作业的理想设备。它可在三维空间任意布置，能起到在空中的储存作用，节省地面使用场地。它是在空间连续输送物料的设备，物料装在专用箱体或支架上沿预定轨道运行。线体可在空间上下坡和转弯，布局方式实用灵活，占地面积小。因此被众多商家青睐，广泛应用于机械、汽车、电子、家用电器、轻工、食品、化工等行业大批量流水生产作业中。

根据悬挂式传送机的吊重能力，可将其分为轻型和重型两类。单点吊重在 0 ~ 100 kg 内的归为轻型悬挂式传送机；单点吊重在 100 ~ 1 000 kg 内的归为重型悬挂式传送机。根据输送工艺和流程，可将其分为普通型和积放型传送机，普通型能实现对工件的调动，可根据工艺要求实现转弯、升降和流程速度等；积放型悬挂式传送机能根据不同的需要，实现对工件的自动堆积、摘卸、复位等复杂的工艺流程。

悬挂式传送机有以下一些特点：

1）单机输送能力大，可采用很长的线体实现跨厂房输送。

2）结构简单、可靠性高，能在各种恶劣环境下使用。

3）造价低、耗能少、维护费用低，可大大减少使用成本。

5.3.3　有轨制导小车

有轨制导小车（Rail Guided Vehicle，RGV）又叫有轨穿梭小车，有轨制导小车 RGV 沿直线导轨运动，机床和辅助装备在导轨一侧，安放托盘或随行夹具的台架在导轨的另一侧。有轨制导小车 RGV 采用直流或交流伺服电动机驱动，由生产系统的中央计算机控制。当有轨制导小车 RGV 接近指定位置时，由光电装置、接近开关或限位开关等传感器识别减速点和准停点，向控制系统发出减速和停车信号，使小车准确地停靠在指定位置上，如图 5 - 16 所示。小车上的传动装置将托盘台架或机床上的托盘或随行夹具拉上小车，或将小车上的托盘、随行夹具送给托盘台架或机床。

图 5 - 16　采用 RGV 搬运物料

有轨制导小车根据功能的不同，可分为装配型 RGV 系统和运输型 RGV 系统两大类，主要用于物料输送、车间装配等。根据运动方式可以分为环形轨道式和直线往复式，环形轨道式 RGV 系统效率高，可多车同时工作，一般采用铝合金轨道，同时成本也比较高；直线往复式一般一个 RGV 系统包括一台 RGV 做往复式运动，一般采用钢轨作为轨道，成本较低，效率相对环形 RGV 系统比较低。RGV 系统既可作为立体仓库的周边设备，也可自成独立系统。

有轨制导小车具有速度快、可靠性高、控制系统简单、成本低等优点。缺点是它的铁轨一旦铺成后，改变路线比较困难，适用于运输路线固定不变的生产系统。

5.3.4　无轨运输小车

无轨运输小车（Automated Guided Vehicle，AGV）又叫自动导引小车，是以电池为动力，装备有电磁或光学等自动导航装置，能够独立自动寻址，具有安全保护以及各种移载功能的运输车。AGV 通过计算机系统控制，完成无人驾驶及作业，属于轮式移动机器人（WMR – Wheeled Mobile Robot）的范畴。

1. AGV 的优点

1）自动化程度高。AGV 由计算机、电控设备、激光反射板等控制。当车间某一环节需要辅料时，由工作人员向计算机终端输入相关信息，计算机终端再将信息发送到中央控制室，由专业的技术人员向计算机发出指令，在电控设备的合作下，这一指令最终被 AGV 接收并执行——将辅料送至相应地点。

2）充电自动化。当 AGV 小车的电量即将耗尽时，它会向系统发出请求指令，请求充电（一般技术人员会事先设置好一个值），在系统允许后自动到充电的地方"排队"充电。

3）美观，提高观赏度，从而提高企业的形象。

4）方便，减少占地面积；生产车间的 AGV 小车可以在各个车间穿梭往复。

2. AGV 的组成

AGV 主要由车体、电源和充电系统、驱动装置、转向装置、控制系统、通信装置、安全装置等组成。图 5 – 17 所示为一种 AGV 的结构示意图。

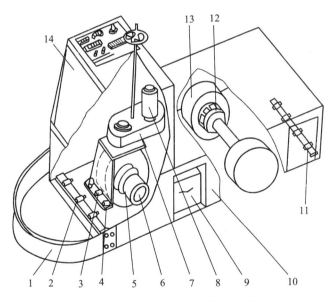

图 5 – 17　一种 AGV 的结构示意图

1—安全挡圈；2，11—认证线圈；3—失灵控制线圈；4—导向探测线圈；5—驱动轴；6—驱动电动机；7—转向机构；8—转向伺服电动机；10—车架；12—制动用电磁离合器；13—后轮；14—操纵台

（1）车体

车体由车架、减速器、车轮等组成。车架由钢板焊接而成，车体内主要安装有电源、驱动和转向等装置，以降低车体重心。车轮由支承轮和方向轮组成。

（2）电源和充电系统

通常采用24 V或48 V的工业蓄电池作为电源，并配有充电装置。

（3）驱动装置

驱动装置由电动机、减速器、制动机、车轮、速度控制等部分组成。制动器的制动力由弹簧弹力产生，制动力的松开由电磁力实现。

（4）转向装置

AGV转向装置的结构方式通常有两类：

1）铰轴转向式。方向轮装在转向铰轴上，转向电动机通过减速器和机械连杆机构控制铰轴，从而控制方向轮（也称舵轮）的转向。这种机构要有转向限位开关。

2）差动转向式。在AGV的左、右轮上分别装上两个独立驱动的电动机，通过控制左右两轮的速度比实现车体的转向，此时非驱动轮是自由轮。

图5-18所示为三轮式AGV转向方案图。图5-18（a）中前轮为铰轴转向轮，同时也是驱动轮，后两轮为自由轮。图5-18（b）中前轮为铰轴转轴转向轮、自由轮，后两轮为差动驱动轮。图5-18（c）中前轮为自由轮，后两轮分别有两个电动机。

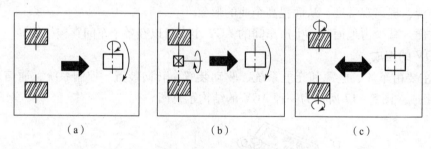

（a） （b） （c）

图5-18 三轮式AGV转向方案图

（5）控制系统

控制系统可以实现小车的监控，通过通信系统接收指令和报告运行状况，并可以实现小车编程。

（6）通信装置

通信装置一般有两类通信方式，即连续方式和分散方式。连续方式是通过射频或通信电缆收发信号。分散方式是在预定地点通过感应光学的方法进行通信。

（7）安全装置

安全装置有接触式和非接触式两类安全装置。接触式常用安全挡圈，并通过触动微动开关感知外部的故障信息。接触式的安全装置结构简单、安全可靠，但只能适用于速度低、质量小、制动距离较短的小型AGV上。非接触式安全装置采用超声波、红外线、激光等多种形式进行阻碍探测，测出小车和障碍物之间的距离，当该距离小于某一段设定值时，通过警灯、蜂鸣器或其他音响装置进行报警，并实现AGV减速或停止运行。

3. AGV控制系统

AGV控制系统分为地面（上位）控制系统、车载（单机）控制系统及导航/导引系统，其中，地面控制系统指AGV系统的固定设备，主要负责任务分配、车辆调度、路径（线）管理、交通管理、自动充电等功能；车载控制系统在收到上位系统的指令后，负责AGV的导航计算、导引实现、车辆行走、装卸操作等功能；导航/导引系统为 AGV 单机提供系统绝对或相对的位置及航向。

（1）AGV 地面控制系统

AGV 地面控制系统（Stationary System）即 AGV 上位控制系统，是 AGV 系统的核心。其主要功能是对 AGV 系统（AGVS）中的多台 AGV 单机进行任务管理、车辆管理、交通管理和通信管理等。

1）任务管理。任务管理类似计算机操作系统的进程管理，它提供对 AGV 地面控制程序的解释执行环境；提供根据任务优先级和启动时间的调度运行；提供对任务的各种操作，如启动、停止、取消等。

2）车辆管理。车辆管理是 AGV 管理的核心模块，它根据物料搬运任务的请求，分配调度 AGV 执行任务，根据 AGV 行走时间最短原则，计算 AGV 的最短行走路径，并控制指挥 AGV 的行走过程，及时下达装卸货和充电命令。

3）交通管理。根据 AGV 的物理尺寸大小、运行状态和路径状况，提供 AGV 互相自动避让的措施，同时避免车辆互相等待的死锁方法和出现死锁的解除方法；AGV 的交通管理主要有行走段分配和死锁报告功能。

4）通信管理。通信管理提供 AGV 地面控制系统与 AGV 单机、地面监控系统、地面 IO 设备、车辆仿真系统及上位计算机的通信功能。和 AGV 间的通信使用无线电通信方式，需要建立一个无线网络，AGV 只和地面系统进行双向通信，AGV 间不进行通信，地面控制系统采用轮询方式和多台 AGV 通信；与地面监控系统、车辆仿真系统、上位计算机的通信使用 TCP/IP 通信。

（2）AGV 车载控制系统

AGV 车载控制系统，即 AGV 单机控制系统，在收到上位系统的指令后，负责 AGV 单机的导航、导引、路径选择、车辆驱动等功能。

1）导航。AGV 单机通过自身装备的导航器件测量并计算出所在全局坐标中的位置和航向。

2）导引。AGV 单机根据现在的位置、航向及预先设定的理论轨迹来计算下个周期的速度值和转向角度值，即 AGV 运动的命令值。

3）路径选择。AGV 单机根据上位系统的指令，通过计算，预先选择即将运行的路径，并将结果报送上位控制系统，能否运行由上位系统根据其他 AGV 所在的位置统一调配。AGV 单机行走的路径是根据实际工作条件设计的，它有若干"段"（Segment）组成。每一"段"都指明了该段的起始点、终止点，以及 AGV 在该段的行驶速度和转向等信息。

4）车辆驱动。AGV 单机根据导引（Guidance）的计算结果和路径选择信息，通过伺服器件控制车辆运行。

4. AGV 导航导引方式

AGV 之所以能够实现无人驾驶，导航和导引对其起到了至关重要的作用，随着技术的发展，目前能够用于 AGV 的导航/导引技术主要有以下几种：

（1）直角坐标

用定位块将 AGV 的行驶区域分成若干坐标小区域，通过对小区域的计数实现导引，一般有光电式（将坐标小区域以两种颜色划分，通过光电器件计数）和电磁式（将坐标小区域以金属块或磁块划分，通过电磁感应器件计数）两种形式。其优点是可以实现路径的修改，导引的可靠性好，对环境无特别要求；缺点是地面测量安装复杂，工作量大，导引精度和定位精度较低，且无法满足复杂路径的要求。

（2）电磁导引

电磁导引是较为传统的导引方式之一，目前仍被许多系统采用，它是在 AGV 的行驶路径上埋设金属线，并在金属线上加载导引频率，通过对导引频率的识别来实现 AGV 的导引。其主要优点是引线隐蔽，不易污染和破损，导引原理简单而可靠，便于控制和通信，对声光无干扰，制造成本较低。缺点是路径难以更改扩展，对复杂路径的局限性大。

（3）磁带导引

磁带导引与电磁导引相近，用在路面上贴磁带替代在地面下埋设金属线，通过磁感应信号实现导引。磁带导引灵活性比较好，改变或扩充路径较容易，磁带敷设简单易行。但此导引方式易受环路周围金属物质的干扰，磁带易受机械损伤，因此导引的可靠性受外界影响较大。

（4）光学导引

在 AGV 的行驶路径上涂漆或粘贴色带，通过对摄像机采入的色带图像信号进行简单处理而实现导引。光学导引灵活性比较好，地面路线设置简单易行。但对色带的污染和机械磨损十分敏感，对环境要求过高，导引可靠性较差，精度较低。

（5）激光导引

激光导引是在 AGV 行驶路径的周围安装位置精确的激光反射板，AGV 通过激光扫描器发射激光束，同时采集由反射板反射的激光束，来确定其当前的位置和航向，并通过连续的三角几何运算来实现 AGV 的导引。

此项技术最大的优点是 AGV 定位精确，地面无须其他定位设施，行驶路径可灵活多变，能够适合多种现场环境，它是目前国外许多 AGV 生产厂家优先采用的先进导引方式。其缺点是制造成本高，对环境要求（外界光线要求、地面要求、能见度要求等）相对较苛刻，不适合室外，尤其是易受雨、雪、雾的影响。

（6）惯性导航

惯性导航是在 AGV 上安装陀螺仪，在行驶区域的地面上安装定位块，AGV 可通过对陀螺仪偏差信号（角速率）的计算及地面定位块信号的采集来确定自身的位置和航向，从而实现导引。

此项技术在军方较早运用，其主要优点是技术先进，较之有线导引，地面处理工作量小，路径灵活性强。其缺点是制造成本较高，导引的精度和可靠性与陀螺仪的制造精度及其后续信号处理密切相关。

（7）GPS（全球定位系统）导航

GPS 通过卫星对非固定路面系统中的控制对象进行跟踪和制导，目前此项技术还在发展和完善，通常用于室外远距离的跟踪和制导。其精度取决于卫星在空中的固定精度和数量，以及控制对象周围环境等因素。

由此发展出来的是 iGPS（室内 GPS）和 dGPS（用于室外的差分 GPS），其精度要远远高于民用 GPS，但地面设施的制造成本是一般用户无法接受的。

5.4　仓储装备库设计

5.4.1　自动化仓库概述

随着自动化生产技术的发展，人们逐渐认识到物流技术的重要性，将传统仅起存放物品作用的立体仓库转化为物资调节和流通中心，出现了具有高层货架的自动化立体仓库，以及各种先进的存货、取货、快速分拣装置等新设施。

自动化立体仓库是一种设置有高层货架，并配备有仓库机械、自动控制和计算机管理系统，实现搬运、存取机械化和管理现代化的新型仓库。自动化立体仓库采用计算机管理，配置了自动化物流系统。自动化立体仓库可大大提高仓库的空间利用率，增加货存量，加快进货和发货的速度，减少库存货物数据的差错率、货物非生产性损坏，具有占地面积小、存储量大、周期快等优点，在现代生产系统中得到了广泛应用。

自动化立体仓库其优越性是多方面的，对于企业来说，可从以下几个方面得到体现。

1. 提高空间利用率

早期立体仓库的构想，其基本出发点就是提高空间利用率，充分节约有限且宝贵的土地。在西方有些发达国家，提高空间利用率的观点已有更广泛深刻的含义，节约土地，已与节约能源、环境保护等更多的方面联系起来。有些甚至把空间的利用率作为系统合理性和先进性考核的重要指标来对待。

立体仓库的空间利用率与其规划紧密相连。一般来说，自动化高架仓库其空间利用率为普通平库的 2～5 倍。

2. 便于形成先进的物流系统，提高企业生产管理水平

传统仓库只是货物储存的场所，保存货物是其唯一的功能，是一种"静态储存"。自动化立体仓库采用先进的自动化物料搬运设备，不仅能使货物在仓库内按需要自动存取，而且可以与仓库以外的生产环节进行有机的连接，并通过计算机管理系统和自动化物料搬运设备使仓库成为企业生产物流中的一个重要环节。企业外购件和自制生产件进入自动化仓库储存是整个生产的一个环节，短时储存是为了在指定的时间自动输出到下一道工序进行生产，从而形成一个自动化的物流系统，这是一种"动态储存"，也是当今自动化仓库发展的一个明显的技术趋势。

以上所述的物流系统又是整个企业生产管理大系统（包括订货、必要的设计和规划、计划编制和生产安排、制造、装配、试验、发运等）的一个子系统，建立物流系统与企业大系统间的实时连接，是自动化高架仓库发展的另一个明显的技术趋势。

5.4.2　自动化立体仓库的分类

自动化立体仓库一般按以下 6 种方法进行分类。

1. 按货架形式分类

自动化立体仓库按货架形式可分为整体式和分离式。整体式自动化立式仓库的货架除了用于存放货物外，还用来支承屋架的质量和侧壁，即货架与仓库建筑构成了不可分割的整体。此类形式一般用于高层大型库，具有建筑费用低、库房占地面积小、施工周期短等优点。分离式自动化立式仓库的货架仅用于存放货物，与建筑构件无连接，其优点是不会因厂房的下沉影响货架垂直和水平精度，确保自动认址，具有增减灵活性。

2. 按职能分类

自动化立体仓库按职能可分为工序型、补偿型、外购外协型、综合型和销售型。工序型自动化立体仓库即制品库设在加工车间内部或附近，起相关工序间的缓冲作用。补偿型自动化立体仓库又称总零件库，存放本厂自制零部件的成品，并按时、按量向装配线供应，调节零部件生产与装配节奏。外购外协型自动化立体仓库调节计划订货、成批进货与均衡生产间的矛盾。综合型自动化立体仓库是补偿型和外购外协型的组合，以调节装配为主，同时也调节其他各加工车间的生产。销售型自动化立体仓库即成品库，调节产品均衡生产与不均衡销售或销售与集中运输间的矛盾。

3. 按堆垛设备分类

自动化立体仓库按堆垛设备可分为有轨式和无轨式。有轨式自动化立体仓库是采用巷道堆垛机，转移巷道比较困难，但在三维空间容易实现精确定位，有利于自动控制。无轨式自动化立体仓库是采用高升程叉车，转移巷道容易，在库存量较大而出入库频率较低时，便于几个巷道共用一台高架叉车，具有机动灵活、设备利用率高、投资少等优点。但无轨式仓储装备只适于低层、自动化程度不高的场合。

4. 按巷道堆垛机的控制方式分类

自动化立体仓库按巷道堆垛机的控制方式可分为手动和半自动控制、机上自动控制和远距离集中控制等。

5. 按存储库容量分类

自动化立体仓库按存储库容量可分为小型（2 000 货位以下）、中型（2 000～5 000 货位）和大型（5 000 货位以上）。

6. 按仓库高度分类

按仓库高度可分为低层（6 m 以下）、中层（6～12 m）和高层（12 m 以上）。

5.4.3　自动化立体仓库的构成

自动化立体仓库系统一般由存储系统（厂房和配套设施）、搬运系统、输送系统、消防系统、电控系统和计算机管理系统等组成。而其中涉及的机械装备包括高层货架、托盘（货箱）、堆垛机、出入库装卸站、输送机和安全保护装置等。

1. 高层货架

高层货架用于存储货物的钢结构或钢筋混凝土结构，主要有焊接式货架和组合式货架两种基本形式，是立体仓库的主要构筑物。对于质量和体积比较大的物品存储，有时采用被动辊式货架。钢结构的成本随其高度增大而迅速增加，尤其是当货架高度超过 20 m 以上时，成本将急剧上升，同时堆垛机等设备的费用也会随之增长。作为一种承重结构，货架必须具备足够的强度与稳定性；同时作为一种设备，高层货架还必须具有一定的精度和在最大工作载荷下的有限变形。

根据货架构造结构的不同，货架可分为单元货格式、贯通式、水平旋转式和垂直旋转式。

（1）单元货格式

类似单元货架式，巷道占去了三分之一左右的面积。

（2）贯通式

为了提高仓库利用率，可以取消位于各排货架之间的巷道，将个体货架合并在一起，使每一层、同一列的货物互相贯通，形成能一次存放多货物单元的通道，而在另一端由出库起重机取货，成为贯通式仓库。根据货物单元在通道内的移动方式，贯通式仓库又可分为重力式货架仓库和穿梭小车式货架仓库。重力式货架仓库每个存货通道只能存放同一种货物，所以它适用于货物品种不太多而数量又相对较大的仓库。梭式小车可以由起重机从一个存货通道搬运到另一通道。

（3）水平旋转式

这类仓库本身可以在水平面内沿环形路线来回运行。每组货架由若干独立的货柜组成，用一台链式传送机将这些货柜串联起来。每个货柜下方有支承滚轮，上部有导向滚轮。传送机运转时，货柜便相应运动。需要提取某种货物时，只需在操作台上给予出库指令，当装有所需货物的货柜转到出货口时，货架停止运转。这种货架对于小件物品的拣选作业十分合适。它简便实用，充分利用空间，适用于作业频率要求不太高的场合。

（4）垂直旋转式

与水平旋转货架式仓库相似，只是把水平面内的旋转改为垂直面内的旋转。这种货架特别适用于存放长卷状货物，如地毯、地板革、胶片卷、电缆卷等。

2. 托盘

托盘是用于集装、堆放、搬运和运输而制作的作为单元负荷的货物和制品的水平平台装置。托盘作为物流运作过程中重要的装卸、储存和运输设备，与叉车配套使用在现代物流中发挥着巨大的作用。托盘给现代物流业带来的效益主要体现在：可以实现物品包装的单元化、规范化和标准化，保护物品，方便物流和商流。托盘或货箱其基本功能是装物料，同时还要便于叉车和堆垛机的叉取和存放。托盘多由钢、木材或塑料制成。

（1）平托盘

平托盘（见图 5-19）几乎是托盘的代名词，只要一提托盘，一般都是指平托盘，因为平托盘使用范围最广，利用数量最大，通用性最好。

图 5-19 平托盘

1）按台面分类，有单面型、单面使用型、双面使用型和翼型4种。

2）按叉车叉入方式分类，有单向叉入型、双向叉入型、四向叉入型3种。

3）按材料分类，有木制平托盘、钢制平托盘、塑料制平托盘、复合材料平托盘以及纸制托盘5种。

（2）柱式托盘

柱式托盘分为固定式和可卸式两种，其基本结构是托盘的4个角有钢制立柱，柱子上端可用横梁连接，形成框架型，如图5-20所示。柱式托盘的主要作用：一是利用立柱支承重物，往高叠放；二是可防止托盘上放置的货物在运输和装卸过程中发生塌垛现象。

（3）箱式托盘

箱式托盘（见图5-21）是四面有侧板的托盘，有的箱体上有顶板，有的没有顶板。箱板有固定式、折叠式、可卸下式3种。四周栏板有板式、栅式和网式，因此，四周栏板为栅栏式的箱式托盘也称笼式托盘或仓库笼。箱式托盘防护能力强，可防止塌垛和货损；可装载异型不能稳定堆码的货物，应用范围广。

图5-20　柱式托盘

图5-21　箱式托盘

（4）轮式托盘

轮式托盘与柱式托盘和箱式托盘相比，多了下部的小型轮子。因而，轮式托盘显示出能短距离移动、自行搬运或滚上滚下式的装卸等优势，用途广泛，适用性强。

（5）特种专用托盘

由于托盘作业效率高、安全稳定，尤其在一些要求快速作业的场合，更突出了利用托盘的重要性，所以各国纷纷研制了多种多样的专用托盘，这里仅举几个例子。

1）平板玻璃集装托盘。平板玻璃集装托盘也称平板玻璃集装架，分许多种类：有L型单面装放平板玻璃单面进叉式，有A型双面装放平板玻璃双向进叉式，还有吊叉结合式和框架式等。运输过程中托盘起支承和固定作用，平板玻璃一般都立放在托盘上，并且玻璃还要顺着车辆的前进方向，以保持托盘和玻璃的稳固。

2）轮胎专用托盘。轮胎的特点是耐水、耐蚀，但怕挤、怕压，轮胎专用托盘较好地解决了这个矛盾。利用轮胎专用托盘，可多层码放，不挤不压，大大地提高了装卸和储存效率。

3）长尺寸物托盘。这是一种专门用来码放长尺寸物品的托盘，有的呈多层结构。物品堆码后，就形成了长尺寸货架。

4）油桶专用托盘。油桶专用托盘是专门存放、装运标准油桶的异型平托盘。双面均有波形沟槽或侧板，以稳定油桶，防止滚落。优点是可多层堆码，提高仓储和运输能力。

3. 堆垛机

堆垛机是用货叉或串杆擸取、搬运和堆垛或从高层货架上存取单元货物的专用起重机。

堆垛机由运行机构、起升机构、装有存取机构的载货台、机架、安全保护装置和电气设备等 6 部分组成。双柱结构的堆垛机刚性好，其机架由立柱、上横梁、下横梁组成一个框架，适用于升起质量较大或起升高度较高的场合。单柱式结构的堆垛机整机质量小、造价低，但刚性差。起升机构由电动机、制动机、减速器、卷筒、链轮、柔性件（钢丝绳和起重链）等组成。载货台是货物单元的承载装置，由货台本体和存取货物组成。

堆垛机分为桥式堆垛起重机和巷道式堆垛起重机（又称巷道式起重机）两种。

（1）桥式堆垛起重机

桥式堆垛起重机是在桥式起重机的基础上结合叉车的特点发展起来的一种自动式堆货的机器，如图 5-22 所示。在从起重小车悬垂下来的刚性立杆上有可升的货叉，立柱可绕垂直中心线转动，因此货架间需要的巷道宽度比叉车作业时所需要的小。这种起重机支承在两侧高架轨道上运行，除一般单元货物外还可堆运长物件。起重量和跨度较小时，也可悬挂在屋架下面的轨道上运行，这时它的起重小车可以过渡到邻跨的另一台悬挂式堆垛起重机上。立柱可以是单节的或多节伸缩式的。单节立柱结构简单、质量小，但不能跨越货垛和其他障碍物，主要适用于有货架的仓库。多节伸缩式的一般有 2~4 节立柱，可以跨越货垛，因此也可用于使单元货物直接堆码成垛的无架仓库。起重机可以在地面控制，也可在随货叉一起升降的司机室内控制。额定起重量一般为 0.5~5 t，有的可达 20 t，主要用于高度在 12 m 以下、跨度在 20 m 以内的仓库。

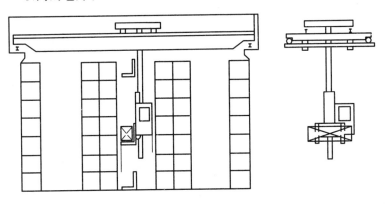

图 5-22　桥式堆垛起重机

（2）巷道式堆垛起重机

巷道式堆垛起重机专用于高架仓库，如图 5-23 所示。采用这种起重机的仓库高度可达 45 m 左右。起重机在货架之间的巷道内运行，主要用于搬运装在托盘上或货箱内的单元货物；也可开到相应的货格前，由机上人员按出库要求拣选货物出库。巷道式堆垛起重机由起升机构、运行机构、货台司机室和机架等组成，起升机构采用钢丝绳或链条提升。机架有一根或两根立柱，货台沿立柱升降。货台上的货叉可以伸向巷道两侧的货格存取物品，巷道宽度比货物或起重机宽度大 15 ~ 20 cm。起重量一般在 2 t 以下，最大达 10 t。起升速度为 15 ~ 25 m/min，有的可达 50 m/min。起重机运行速度为 60 ~ 100 m/min，最快达 180 m/min。货叉伸缩速度为 5 ~ 15 m/min，最快已达到 30 m/min。

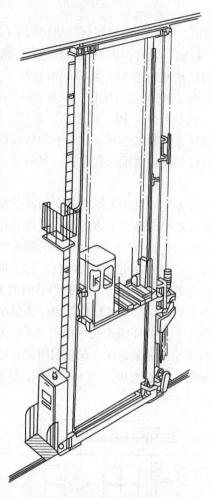

图 5 – 23　巷道式堆垛起重机

4. 出入库装卸站

在立体仓库的巷道端口处有出入库装卸站。入库的物品先放置在出入库装卸站上，由堆垛机将其送入仓库；出库的物品由堆垛机自仓库取出后，也放在出入库装卸站上，再由其他运输工具运往别处。

5. 输送机

输送机是自动化仓库的主要外围设备，负责将货物运送到堆垛机或从堆垛机将货物移走。输送机种类非常多，常见的有滚道输送机、链条输送机、升降台、分配车、提升机和传送带输送机等。它们可以将物料沿着固定的路线移动，这种移动可以是连续的，也可以是断续的。

6. 安全保护装置

安全保护装置主要包括终端限位保护、连锁保护、正位检测控制、载货台断绳保护和断电保护等装置。连锁保护主要指货叉伸缩、堆垛机行走和载货台升降之间的互锁。正位检测控制保证堆垛机停位准确时才能伸缩货叉。

5.4.4 自动化立体仓库的设计原则

自动化立体仓库的物料流程和工艺布置规划必须遵循一定的原则，通过对客户需求的分析，实现能力与成本的合理规划，使该系统既能够满足库存量和输送能力的需求，又能够降低设计成本。在设计时主要遵循以下原则：

1. 总体规划原则

总体规划原则是指在进行布局规划时，要对整个系统的所有方面进行统筹考虑。对该系统进行物流、信息流、商流的分析，合理地对三流进行集成与分流，从而更加高效、准确地实现物料流通与资金周转。

2. 最短移动距离原则

最短移动距离原则是指减少人员与机械设备的冗余移动，保证最少消耗能量以节省物流时间，降低物流费用。

3. 直线前进原则

直线前进原则是指要求设备安装、操作流程应能使物料搬运和存储按自然顺序逐步进行，避免迂回、倒流。

4. 充分利用空间、场地的原则

充分利用空间、场地的原则包括垂直与水平方向，在安排设备、人员、物料时应予以适当的配合、充分利用。

5. 生产力均衡原则

生产力均衡原则是指维持各种设备、各工作站的均衡，使全库都能维持一个合理的速度运行。

6. 顺利运行原则

顺利运行原则根据生产车间空间环境的布局，尽量保持生产的顺利进行，而无阻滞。

7. 弹性原则

弹性原则能够保持一定的空间以利于设备的技术改造和工艺的重新布置，以及一定的维护空间。

8. 能力匹配原则

能力匹配原则是指设备的存储和输送能力要和系统的需求及频率相协调，从而避免设备能力的浪费。

9. 安全性原则

安全性原则是指设计时要考虑操作人员的安全和方便。

10. 最少人工处理原则

最少人工处理原则是指减少中间环节、减少人工费用，并降低可能出错的概率。

11. 低投资原则

目前我国物流企业多数处于起步阶段，低投资更适合我国的国情，低投资的自动化立体仓库将会有更为广阔的市场。

12. 超前规划原则

自动化立体仓库属于一次性投入较大的固定投资，风险很大，而且改造费用不菲。因此提前预测未来情况，是企业固定资产投资前必须进行的工作之一。

13. 标准化原则

在日本，托盘多达 1 000 多种，给仓储作业带来相当大的困难，不得不花费巨资进行标准化。目前我国在自动化立体仓库标准化中已经做了许多工作，但由于影响自动化立体仓库的因素众多，且自动化立体仓库有自身行业性质，我国已有的 300 多座自动化立体仓库在体系结构与采用技术方面各不相同，急需国家相关部门制定统一标准，规范市场。

14. 易于升级改造原则

易于升级改造原则是指自动化仓库的灵活性高，系统易于改进、扩充和升级。

5.4.5 自动化立体仓库的设计过程

1. 收集、研究原始资料

收集当地物流行业发展水平与规模、数量，确定对自动化立体仓库的需求类型和需求程度，分析车流量、货物吞吐量、货物类型、消费水平等数据，得到对自动化立体仓库的初步需求分析。多数设计者通过观察类似条件下已经存在的自动化立体仓库来确定仓库的选型方案。

2. 选择仓库类型

自动化立体仓库是一个复杂的综合型自动化系统，作为一种特定仓库形式，有多种分类方式。

按建筑形式分为整体式与可分离式。前者的货架与库房合一，一般用在大型企业中做特殊用途，而且无法进行仓库的升级与修改。后者的货架与库房分离，如在拆除货架后，建筑物可作其他用途。多数分离式自动化立体仓库都可以以现有仓库为基础进行升级改装。

按存取货物形式分为单元式、移动货架式、拣选货架式。自动化立体仓库所存储的货物类型与数量，以及其存取周期、频率决定自动化立体仓库的类型。

另外，所存储的货物通常与自动化立体仓库所属的企业和产业密切相关，因此，自动化立体仓库的选型需要考虑行业因素。

目前我国使用自动化立体仓库较多的行业有医药、卷烟、服装、书籍、食品等，大部分为数量大、存取频繁、单个商品附加值高的货物。这一类型的货物通常使用单元式自动化立体仓库，即使用托盘、集装箱或其他标准容器安放货物，再装入仓库货架的货位中。

选择仓库类型主要考虑经济和技术两个方面的因素。当土地资源丰富时，在选型上可以考虑选择平面仓库或两层仓库以节省建筑费用。

3. 确定主要参数

关于自动化立体仓库的参数选择问题，在许多文献中都进行过研究讨论，其中主要结论是：仓库的高度决定其他参数，如占地面积、货架长度、货架宽度、货位数量与大小、搬运设备选型、地面敷设方案、仓库内管道与电路敷设以及其他重要经济技术指标。过高的货架可能会在货运电梯处产生搬运瓶颈，而过低的货架会造成空间资源的浪费和存储能力不足。因此在确定自动化立体仓库关键参数时，主要考虑货物吞吐量与存储量，并以此确定货架高度，进而确定仓库高度。

相关的计算公式如下：

$$货架高度 = \frac{货物总体积}{货架占地面积}$$

$$仓库高度 = 货架高度 + 预留空间高度$$
$$仓库长度 = 货架长度 + 预留空间长度$$
$$仓库宽度 = 货架宽度 + 预留空间宽度$$
$$货道长度 = 货架长度 + 站台长度$$

$$货物存取时间 = \frac{货架高度}{货运电梯速度} + 寻址时间 + 叉车作业时间 + 电气线路延迟时间$$

4. 选择货架方案

高层货架按照构造可以分为 4 类：单元货位式、贯通式、水平循环式和垂直循环式货架。单元货位式货架一般适应于存放体积较小、包装标准化、外形规则的大批量货物，为节省货位空间，可以在一个货位中存放几个货物，以便充分利用货位空间，合理使用已有投资。垂直循环式货架也称为重力循环式货架，每个存货通道只能存放同一种货物，适用于货物品种不太多而数量比较大的情况。类似的还有水平循环式货架。这两种循环式货架省去了堆剁机与货运电梯结构，在一定程度上节省了人力，自动化程度比较高，但在货架结构上相对其他高层货架比较复杂，造价也高，为防止在循环中造成货架重心不稳，此类货架通常只适合存取小物件货物。

使用何种货架的主要决定因素是仓库内存储何种货物以及预算约束，根据实际情况，可以将货架选型解释为以下方程组：

$$货架实际容积 = 货架货位数 \times 货物体积$$

$$货架实际承重能力 = \frac{货架吨位数}{货物质量} \times 货架货位数$$

此外，技术因素中金属承重能力、货架结构振动等也是不可缺少的考虑因素。

5. 合理布置自动化立体仓库的总体布局及物流图

一般来说，自动化立体仓库包括入库暂存区、检验区、码垛区、储存区、出库暂存区、托盘暂存区、不合格品暂存区及杂物区等。规划时，立体仓库内不一定要把上述的每一个区域规划进去，可根据用户的工艺特点及要求，合理规划和增减区域。同时，还要合理参考物料的流程，使物料的流动畅通无阻，这将直接影响到自动化立体仓库的能力和效率。

根据实际的空间和流量来进行仓库的总体布局，得到货架区的行、列、层数和货位总数，以及巷道堆垛机的台数。一般情况下，每两排货架合用一个巷道，根据场地条件可以确定巷道数。如果库存量为 N 个货物单元，巷道数为 A，货架高度方向可设 S 层，若每排货架设有同样的列数，则每排货架在水平方向应有的列数 C 为：

$$C = \frac{N}{2AS}$$

根据每排货架的列数 C 及货格横向尺寸可以确定货架总长度 L。

6. 选择机械设备类型

自动化立体仓库中的机械设备选型通常受货架高度、货道长度与宽度的影响。

货架比较低的情况下，高架叉车、电动葫芦等将是比较理想的选择。

货架超过 20 m 以上，按照国际惯例，应采用堆垛机，在要求相对严格的自动化立体仓库，按货架高度的不同应相应采用叉车、高架叉车、液压升降台、堆垛机、高层货运电梯等搬运设备。

堆垛机的选择对自动化仓库的设计至关重要，堆垛机的设计步骤如下：

1）堆垛机类型的确定。堆垛机多种多样，包括单独巷道式堆垛机、双巷道式堆垛机、转巷道式堆垛机，以及单立柱型堆垛机、双立柱型堆垛机等。

2）堆垛机速度的确定。根据仓库的流量要求，计算出堆垛机的水平速度、提升速度和货叉速度。

3）其他参数及配置。根据仓库现场情况及用户的要求选定堆垛机的定位方式、通信方式等。堆垛机的配置可高可低，视具体情况而定。

根据物流图，合理选择输送机的类型，包括滚道输送机、链条输送机、传送带输送机、升降移载机、提升机等。同时，还要根据仓库的瞬时流量合理确定输送系统的速度。

7. 确定工艺流程，并核算仓库的工作能力

（1）立体仓库的存取模式

在立体仓库中存取货物有两种基本模式：单作业模式和复合作业模式。单作业模式就是堆垛机从巷道口取一个货物单元送到选定的货位，然后返回巷道口（单入库）；或者从巷道口出发到某一个给定的货位取出一个货物单元送到巷道口（单出库）。复合作业模式就是堆垛机从巷道口取一个货物单元送到选定的货位 A，然后直接转移到另一个给定货物 B，取出其中的货物单元，送到巷道口出库。在实际使用中，应尽量采用复合作业模式，以提高存取效率。

（2）出、入库作业周期的核算

仓库总体尺寸确定之后便可以核算货物出、入库的平均作业周期，以检验是否满足系统要求。目前，国内外多采用计算机对每一货位的作业都进行核算，从而准确地找出平均作业周期。为了提高出、入库效率，可以使用双工位堆垛机，采用一次搬运两个货物单元的作业方式。堆垛机的载货台上有两组货叉，它们可以分别单独伸缩，以存取两个货物单元，提高作业效率。另一种方案是把货架设计成两个货物单元深度，堆垛机的货叉也相应增长一倍。货叉伸出一半时可叉取一个货物单元，全部伸出后，可叉取远处的货物单元。采用这种方式还可以使货物堆存的密度提高10% ~ 20%。

8. 初步设计控制系统及仓库管理系统

根据作业形式和作业量的要求确定堆垛机的控制方式。一般可以分为手动控制、半自动控制和全自动控制。出、入库频率比较高，规模比较大，特别是比较高的仓库，使用全自动控制方式可以提高堆垛机的作业速度，提高生产率和运行准确性，高度在 10 m 以上的仓库大都采用全自动控制。

思 考 题

1. 试述物流系统设计的重要意义。

2. 物流系统的组成环节有哪些？物流系统应该满足哪些要求？

3. 物流系统布置方案包括什么内容？

4. 物流搬运设备的选择原则是什么？

5. 机床上料装置应该具有哪些特点？主要由哪些部分组成？

6. 振动式上料装置的工作原理是什么？

7. 常见滚道式输送装置有哪些？其特点是什么？

8. 试述自动引导小车的工作原理、基本构成、导航方式和适用场合。

9. AGV 的自动转向方式有哪几种？特点是什么？

10. 自动化立体仓库的构成和作用是什么？试述其运动过程。

11. 自动化立体仓库的基本类型有哪些？其应用特点是什么？

12. 堆垛机货叉的工作原理是什么？

13. 自动化立体仓库的工作原理是什么？

14. 工厂总体物流系统设计的基本步骤是什么？应该注意哪些设计原则？

15. 车间物流设计的基本原则是什么？

第6章 机械加工生产线设计

6.1 机械加工生产线概述

1. 机械加工生产线基本组成

在机械产品生产过程中，对于一些加工工序较多的工件，为保证加工质量、提高生产率和降低成本，往往把加工装备按照一定的顺序依次排列，并采用一些输送装置与辅助装置将它们连接成一个整体，使之能够完成工件的指定加工过程，这类生产作业线称为机械加工生产线。机械加工生产线是按劳动对象专业化组织起来的，完成一种或几种同类型机械产品的生产组织形式。它拥有完成该产品加工任务所需的加工装备，并按生产线上多数产品或主要产品的工艺路线和工序来配备、排列。这种生产组织形式一般要求产品的结构和工艺具有一定的稳定性，在成批和大量生产条件下都可以采用。

机械加工生产线分为流水线和自动线两类。自动线是在流水线的基础上，采用控制系统，将各台机床之间的工件输送、转位、定位和夹紧，以及辅助装置动作均实现自动控制，并按预先设计的程序自动工作的生产线。

根据被加工工件的具体情况、工艺要求、工艺过程、生产率和自动化程度等因素，机械加工生产线的结构及其复杂程度常有较大的差别，但不论其复杂程度如何，机械加工生产线一般由加工装备、工艺装备、输送系统、辅助系统和控制系统5个基本部分组成，如图6-1所示。

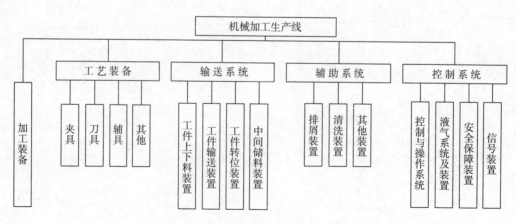

图6-1 机械加工生产线的基本组成

2. 机械加工生产线的类型

机械加工生产线根据不同的特征，可有不同的分类方法。按工件外形和加工过程中工件运动状态、工艺设备、设备连接方式和产品类型可做如下分类。

（1）按工件外形和工件运动状态分类

1）旋转体工件加工生产线。这类生产线主要用于加工轴、盘和环形工件，加工过程中工件旋转。典型工艺是车或磨内、外圆，内、外槽，内、外螺纹和端面。

2）非旋转体工件加工生产线。这类生产线主要用于加工箱体和杂类工件，加工过程中工件往往固定不动。典型工艺是钻孔、扩孔、镗孔、铰孔、铣平面和铣槽。

（2）按生产品种分类

1）单一产品生产线。这类生产线由具有一定自动化程度的高效专用加工装备、工艺装置、输送装备和辅助装备等组成。按产品的工艺流程布局，工件沿固定的生产路线从一台设备输送到下一台设备，进行加工、检验、清洗等。这类生产线效率高，产品质量稳定，适用于大批量生产。但其专用性强，投资大，不易进行改造以适应其他产品的生产。

2）成组产品可调生产线。这类生产线由按成组技术设计制造的可调的专用加工装备组成。按成组工艺流程布局，具有较高的生产效率和自动化程度，用于结构和工艺相似的成组产品的生产。这类生产线适用于批量生产，当产品更新时，生产线可进行改造或重组以适应产品的变化。

（3）按工艺设备类型分类

1）通用机床生产线。这类生产线建线周期短、成本低，多用于加工盘类、轴、套、齿轮等中小旋转体工件。

2）组合机床生产线。这类生产线由各种组合机床连接而成。它的设计、制造周期短，工作可靠，因此，这类生产线有较好的使用效果和经济效益，在大批量生产中得到广泛应用。

3）专用机床生产线。这类生产线主要由专用机床构成，设计制造周期长、投资较大，适用于加工结构特殊、复杂的工件或产品结构稳定的大量生产类型。

4）柔性制造生产线。这类生产线由高度自动化的多功能柔性加工设备（如数控机床、加工中心等）、物料输送系统和计算机控制系统等组成。这类生产线的设备数量较少，在每台加工设备上，通过回转工作台和自动换刀装置，能完成工件多方位、多面、多工序的加工，以减少工件的安装次数，减小安装定位误差。这类生产线主要用于中小批量生产，加工各种形状复杂、精度要求高的工件，特别是能迅速灵活地加工出符合市场需要的一定范围内的产品，但建立这种生产线投资大、技术要求高。

（4）按设备连接方式分类

1）刚性生产线。这类生产线中没有储料装置，被加工工件在某工位完成加工后，由输送装置移送到下一个工位进行加工，加工完毕后，再移入下一个工位，工件依次通过每个工位后即成为符合图样要求的零件。在这类生产线上，被加工工件移动的步距可以等于两台机床的间距［见图 6 - 2（a）］，也可以小于两台机床的间距［见图 6 - 2（b）］。刚性连接的生产线，由于各工位之间没有缓冲环节（即中间储料装置），工件的加工和运送过程有严格的节拍要求，线上一台机床发生故障就会引起全线停止工作，因而，这种生产线中的机床和各种辅助装置应有较高的稳定性和可靠性。

2）柔性生产线。这类生产线根据需要可在两台机床之间设置储料装置［见图6-2（c）］，也可以相隔若干台机床设置储料装置［见图6-2（d）］。在储料装置中储存有一定数量的被加工工件，当生产过程中某一台机床因故障停机时，其余机床可以在一定时间内继续工作；或当前后两台机床的节拍相差较大时，储料装置可以在一定时间内起着调节平衡的作用。

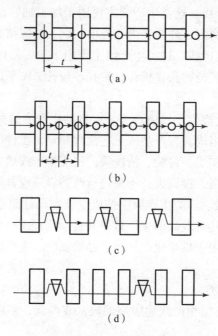

（a）

（b）

（c）

（d）

图6-2　刚性生产线和柔性生产线

▯—加工设备；〇—工件；▽—储料装置

（5）按工件的输送方式分类

1）直接输送生产线。这类生产线上工件由输送装置直接带动，输送基面为工件上的某一表面。加工时，工件从生产线的起始端送入，完成加工后从生产线的末端输出，如图6-3所示。

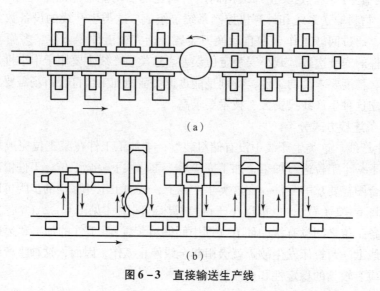

（a）

（b）

图6-3　直接输送生产线

2）带随行夹具生产线。这类生产线将工件安装在随行夹具上，由主输送带将随行夹具依次输送至各个工位，完成工件的加工。加工完成后，随行夹具由返回输送带将其送回到主输送带的起始端，如图 6 - 4 所示。

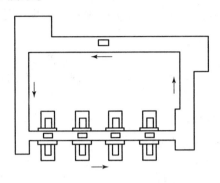

图 6 - 4　带随行夹具生产线

3. 影响机械加工生产线方案的主要因素

（1）工件的几何外形及外形尺寸

工件的形状对生产线输送方式有很大的影响。外形规则的箱体件，如气缸体、气缸盖等都具有较好的输送基面，可采用直接输送方式。如果工件外形尺寸较小，为减少机床数量，可在一个工位上同时加工几个零件，如气缸体、气缸盖的端面加工的生产线，多采用双工位顺序加工。对于无良好输送基面的工件，可采用随行夹具式生产线，如传动叉、转向节、连杆等。

（2）工件的工艺及精度要求

完成平面加工的生产线，相对于孔加工的生产线来说，要复杂得多，对生产线的结构影响很大。有时为了实现多个平面的粗、精加工，工件需多次翻转，从而增加了生产线的辅助设备。同时，为保证铣削工序与其他机床的节拍相同，要增加铣削的工件数，或采用支线形式，使生产线的结构变得复杂。

当工件加工精度较高时，为减少生产线停车调整时间，常采用备用机床在生产线内平行排列。有时由于生产率的需要，还采用平行排列的备用精加工工段。

（3）工件材料

工件材料决定了加工中是否采用切削液，因而对排屑和运输方式有很大的影响。例如，钢件不能很好地断屑是影响生产线正常工作的一个重要因素。对于质地较软的有色金属，即使有合适的输送基面，为避免划伤，也要采用随行夹具式生产线或带输送带的生产线。

（4）生产率

生产率对生产线的配置形式和自动化程度都有较大的影响。工件批量大时，要求生产线能自动上下料；为平衡生产线的工作节拍，有时要在某些工段采用并行支线形式；为平衡个别工序的机动时间，要采用不同步距的输送带，增加同时加工的工件数。

如果工件的批量不大，则要求生产线有较大的灵活性和可调性，以便进行多品种加工。对一些批量不大，但加工工序很多的箱体件，为提高利用率，在工序安排允许的情况下，让工件几次通过生产线，实现全部工序的加工。

（5）车间平面布置

车间的平面布置对生产线配置形式有很大的影响。对于多工段组成的较长生产线，受车间限制有时可改为折线形式。生产线的配置方案还应考虑前后工序的衔接，毛坯从哪个方向进入车间，加工好的工件往哪里运送，都决定了生产线的流向。切屑的排出方向与车间总排屑沟的布置，车间的电源，压缩空气管道以及下水道总管道的位置、方向，对生产线电气、气动管路及排除冷却水等都有影响，在设计生产线时，这些问题都必须注意。

（6）装料高度

生产线的装料高度应与车间原有的滚道高度一致，或与使用单位协商决定。根据组合机床通用部件的配置尺寸要求，一般装料高度为 850 mm。当采用从下方返回的随行夹具生产线，或工件外形尺寸较小时，装料高度可适当加高。

4. 机械加工生产线的设计原则

机械加工生产线的设计原则如下：

1）满足生产纲领要求，并留有发展余地，应通过技术经济分析和方案论证，一般使建线投资能在 5 年内收回。

2）保证产品加工质量，确保达到产品图样上的各项技术要求。

3）根据产品批量和可持续生产的时间，应考虑生产线具有一定的可调整性。

4）采用的工艺方案和设备应稳定可靠，基本投资小，使用与维修成本低。

5）应尽量减少工人的劳动强度，改善劳动条件和工作环境。

6）生产线布局应减少占地面积，还要便于操作者的操作、观察和维修，提供安全宜人的工作环境。

7）有利于资源和环境保护，实现洁净化生产。

5. 机械加工生产线设计内容和步骤

机械加工生产线设计的内容和步骤如下：

1）确定生产线工艺方案，绘制工序图和加工示意图。

2）选择生产线通用加工设备及设计专用机床。

3）确定生产线的物流输送方式及输送装置的设计。

4）生产线辅助装置的选择及设计。

5）生产线总体布局的设计。

6）绘制生产线总联系尺寸图。

7）生产线控制系统的设计。

8）编制生产线的使用说明书及维修注意事项等。

6. 机械加工生产线的优化措施

（1）缩短加工时间

以往的生产线在进行零部件生产加工时，往往需要在各个环节花费大量时间。想要缩短加工时间，需要选择双线或者双工位进行。现阶段的机械加工生产线可以选择新的加工设备，不断优化加工的各个环节，借助先进的技术手段，如电控液压驱动装置，提高加工速度。整个生产线实现自动化操作，可不断缩短加工时间，提高生产效率。

（2）提高对柔性制造系统的重视

以往的机械加工生产线选择的都是由继电器电路所构成的控制系统。随着数控机床的出现，传统的组合机床结构发生了很大的变化，许多零部件的设计标准也与以往的存在很大区别。将柔性制造系统引入传统的刚性自动化生产线，以及将数控加工模块应用到柔性制造系统中，可以加强各个环节之间的沟通，优化原有数控程序，进而更容易满足产品的加工需求。同时，借助柔性制造系统，可以实现对不同品种零件的加工需求，避免频繁重新布局生产线，极大地提高了企业的生产效率，能更好地满足客户的需求。

（3）提高加工精度

随着市场竞争越来越激烈，加工制造企业想要更好的生存和发展，需要为客户提供质量更好、精度更高的零部件产品。同时，受各类产品不断小型化制造的影响，对各个零部件的加工精度要求越来越高。因此，企业想要提高自己的市场竞争力，需要提高零部件产品的加工精度，更好地满足客户对产品的要求。首先，可以提高加工设备的精度，如夹具、主轴上部件等，选择更先进的刀具，优化整个切削过程。在进行尺寸测量时，尽量减小主观测量误差，要选择自动化测量控制系统及相关的自动化测量设备。在进行测量时，要避免材料的热力效应对测量精度的影响，做好热变形控制。在进行加工精度的监控和自动化控制时，可以选择空心工具锥柄及过程统计质量控制。应用空心工具锥柄进行测量时，通过对轴向及径向双向定位，提高测量精度。过程统计质量控制主要是实现对工件质量的自动化监控，其在各个机械加工生产线上的应用越来越广泛。

（4）提高加工的可靠性和利用率

优化机械加工生产线，可以从提高加工的可靠性和利用率方面进行考虑。做好对整个加工过程的质量监控工作，及时发现加工过程中出现的问题和故障，同时诊断故障，避免零部件加工中出现过大的偏差。同时，操作人员需要及时处理故障，尽量减少不必要的停机操作。建立故障自动诊断信息库，整理、收集系统在加工过程中出现的问题和故障，做好故障分析工作，找到产生故障的部位和原因，提高故障排除效率，避免故障进一步扩大。现阶段的生产线自动控制逐渐向着分散控制方式转变，这种新的控制方式的花费远远低于集中控制方式的花费，降低电缆在敷设过程中的长度和覆盖面积，同时有着节约电气保养费等特点。

6.2　机械加工生产线的总体布局形式

机械加工生产线总体布局是指组成生产线的机床、辅助装置以及连接这些设备的工件输送装置的布置形式和连接方式。

机械加工生产线总体布局形式多种多样，它由生产类型、工件结构形式、工件输送方式、车间条件、工艺过程和生产纲领等因素决定。由于各种工件在结构、尺寸和刚度等方面存在较大差异，使得它们在生产线上所采用的输送方式也不尽相同，工件的输送方式在很大程度上决定了生产线的布局形式。

1. 工件输送方式

（1）直接输送方式

这种输送方式是由输送装置直接输送，依次输送到各工位，其输送基面就是工件的某一表面。直接输送方式可分为通过式和非通过式两种。其中，通过式又可分为直线通过式、折线通过式、并联支线形式、框形和非通过式。

1）直线通过式。直线通过式生产线布局形式如图6-5所示。工件的输送带穿过全线，由两个转位装置将其划分成3个工段，工件从生产线始端送入，加工完成后从末端取下。其特点是输送工件方便，生产面积可充分利用。

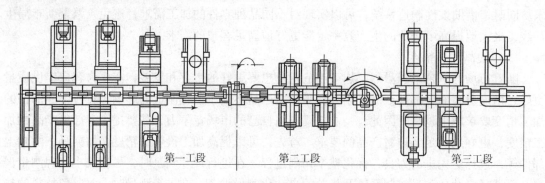

图6-5 直线通过式生产线布局形式

2）折线通过式。当生产线的工位数多、长度较长时，直线布置常常受到车间布局的限制，或者需要工位自然转位，可布置成折线式，如图6-6所示。生产线在两个拐弯处，工件自然地水平转位90°，并且节省了水平转位装置。折线通过式可设计成多种形式，如图6-7所示。

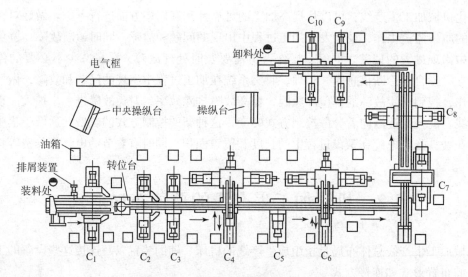

图6-6 折线通过式生产线布局形式

图6-7 折线通过式生产线布局形式的示意图

3）并联支线形式。在生产线上，有些工序加工时间特别长，采用在一个工序上重复配置几台同样的加工设备，以平衡生产线的生产节拍，其布局形式示意图如图6-8所示。

图6-8 并联支线形式生产线布局的示意图

4）框形。这种布局适用于采用随行夹具输送工件的生产线，随行夹具自然地循环使用，可以省去一套随行夹具的返回装置。图 6-9 所示为框形生产线布局形式。

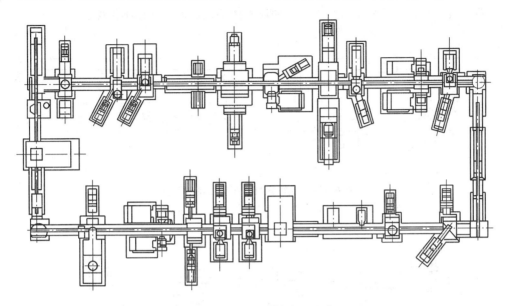

图 6-9　框形生产线布局形式

5）非通过式。非通过式生产线的工件输送装置位于机床的一侧，如图 6-10 所示。当工件在输送线上运行到加工工位时，通过移载装置将工件移入机床或夹具中进行加工，并将加工完毕的工件移至输送线上。该方式便于采用多面加工保证加工面的相互位置精度，有利于提高生产率，但需增加横向运载机构，生产线占地面积较大。

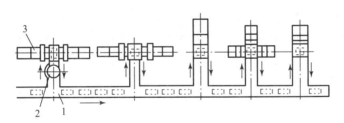

图 6-10　非通过式生产线布局形式
1—输送装置；2—转位台；3—机床

（2）带随行夹具方式

带随行夹具方式生产线中，将工件安装在随行夹具上，输送线将随行夹具依次输送到各工位，随行夹具的返回方式有水平返回、上方返回和下方返回 3 种形式。带随行夹具方式适用于同时实现工件两个侧面及顶面加工的场合，在装卸工位装上工件后，随行夹具带着工件绕生产线一周便可完成工件 3 个面的加工。

1）水平返回。这种布局形式就是将主输送带和返回输送带在水平面内组成封闭的框形，随行夹具可循环使用，如图 6-11 所示。这种布局的主要缺点是占地面积较大。

2）正上方返回和正下方返回。

①正上方返回。随行夹具从生产线末端升起，再从主输送带上方的空中滚道返回到始段

降下，如图 6-12 所示。这种布局不仅可以减少占地面积，而且还可以采用倾斜滚道使随行夹具依靠自重滑行返回，从而大大简化随行夹具的返回系统。但是，当生产线上有立式机床时，一般不宜采用这种布局格式，否则会使倾斜滚道太高而不便于维护保养。

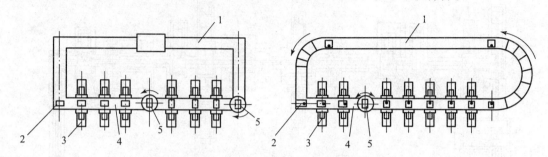

图 6-11　随行夹具水平返回的生产线

1—返回输送带；2—随行夹具；3—机床；4—主输送带；5—转位装置

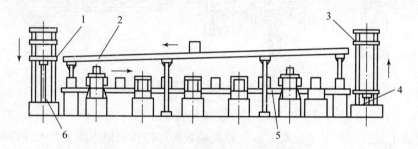

图 6-12　随行夹具正上方返回的生产线

1，3—两端升降台；2—返回输送带；4，6—两端升降液压缸；5—主输送带

②正下方返回。随行夹具从生产线主输送带下方机床中间底座中返回，如图 6-13 所示。这种布局形式既可减少占地面积，使外观整齐，又能使全线敞开而便于调整维护，适用于车间的使用面积受限制、工件和随行夹具又较小的场合。

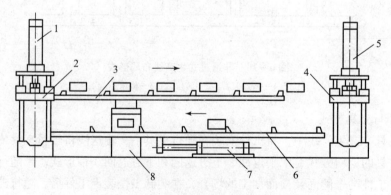

图 6-13　随行夹具正下方返回的生产线

1，5—两端升降液压缸；2，4—两端升降台；3—主输送带；
6—返回输送带；7—返回输送带的驱动装置；8—中间底座

3）斜上方返回和斜下方返回。在受到车间面积或排屑要求的限制时，或由于有立式机床而不能采用水平返回、正上方返回、正下方返回等方案时，可考虑采用随行夹具沿生产线斜上方或斜下方返回的布局形式，如图 6-14 所示。采用随行夹具沿斜上方返回时，一般是通过链传动使随行夹具沿斜面上升到设置在立式或倾斜式机床背后的空中返回滚道上，**这种布局主要适用于尺寸较大的工件和随行夹具。采用随行夹具沿斜下方返回的方案时，返回通道设置在卧式机床的尾部。这种布局适用于尺寸较小的工件和随行夹具。**

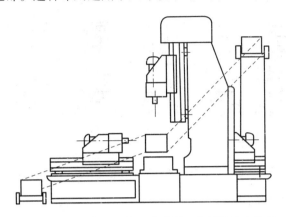

图 6-14　随行夹具沿斜上方或斜下方返回的生产线

（3）悬挂输送方式

悬挂输送方式主要适用于外形复杂及没有合适输送基准的工件及轴类零件，工件传送系统设置在机床的上空，传送机械手悬挂在机床上方的桁架上。各机械手之间的间距一致，不仅完成机床之间的工件传送，还完成机床的上下料。其特点是结构简单，适用于生产节拍较长的生产线，如图 6-15 所示。这种输送方式只适用于尺寸较小、形状复杂的工件。

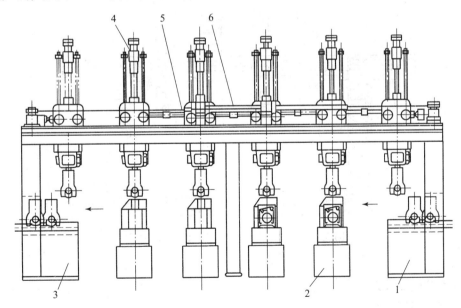

图 6-15　悬挂式输送机械手生产线

1—装料台；2—机床；3—卸料台；4—机械手；5—传动钢丝绳；6—传动装置液压缸

（4）设置平行加工工位的生产线

设置几个平行加工的工位可以在一条生产线上实现几个较大工件的同时加工。图 6-16

所示为具有 3 个平行加工工位生产线的布局形式,它由两组各 3 台机床组成,前 3 台用以完成第一工序,后 3 台用以完成第二工序。由图可知,这种布局可使每道工序都有 3 个工件在 3 个工位上进行加工,而每个工件则都只在两个工位上由两台机床完成加工。工件输送带经过 5 次移动(每次移动 L)后送出 3 个加工完毕的工件。

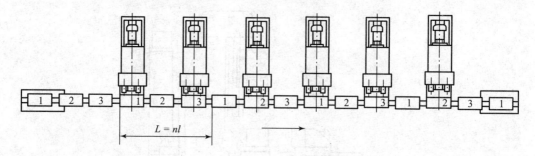

$L = nl$

图 6 – 16　具有 3 个平行加工工位生产线的布局形式

(5)工件多次通过的生产线

对于一些产量不大但加工工序很多的箱体类零件,在工序安排允许的情况下可让工件多次通过生产线而完成其全部工序的加工,这样可缩短生产线的长度,减少资金投入,提高生产线的利用率。图 6 – 17 所示为用以加工产量不大的发动机缸体的工件两次通过生产线的布局形式,工件经过生产线的第一次加工后转位 180°再次进入生产线,对换其两侧表面的加工内容。

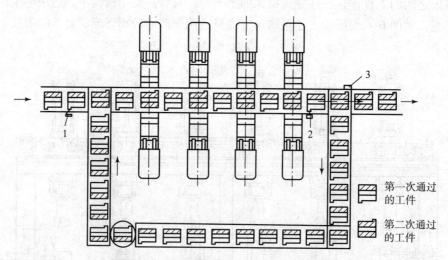

第一次通过的工件

第二次通过的工件

图 6 – 17　工件两次通过生产线的布局形式
1—定向开关;2—第一次通过检验开关;3—第二次通过检验开关

2. 生产线的连接方式

(1)刚性连接

刚性连接是指输送装置将生产线连成一个整体,用同一节奏把工件从一个工位传到另一个工位。其特点是生产线中没有储料装置,工件输送有严格的节奏性,如某一工位出现故障,将影响到全线。此种连接方式适用于各工序节拍基本相同、工序较少的生产线或长生产线中的部分工段。

（2）柔性连接

柔性连接是指设有储料装置的生产线。储料装置可设在相邻设备之间，或相隔若干台设备之间。由于储料装置储备一定数量的工件，因而当某台设备因故障停歇时，其余各台机床仍可继续工作一段时间。在这段时间故障如能排除，可避免全线停产。另外，当相邻机床的工作循环时间相差较大时，储料装置又能起到一定的调剂平衡作用。

6.3 机械加工生产线总体联系尺寸图

生产线总体联系尺寸图用于确定生产线机床之间、机床与辅助装置之间、辅助装置之间的尺寸关系，是设计生产线各部件的依据，也是检查各部件相互关系的重要资料。当选用的机床和其他装备的形式和数量确定以后，根据拟定的布局就可以绘制生产线总体联系尺寸图。需要确定的尺寸有以下几种。

1. 机床间距

机床之间的距离应保证检查、调整和操作机床时工人出入方便，一般要求相邻两台机床运动部件的距离不小于 600 mm。如采用步伐式输送装置，机床间距 L（mm）还应符合下列条件：

$$L = (n+1)t$$

式中　t——输送带的步距，mm；

　　　n——两台机床间空工位数，一般情况下，空工位数为 $1 \sim 4$。

2. 输送带步距 t 的确定

输送带步距是指输送带上两个棘爪之间的距离。步距 t 可按下式确定（见图 6-18）：

$$t = A + l_4 + l_3$$

式中　A——工件在输送方向上的长度，mm；

　　　l_4——前准备量，mm，$l_4 = l - l_3$；

　　　l_3——输送带棘爪的起程距离，即后备量，mm；

　　　l——相邻两工件的前面与后面的距离，mm。

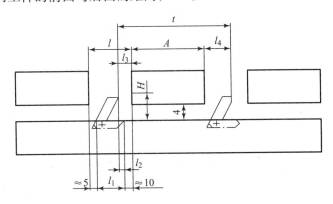

图 6-18　步距的确定

确定生产线步距时，既要保证机床之间有足够的距离，又要尽量缩短生产线的长度。标准输送带的步距取 350 ~ 1 700 mm。

3. 装料高度的确定

对于专用机床生产线，装料高度是指机床底面至固定夹具支承面的尺寸，一般取 850 ~ 1 060 mm；对于回转体加工生产线，则指机床底面至卡盘中心的距离。选择装料高度主要考虑生产人员操作、调整、维修设备和装卸工件方便。对较大的工件，采用随行夹具下方返回时，装料高度取小值；对于较小的工件，装料高度取大值，同时，应使其与车间现有装料高度一致。

4. 转位台联系尺寸的确定

转位台用来改变工件的加工表面。确定转位台中心有以下两种情况：

1）当步距较大时，可取工件中心做转位台中心，如图 6 – 19（a）所示。此时工件或限位板的最大回转半径 R 应满足：$R < L$，$a_1 = a_2$，$c_1 = c_2 = a_2 - b$。

转位台转位时，输送带应处于原位状态，并保证棘爪离工件端面距离大于 $R - a_1$。

2）转位台较小时，转位台中心不能取工件中心，应按图 6 – 19（b）选取，并也要满足：$R < L$，$a_1 = a_2$，$c_1 = c_2 = a_2 - b$。

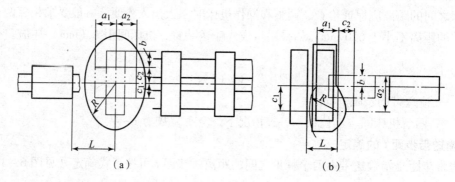

（a） （b）

图 6 – 19 转位台联系尺寸

5. 输送带驱动装置联系尺寸

确定输送带驱动装置联系尺寸时，首先应选择输送滑台规格，输送滑台的工作行程 L_D 应等于输送步距 t 与后备量 l_3 之和，即 $L_D = t + l_3$。依据滑台行程即可选择滑台规格。

从图 6 – 20 可以看出，驱动装置高度方向联系尺寸由下式确定：

$$H = H_1 + H_2 + H_3 + H_4$$

式中 H——装料高度，mm；

  H_1——底座高度，mm；

  H_2——滑台高度，mm；

  H_3——滑台台面至输送带底面的尺寸，mm；

  H_4——输送带的高度，mm。

驱动滑台长度方向的尺寸 L（驱动装置在机床间）由下式确定：

$$L = D + 2C + E + F$$

式中 D——输送装置（如滑台）底座尺寸，mm；

  C——机床底座尺寸，mm；

  E——输送驱动装置固定挡铁一端至机床底座间的尺寸，mm，$E \geqslant 300$ mm；

F——输送驱动装置不带固定挡铁一端至机床底座的尺寸，mm，$F < E$。

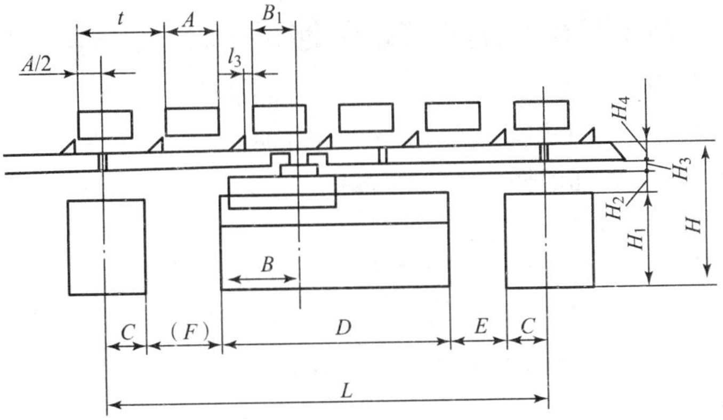

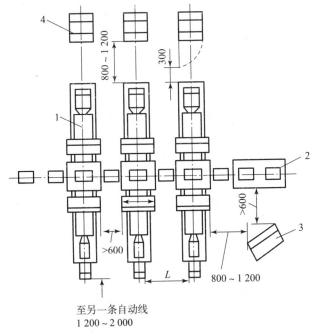

图 6-20　输送带驱动装置联系尺寸

6. 生产线内各装备之间距离尺寸的确定

生产线内各装备之间的距离尺寸如图 6-21 所示。相邻不需要接近的运动部件的间距可小于 250 mm 或大于 600 mm，当取间距在 250～660 mm 时，应设置防护罩；对于需要调整但不运动的相邻部件之间的距离，一般取 700 mm，如有其中一部件需运动，则该距离应加大，如电气柜门需开与关，推荐取 800～1 200 mm；生产线装备与车间柱子间的距离，对于运动部件取 500 mm，不运动的部件取 300 mm；两条生产线运动部件之间的最小距离一般取 1 000～1 200 mm；生产线内机床与随行夹具返回装置的距离应不小于 800 mm，随行夹具上方返回的生产线，最低点的高度应比装料基面高 750～800 mm。

图 6-21　生产线内各装备之间的距离尺寸

1—机床；2—输送装置；3—中央操纵台；4—电气柜及油箱

6.4 机械加工生产线其他装备的选择与配置

在确定机械加工生产线的结构方案时，还必须根据拟定的工艺流程，解决工序检查、切削处理、工件堆放、电气柜和油箱的位置等问题。

1. 输送带驱动装置的布置

输送带驱动装置一般布置在每个工段零件输送方向的终端，使输送带始终处于受拉状态。在有攻螺纹机床的生产线中，输送带驱动装置最好布置在攻螺纹前的孔深检查工位下方，可防止攻螺纹后工件上的润滑油落到驱动装置上面。

2. 小螺纹孔加工检查装置

对于攻螺纹工序，特别是小螺纹孔（小于 M8）的加工，攻螺纹前后均应设置检查装置。攻螺纹前检查孔深是否合适，以及孔底是否有切屑和折断的钻头等；攻螺纹后则检查丝锥是否有折断在孔中的情况。检查装置安排在紧接钻孔和攻螺纹工位后，以便及时发现问题。

3. 精加工工序的自动测量装置

精加工工序应考虑采用自动测量装置，以便在达到极限尺寸时，发出信号，及时采取措施。处理方法有：将测量结果输送到自动补偿装置进行自动调刀；自动停止工作循环，通知操作者调整机床和刀具；采用备用机床，当一台机床在调整时，由另一台机床工作，从而减少生产线的停产时间。

4. 装卸工位控制机构

在生产线前端和末端的装卸工位上，要设有相应的控制机构，当装料台上无工件或卸料工位上工件未取走时，能发出互锁信号，命令生产线停止工作。装卸工位应有足够的空间，以便存放工件。

5. 毛坯检查装置

若工件是毛坯，应在生产线前端设置毛坯检查装置，检查毛坯某些重要尺寸，当不合格时，检查系统发出信号，并将不合格的毛坯卸下，以免损坏刀具和机床。

6. 液压站、电气柜及管路布置

生产线的动作往往比较复杂，其控制需要较多的液压站、电气柜。确定配置方案时，液压站、电气柜应远离车间的取暖设备，其安放位置应使管路最短、拐弯最少、接近性好。

液压管路敷设要整齐美观，集中管路可设置管槽。电气走线最好采用空中走线，这样便于维护；若采用地下走线，应注意防止切削液及其他废物进入地沟。

7. 桥梯、操纵台和工具台的布置

规格较大、封闭布置的随行夹具水平返回生产线，应在适当位置布置桥梯，以便操作者出入。桥梯应尽量布置在返回输送带上方。设置在主输送带的上方时，应力求不占用单独工位，同时一定要考虑扶手及防滑的措施，以保证安全。

生产线进行集中控制，需要设置中央操纵台；分工区的生产线要设置工区辅助操纵台；生产线的单机或经常要调整的设备应安装手动调整按钮台。

生产线的刀具数量大、品种多，为了方便管理，设置刀具管理台及线外对刀装置是保证生产率的重要措施。

8. 清洗设备布置

在综合生产线上，防锈处理和装配工位之前，自动测量和精密加工之后需要设置清洗设备。清洗设备一般采用隧道式，按节拍进行单件清洗。通常与零件的输送采用统一的输送装置，也可采用单独工位进行机械清洗，如毛刷清理、刮板清理等，以清除定位面、测量表面和精加工面上的积屑和油污。

思　考　题

1. 什么叫机械加工生产线？它由哪几个基本部分组成？
2. 机械加工生产线有哪些布局形式？其布局形式受哪些因素的影响？
3. 影响机械加工生产线方案的主要因素有哪些？
4. 机械加工生产线设计的原则有哪些？
5. 机械加工生产线设计的内容和步骤是什么？

参 考 文 献

[1] 关慧贞，冯辛安．机械制造装备设计 [M]．第 3 版．北京：机械工业出版社，2014.

[2] 赵永成．机械制造装备设计 [M]．北京：中国铁道出版社，2010.

[3] 马宏伟．机械制造装备设计 [M]．北京：电子工业出版社，2011.

[4] 肖伟，张汉江，吴娜，等．自动化立体仓库设计的原则、方法与步骤 [J]．系统工程，2004（增刊）：100 - 104.

[5] 王宝玺，贾庆祥．汽车制造工艺学 [M]．北京：机械工业出版社，2010.

[6] 李庆余，孟广耀，岳明君．机械制造装备设计 [M]．第 3 版．北京：机械工业出版社，2013.

[7] 王越庆．现代机械制造装备 [M]．北京：清华大学出版社，2009.

[8] 孙英达．机械制造工艺与装备 [M]．北京：机械工业出版社，2012.

[9] 张根保．自动化制造系统 [M]．北京：机械工业出版社，2014.

[10] 戴曙．金属切削机床 [M]．北京：机械工业出版社，2013.

[11] 黄鹤汀．机械制造装备 [M]．北京：机械工业出版社，2015.

[12] 王先逵．机械制造工艺学 [M]．第 3 版．北京：机械工业出版社，2013.

[13] 齐继阳．可重构制造系统若干关键技术研究 [D]．合肥：中国科学技术大学，2006.

[14] 齐继阳，刘菲菲，孟洋．卓越工程师培养模式的机械制造装备教学改革探索 [J]．教育教学论坛，2015（9）：109 - 110.

[15] 齐继阳．"机械制造工艺学"教学模式的探索 [J]．中国大学教学，2012（2）：22 - 24.

[16] 齐继阳．《机械制造工艺学》教学方法改革尝试 [J]．中国科教创新导刊，2013（23）：140 - 141.

[17] 孙进．机床主轴带轮卸荷传递装置 [J]．世界制造技术与装备市场，2013（4）：103 - 104.

[18] 张晓晓．机械加工生产线的设计及优化 [J]．现代制造技术与装备，2017（4）：62 - 63.